RECUEIL
DE PROBLÈMES

AMUSANS ET INSTRUCTIFS,

AVEC

LES DÉMONSTRATIONS RAISONNÉES,

ET

L'APPLICATION DES RÈGLES DE L'ARITHMÉTIQUE
A LEURS SOLUTIONS,

OU

COURS COMPLET

D'ANALYSES ARITHMÉTIQUES:

OUVRAGE DESTINÉ A FORMER LE JUGEMENT DES JEUNES GENS, ET LES HABITUER A RÉSOUDRE TOUTES SORTES DE QUESTIONS, EN EMPLOYANT SEULEMENT LES QUATRE PRINCIPALES OPÉRATIONS DE L'ARITHMÉTIQUE.

CINQUIÈME ÉDITION,

Augmentée de plus de 500 problèmes, et mise dans un nouvel ordre,

PAR J.-J. GRÉMILLIET.

PREMIÈRE PARTIE,
CONTENANT LES QUESTIONS.

Paris.

JANET ET COTELLE, LIBRAIRES,
RUE SAINT-HONORÉ, N°. 123, HÔTEL D'ALIGRE.

1855.

RECUEIL

DE PROBLÈMES

AMUSANS ET INSTRUCTIFS.

AVANT-PROPOS.

Beaucoup de jeunes gens, bien que connaissant parfaitement les opérations de l'arithmétique, sont fort souvent embarrassés pour en faire l'application aux questions les plus simples.

Il en est même un grand nombre qui, familiarisés avec le mécanisme du calcul algébrique, sont arrêtés par la plus petite difficulté, lorsqu'il s'agit d'opérations purement arithmétiques.

J'ai pensé qu'un recueil qui présenterait une suite d'énoncés dans lesquels se trouveraient réunies toutes les difficultés de l'arithmétique, avec une application continuelle des règles connues, pourrait être utile à ceux qui veulent se fortifier dans cette science, sans cependant se livrer à l'étude des mathématiques.

Mon but étant d'habituer l'élève à se rendre compte de ses opérations, j'ai ramené toutes les solutions à un même principe d'analyse, qui dépend entièrement du raisonnement; par ce moyen, et par de simples opérations arithmétiques, j'ai donné les solutions de toutes les questions qu'il est possible de résoudre par l'arithmétique, et d'une infinité d'autres qui, jusqu'à ce jour, avaient paru être du ressort de l'algèbre.

Les solutions, fondées sur des principes rigoureux, et dont les opérations sont raisonnées, attirent beaucoup plus l'attention qu'une règle générale que l'élève emploie presque toujours sans se rendre compte des motifs qui la lui font employer, et qui devient pour lui une espèce de routine. « Ce n'est pas par la routine, » dit un de nos plus célèbres auteurs, qu'on s'instruit, » c'est par sa propre réflexion, et il est essentiel de » contracter l'habitude de se rendre raison de ce » qu'on fait; cette habitude s'acquiert plus facilement » qu'on ne pense, et, une fois acquise, elle ne se perd » jamais. »

Il ne m'appartient pas de vouloir ériger en principes la méthode que j'ai suivie, et de vouloir faire supprimer des règles et des dénominations adoptées depuis si long-temps par de savans professeurs qui, sans doute, sont beaucoup meilleurs juges que moi en cette matière.

Mais les solutions que j'ai données, étant, pour ainsi dire, les démonstrations des principes établis jusqu'à présent, il en résulte que l'élève qui aura bien compris mes raisonnemens, et qui se les sera rendus familiers, aura l'avantage d'être sûr de ses opérations, de se rendre compte des motifs qui les lui font faire, et de les appliquer à telle ou telle règle qu'il jugera convenable.

Je ne veux point introduire une nouvelle méthode; je veux simplement habituer l'élève à raisonner, lui enseigner l'arithmétique en lui montrant l'usage direct qu'on en peut faire; je veux former son jugement, et le rendre supérieur à toutes les difficultés du calcul numérique.

L'accueil que le public a fait aux premières éditions de mon ouvrage, les honorables suffrages qu'il a obtenus (1), en me prouvant que je ne m'étais point

---

(1) Extraits de la *Revue Encyclopédique*, 51e. livraison, mars 1823, et des *Annales de l'Industrie*, 3e. année, n°. 25, janvier 1822 :

« Le meilleur moyen d'apprendre l'art du calcul est certainement de résoudre les problèmes qui exercent à-la-fois à faire les combinaisons des nombres et à analyser les questions proposées. M. *Grémilliet* a pour but d'enseigner l'arithmétique, en montrant l'usage direct que l'on en fait. Il suppose que son élève pratique avec facilité les quatre règles sur les nombres, tant entiers que fractionnaires, et, avec cette seule connaissance, il lui propose une suite de problèmes, plus ou moins compliqués, dont il enseigne à trouver les solutions. En changeant les valeurs numériques qui entrent comme données dans ces diverses questions, chacune pouvant en faire naître une foule d'autres, il s'ensuit que cet ouvrage peut être envisagé comme renfermant un nombre infini de questions d'arithmétique, et qu'il atteint le but que l'auteur s'est proposé, de rompre ses disciples au calcul numérique, et de les endre supérieurs à toutes les difficultés. Ce qu'on remarque surtout dans ce traité, c'est que l'auteur n'y fait jamais usage des proportions. Il y a long-temps qu'on a dit que les questions qui dépendent de cette théorie peuvent être ramenées aux considérations sur les fractions. M. *Grémilliet* emploie constamment ce procédé. On doit applaudir à la méthode et à la clarté des raisonnemens par lesquels il supplée à l'usage des règles de trois. Les questions les plus élevées de l'arithmétique, d'autres qui

I.

trompé sur son degré d'utilité, n'a pu que m'encourager à faire tous mes efforts pour rendre cette dernière édition aussi complète qu'elle peut l'être.

---

semblent même du domaine de l'algèbre, sont résolues par des moyens dont l'intelligence saisit parfaitement la marche, et qui sont très propres à la fortifier. Ce traité d'arithmétique sera très utilement placé entre les mains des élèves et même des maîtres. »   FRANCOEUR.

« Il n'est personne qui ne s'empresse d'accueillir avec reconnaissance les productions qui tendent à donner à notre jeunesse de nouveaux moyens de développer ses heureuses dispositions. C'est sous ce point de vue que nous recommandons les deux volumes que M. *Grémilliet* offre au public.

» Cet ouvrage renferme une multitude de calculs plus ou moins compliqués, et toujours propres à piquer la curiosité et à donner aux jeunes gens le goût d'une science dont l'aridité est souvent le plus grand obstacle que rencontre, en commençant, le jeune calculateur.

» Ce qui caractérise plus particulièrement encore l'utilité de ces problèmes, c'est qu'ils indiquent la manière de poser les questions avec simplicité, et sans que, pour l'opération, il soit besoin de recourir à des règles de *trois, simples, directes, indirectes, composées, de double fausse position*, etc. ; les quatre règles, dans leur plus facile développement, suffisent pour toutes ces opérations.

» Le nouvel ouvrage de M. *Grémilliet*, qui renferme 717 problèmes avec leurs solutions, dont beaucoup n'avaient pu, jusqu'à présent, être résolus que par l'algèbre, se distingue par la clarté des idées, la variété des problèmes, réunies à la précision, si nécessaire dans le langage des chiffres. Ce livre eut, à juste titre, prendre une place dans la bibliothèque des ères de famille......... »

Je regarde la théorie qui a rapport aux fractions, comme la base fondamentale de toutes les opérations de l'arithmétique. Les règles de *trois, simples, composées, directes, inverses;* les règles *conjointes, d'une et de deux fausses positions,* les *proportions,* etc., etc., ramenées aux considérations sur les fractions, ne présentent aucunes difficultés ; toutes ces règles, quelque combinées qu'elles puissent être, sont résolues d'après le même principe d'analyse, et les raisonnemens les plus simples conduisent toujours aux résultats d'une manière directe et sûre.

Ce qui a rapport aux *définitions, aux équations numériques, aux intérêts composés, aux annuités, aux cubes,* n'existait point dans les trois premières éditions, ainsi que les notions abrégées relatives aux intérêts simples et composés et aux annuités. J'ai ajouté ces notions parce que j'ai pensé qu'il était nécessaire de développer ces sortes de calculs qui, en général, sont traités d'une manière très abrégée par les divers auteurs qui en ont parlé, et qui, pour les intérêts composés et les annuités principalement, n'ont établi que des principes généraux qui deviennent insuffisans, lorsqu'il s'agit de se mettre à la portée de ceux qui n'ont point fait une étude approfondie des mathématiques.

J'ai aussi conservé les problèmes connus qui se trouvent dans les traités d'algèbre des meilleurs auteurs, tels que *Newton, Euler, Saunderson, Simpson,* etc.; j'ai même consulté les auteurs les plus anciens, tels que *Clavius*, *Bachet*, *Ozanam*, etc.; j'ai trouvé dans leurs traités, à peu de chose près, les mêmes questions que présentent, dans leurs élémens, tous nos auteurs modernes; c'est pourquoi j'ai pensé qu'il était indispensable de les reproduire dans un recueil qui doit réunir toutes les difficultés. Les analyses que j'en ai données étant différentes de celles qui existent, quoique conduisant aux mêmes résultats, je pense qu'après avoir résolu ces problèmes, suivant ma méthode, l'élève qui voudra mettre en pratique l'analyse algébrique, y trouvera beaucoup moins de difficultés; il en comprendra plus facilement les opérations, et les raisonnemens qu'il aura dû faire lui seront de la plus grande utilité, pour lui donner une idée juste et exacte des nouvelles formules qu'il devra mettre en pratique.

En employant l'une et l'autre méthode, il en déduira d'utiles comparaisons entre l'analyse arithmétique et l'analyse algébrique.

Malgré le grand avantage que l'algèbre paraît avoir sur l'arithmétique, on verra que, dans bien des cas, les solutions arithmétiques sont plus simples que les solutions algébriques, et qu'elles conduisent plus directement aux résultats.

J'ai revu, avec le plus grand soin, toutes les démonstrations, et j'ai fait de mon mieux pour que les raisonnemens soient à la portée de toutes les intelligences; cependant, je suppose que l'élève pratique avec facilité les opérations de l'arithmétique, en y comprenant l'extraction des racines carrées et cubiques ; c'est pourquoi je ne fais aucune observation sur la manière d'effectuer les opérations ; et dans toutes les abréviations que j'indique, je ne m'écarte point des méthodes mises en pratique dans nos meilleurs traités d'arithmétique.

On peut donc regarder ce recueil comme une suite immédiate de ces traités, et une application des règles qu'ils renferment à une infinité de questions.

Je me suis attaché surtout à rédiger les énoncés de manière à ce qu'ils présentent des problèmes amusans ; d'abord parce que j'écris pour les jeunes gens, et ensuite parce que je crois cette méthode préférable en ce que la question, présentant par elle-même une sorte d'intérêt, l'élève en saisit plus facilement le sens, et l'on sait que, pour bien résoudre une question, le principal est de la bien comprendre.

En supposant, comme je l'ai déjà dit, que l'élève est familier avec les calculs arithmétiques, je suppose aussi qu'il n'est pas étranger aux définitions générales et aux diverses propriétés dont jouissent les nombres ; c'est pourquoi, en donnant les définitions, et en traitant de ces propriétés, excepté pour quelques-unes dont les auteurs n'ont point parlé, et qui, cependant, m'ont paru d'une grande utilité dans la pratique, je n'ai pas traité les autres avec autant d'étendue, et je ne les ai pas démontrées aussi rigoureusement que le comporterait une matière de cette importance, si ces démonstrations n'existaient pas déjà dans la plupart des livres élémentaires.

On peut consulter, à cet égard, les excellens traités que nous possédons, et qui ne laissent rien à désirer sur cette partie et en général sur tout ce qui regarde l'arithmétique.

L'ouvrage est divisé en deux parties; la première contient :

1º. Les remarques sur les signes d'abréviations;

2º. Les définitions générales;

3º. Les diverses propriétés des nombres;

4º. Des observations sur les intérêts simples, les intérêts composés, et les annuités;

5º. Des observations sur la manière de résoudre les questions, et sur les équations numériques;

6º. Une indication des divers caractères auxquels on reconnaît la divisibilité exacte d'un nombre;

7º. Des exemples pour opérer les réductions sur les facteurs d'une division ou d'une fraction;

8º. Les énoncés, classés par ordre, suivant leur nature, avec un résumé indicatif des réponses;

9º. Et enfin une table des matières contenues dans la même partie.

La seconde contient l'analyse des questions, ainsi qu'une table des matières contenues dans la même partie.

De cette manière, en séparant les deux volumes, on pourra mettre le premier entre les mains de l'élève qui, n'ayant point sous les yeux l'analyse des solutions, sera forcé de raisonner lui-même les opérations, pour arriver aux résultats; d'un autre côté, ce volume présentant, dans un seul recueil, une suite de questions qui forment une réunion complète de toutes celles qu'il est possible de résoudre par l'arithmétique, il aura toujours l'avantage d'être de la plus grande utilité aux professeurs, en leur évitant la peine d'en composer eux-mêmes; et, quelle que soit leur opinion sur la méthode que j'emploie, ils seront toujours maîtres de mettre en pratique, dans leurs démonstrations, telle ou telle autre méthode qu'ils jugeront convenable.

SIGNES

EMPLOYÉS DANS LES SOLUTIONS, ET A L'AIDE DESQUELS LES OPÉRATIONS SONT INDIQUÉES D'UNE MANIÈRE ABRÉGÉE.

———

I. (=) est le signe d'égalité. Mis entre deux quantités, il indique que ces deux quantités sont égales entre elles; il se prononce indistinctement *égal, égale, égalent; égaux à*, suivant la nature des quantités pour lesquelles on l'emploie; en général, les signes d'abréviations ne sont que pour indiquer, d'une manière abrégée, les opérations faites ou à faire : ainsi la manière de les prononcer est indifférente, pourvu qu'elle rende le sens de la phrase qu'on a voulu abréger.

II. (+) est le signe de l'addition, de l'augmentation. Il indique qu'une quantité est positive; ordinairement il se prononce : *plus*. L'expression $8+4=12$, se prononce : 8 *plus* 4 égalent 12. On pourrait dire aussi : 8 et 4 font 12, ou 8 augmentés de 4, ajoutés à 4, etc. Lorsqu'une quantité n'est précédée d'aucun signe, il est sous-entendu qu'elle est affectée du signe +.

III. (—) est le signe de la soustraction, de la diminution. Il indique qu'une quantité est négative. On le prononce : *moins*. L'expression $8-4=4$, se prononce : 8 *moins* 4 égalent 4; ou 4 ôtés de 8, ou 4 retranchés de 8, etc.

IV. (×) est le signe de la multiplication. Il indique

toujours que les quantités entre lesquelles il se trouve doivent être multipliées l'une par l'autre ; il se prononce : *multiplié* ou *multipliés par*. L'expression $8 \times 4 = 32$, doit se prononcer : 8 *multipliés par* 4 égalent 32, ou dans le même sens, le produit de 8 par 4 est 32. On indique aussi la multiplication par un gros point mis entre les deux quantités : ainsi 8.4 a la même signification que 8×4.

V. (—) est le signe de la division, lorsqu'il est placé entre deux nombres, dont l'un est écrit au-dessous de l'autre. Il se prononce : *divisé par* ou *divisés par*. L'expression $\frac{32}{8} = 4$, se prononce : 32 *divisés par* 8 égalent 4. On pourrait dire dans le même sens : le quotient de 32 par 8 est 4, etc.

(:) Deux points mis entre deux quantités indiquent aussi la division. Ainsi 32 : 8 a la même signification que $\frac{32}{8}$.

VI. Pour marquer qu'un nombre doit être élevé au carré ou au cube, on écrit un 2 ou un 3 en petit caractère au-dessus de ce nombre, vers la droite. 24^2, 8^3, indiquent que le nombre 24 doit être élevé au carré, et le nombre 8 au cube ; et l'on doit prononcer : le *carré* ou la *deuxième* puissance de 24, le *cube* ou la *troisième* puissance de 8. L'expression $\frac{6^2 \times 4}{8} = 18$, indique que 4 fois le carré ou la deuxième puissance de 6, divisés par 8, sont égaux à 18, et l'on prononce : le *carré* de 6, multiplié par 4 divisé par 8, égale 18 ; l'expression $(2^3 — 4) \times 5 = 20$, indique qu'en retirant 4 du cube de 2 pour multiplier le reste par 5, on obtiendra un produit égal à 20 ; elle se prononce : le *cube* de 2, moins 4, multiplié par 5 est égal à 20.

VII. $\sqrt[2]{}$ ou $\sqrt{}$ est le signe de l'extraction de la racine carrée. Il se prononce : *la racine carrée de* ou *la racine deuxième de*. L'expression $\sqrt[2]{16} \times 2$ ou $\sqrt{16 \times 2}$, indique qu'il faut multiplier par 2 la racine carrée ou deuxième de 16; et l'on prononce : *la racine carrée* de 16 multipliée par 2. On supprime ordinairement le petit chiffre 2 : $\sqrt{}$ indique suffisamment la racine carrée.

VIII. $\sqrt[3]{}$ est le signe de l'extraction de la racine cubique. Il se prononce : *la racine cubique de* ou *la racine troisième de*. L'expression $\sqrt[3]{27} + 6$, indique qu'il faut ajouter 6 à la racine cubique ou troisième de 27, et on doit prononcer : la *racine cubique* de 27 plus 6. Si la ligne se prolongeait jusque sur le 6 : $\sqrt[3]{27 + 6}$, l'expression indiquerait qu'il faut ajouter 6 à 27, pour en extraire la racine cubique. Le petit chiffre qui indique la puissance ne peut se supprimer que lorsqu'il s'agit du carré.

IX. Un problème étant une question à résoudre, de quelque nature que soit cette question, il est évident qu'elle contient une quantité inconnue, qui se détermine au moyen des rapports qui existent entre elle et d'autres quantités connues.

Si l'on demande, par exemple, quelle somme on aurait en ajoutant 4 à 8 : dans cette question, les deux nombres sont 4 et 8, et la somme de ces deux nombres est la quantité inconnue qu'il faut déterminer. Pour abréger, on représente cette quantité inconnue par x ; dans ce cas, l'expression abrégée de la question est $x = 8 + 4$, et c'est comme si, en changeant l'énoncé, on disait : un nombre inconnu est égal à 8 augmentés de 4; quel est ce nombre? Donc x est l'expression abrégée du *nombre inconnu*.

X. Le choix du signe abrégé qui représente l'inconnu est à peu près arbitraire en arithmétique. On verra par la suite que, dans presque tous les cas, il résulte un grand avantage à le représenter par une fraction égale à l'unité, c'est-à-dire une fraction dont le numérateur est égal au dénominateur.

XI. Excepté quelques signes qui sont relatifs aux rapports, aux proportions, et qui seront indiqués plus loin, les signes ci-dessus sont les seuls signes abréviatifs dont je me sois servi dans les solutions.

Les exemples suivans donneront les moyens de se familiariser avec leur emploi.

1er. Exemple : $x = 24 + 6 + 8 + 5$. On devra lire : *le nombre inconnu égale* 24 plus $6 + 8 + 5$, et l'expression indique qu'en additionnant les quatre quantités données, leur total 43 est égal au nombre inconnu.

2e. Ex. : $24 - 6 = x + 8$. On devra lire 24 *moins 6 égale le nombre inconnu plus* 8, et l'expression indique qu'en retranchant 6 de 24, on a un nombre qui surpasse de 8 le nombre inconnu qui alors est égal à $18 - 8 = 10$.

3e. Ex. : $\dfrac{(30 : 3) \times 4}{5 \times 2}$. On devra lire : 30 *divisés par* 3, *multipliés par* 4, *divisés par* 5 *multipliés par* 2. L'expression indique qu'il faut diviser 30 par 3, multiplier le quotient par 4, pour diviser le résultat par 5 multipliés par 2 ou par 10.

4e. Ex. : $\dfrac{(24.6.2) + 4}{(3.4) + 2}$. On devra lire : 24 *multipliés par* 6 *multipliés par* 2, *plus* 4, *divisés par* 3 *multipliés par* 4, *plus* 2 ; et l'expression indique qu'il faut multiplier 24 par

6 et par 2, ajouter 4 au produit, multiplier 3 par 4, ajouter 2 au produit, et diviser le premier résultat par le second : ce qui fait qu'on a 292 à diviser par 14.

5e. Ex. : $\dfrac{(4 \times 2)-4}{6-4}$. On devra lire : *4 multipliés par 2, moins 4, divisés par 6 moins 4* ; et l'expression indique qu'il faut multiplier 4 par 2, retrancher 4 du produit, pour le diviser par 6 moins 4 : ce qui fait qu'on a 4 à diviser par 2.

6e. Ex. : $\dfrac{72-2}{10}+4$. On devra lire : *72 moins 2, divisés par 10, plus 4* ; et l'expression indique qu'il faut retrancher 2 de 72, pour diviser le reste par 10 et ajouter 4 au quotient : ce qui donne 11 pour résultat.

7e. Ex. : $4 + 2 - 3 + \dfrac{10+2}{3} - 2$. On devra lire : *4 plus 2 moins 3, plus 10 plus 2, divisés par 3 moins 2* ; et l'expression indique qu'il faut, du total 4 plus 2, retrancher 3, pour l'ajouter au quotient de 10 plus 2 divisés par 3, et retrancher 2 du résultat.

8e. Ex. : $\dfrac{6-8}{2}+4$. On devra lire : *plus 6 moins 8, divisés par 2, plus 4*. L'expression indique qu'il faut ajouter la quantité positive *plus* 6 à la quantité négative *moins* 8, diviser le total par 2, et ajouter 4 au quotient. Le résultat définitif $=-1+4=+3$.

9e. Ex. : $24^2 + 6^3 - 2^2 = \dfrac{x}{2}$. On devra lire : *le carré de 24 plus le cube de 6, moins le carré de 2,* égalent le nombre inconnu divisé par 2. L'expression indique que, après avoir ajouté le cube de 6 ou 216 au carré de 24 ou 576, il faut soustraire du total, le carré de 2 ou 4, pour avoir un résultat égal à la moitié du nombre inconnu.

10e. Ex. : $2.4 + \sqrt{9} - \sqrt[3]{8} + 5^2 = \dfrac{x \cdot 2}{3}$. On devra lire : 2 *multipliés par* 4, *plus la racine carrée de* 9, *moins la racine cubique de* 8, *plus le carré de* 5 = *le nombre inconnu multiplié par* 2 *et divisé par* 3. L'expression indique qu'il faut, au produit de 2 par 4 ou 8, ajouter la racine carrée de 9 ou 3 et le carré de 5 ou 25, et retrancher du total la racine cubique de 8 ou 2, pour avoir un nombre égal aux $\frac{2}{3}$ du nombre inconnu.

XII. Afin d'éviter toute ambiguité, j'ai séparé les tranches relatives à la numération par un point et les parties décimales par une virgule, qui est le signe spécialement destiné à cet usage par tous les auteurs. Sous ce point de vue, il ne peut jamais y avoir plus d'une virgule dans l'énoncé d'un nombre quelconque.

Les exemples donnés ci-dessus sont tous très faciles ; mais il arrive souvent que les expressions primitives doivent subir des changemens successifs, pour les simplifier aux résultats définitifs. Tous les genres de difficultés relatives à ces changemens seront présentés dans les solutions ; et, toutes les fois que le cas l'exigera, la démonstration sera jointe à l'opération.

DÉFINITIONS PRÉLIMINAIRES.

XIII. La définition est l'explication claire et précise d'un terme dont on fait usage. Elle détermine le sens qu'on doit y attacher.

XIV. L'*Arithmétique* est la science des nombres. Elle en considère la nature et les propriétés ; elle donne des moyens faciles et directs pour les représenter, les énoncer, les composer et les décomposer ; elle enseigne l'art de cal-

culer ; elle est la base de toutes les sciences mathématiques :
car les rapports de toutes les espèces de quantités se réduisent facilement à des nombres.

XV. On appelle *quantité* ou *grandeur* tout ce qui est
susceptible d'augmentation ou de diminution, tout ce qui
peut être mesuré ou compté. L'étendue, la durée, le
mouvement, les poids, les valeurs, les nombres, sont des
quantités : tout ce qu'on peut découvrir sur les quantités
se réduit à les exprimer les unes par les autres.

XVI. Une *quantité* positive est une quantité en plus :
toujours elle est ou supposée être affectée du signe +, qui
est le signe d'augmentation.

XVII. En arithmétique, si l'on compare une quantité
à zéro ou à rien, elle peut être en plus, elle peut être en
moins.

Une personne peut n'avoir aucune fortune ; mais, si elle
ne doit rien, sa position peut être exprimée par + o.

Si, ne devant rien, elle possède 1.000 fr., on exprimera
sa position par + o + 1.000 fr., c'est-à-dire qu'elle aura
1.000 fr. de plus que si elle n'avait rien. Dans ce cas (xvi),
1.000 représentent une quantité en plus ou une quantité
positive.

Si, n'ayant rien, elle doit 1.000 fr., dans ce cas, il s'en
faudra de 1.000 f. que sa fortune soit $=$ à o, et ces 1.000 f.
représentent une quantité en moins ou une quantité négative ; donc le zéro peut être considéré comme une limite
entre le plus et le moins, entre les quantités positives et
négatives. Il peut être considéré comme un nombre, car
il peut être augmenté et diminué. En comparant o $+$ 8
avec o $+$ 4, on comparera bien certainement deux quantités, dont la différence $= {}^+$ 12 et la somme $= +$ 4 ;

c'est-à-dire que, de deux personnes dont l'une a 8 f. et l'autre en doit 4, il faudrait donner 12 f. à la deuxième, pour que son avoir fût égal à celui de la première ; et que, si la première prenait pour son compte la dette de la deuxième, son avoir serait réduit par cette addition à + 8 + — 4 ou à + 4. Car, dans ce cas, elle aurait 8 fr. ; elle en devrait 4 ; et, sa dette payée, il ne lui resterait que 8 — 4 = 4 fr.

Donc une *quantité négative* est une quantité en moins; elle est toujours affectée du signe — qui est le signe de la soustraction. En réfléchissant sur la nature des quantités, on reconnaîtra aisément que, toutes les fois qu'une quantité est exprimée, elle ne peut être négative ; que toute quantité est *essentiellement* positive, et qu'une quantité négative n'est autre qu'une quantité *positive* à retrancher, à soustraire d'une quantité positive de même nature. On ne peut, dans aucun cas, ajouter une addition à une soustraction. On peut indiquer cette opération ; mais l'opération par elle-même se réduit toujours à une soustraction. Cependant les opérations à effectuer sur les quantités en moins, combinées avec les quantités en plus, présentent souvent des difficultés qui pourraient embarrasser les élèves. Toutes ces difficultés seront résolues, à mesure qu'elles se présenteront, dans le cours des solutions qui leur sont relatives.

XVIII. L'*unité* est une quantité à laquelle on compare d'autres quantités de même espèce. Tout ce qui peut servir de mesure dans la comparaison des grandeurs, est une unité de même nature que les quantités qu'on veut exprimer par son moyen.

Une toise, une lieue, un pouce, un homme, etc., sont autant d'unités qui ont servi de termes de comparaison pour former les quantités *vingt toises, huit lieues, quatre pouces, trente hommes.*

XIX. L'*unité abstraite* est l'idée vague d'une grandeur considérée comme pouvant servir de mesure à d'autres grandeurs de même espèce, dont la nature reste indéterminée.

Un , unité , une fois, sont autant d'unités abstraites.

XX. L'*unité concrète* est celle qui, non seulement est prise pour mesure, mais qui est tellement déterminée , qu'elle ne peut servir qu'à mesurer des grandeurs d'une nature également déterminée. *Un mètre , une toise , une table*, etc., sont des *unités concrètes.*

XXI. Un nombre est le résultat qui indique combien de fois une quantité contient celle de même espèce qu'on lui compare : c'est le rapport abstrait d'une quantité avec l'unité: Le choix de l'unité est tout-à-fait arbitraire, et l'on peut prendre une mesure plus ou moins grande, un poids plus ou moins fort, pour évaluer une quantité. Qu'on dise, par exemple, qu'une distance est de *deux toises* ou de *douze pieds* ou de *cent quarante-quatre pouces*, la distance ne change point , mais elle est exprimée par des nombres d'une autre nature , et qui sont en rapport avec l'unité qui a servi de point de comparaison.

XXII. Un nombre est abstrait lorsqu'il ne contient que des unités abstraites ; lorsque, en l'énonçant, on ne désigne point la nature des unités dont il est composé. *Quatre, six unités , cinq fois*, sont des nombres abstraits.

XXIII. Un nombre est concret lorsqu'il ne contient que des unités concrètes ; lorsque, en l'énonçant, on désigne la nature des unités dont il est composé. *Quatre mètres , cent francs, dix hommes,* sont des nombres concrets.

XXIV. Un nombre est entier lorsqu'il est composé

d'unités entières d'une espèce quelconque. *Vingt-quatre mètres, trente pouces, cinquante toises*, sont des nombres entiers : 2. 548. 545. sont aussi des nombres entiers.

XXV. Un nombre fractionnaire est l'assemblage de plusieurs unités de même espèce et d'une fraction ou partie de cette unité. S'il n'exprime qu'une partie de l'unité, on l'appelle fraction. *Un tiers, trois quarts, cinq huitièmes*, sont des fractions ; *deux et demi, vingt aunes trois quarts*, sont des nombres fractionnaires.

XXVI. Un nombre décimal se compose d'unités et de parties d'unités subdivisées en parties de dix en dix fois plus petites. *Deux vingt centièmes, trente mètres cent cinquante-cinq millimètres, vingt francs cinquante centimes*, sont des nombres décimaux. Lorsqu'un nombre n'exprime que les parties décimales de l'unité, on l'appelle fraction décimale. *Vingt-quatre centimes, deux cent quatre millimètres*, sont des fractions décimales.

XXVII. Un nombre complexe est celui qui est composé de plusieurs espèces d'unités dépendantes les unes des autres, et toutes réductibles à la même espèce. *Trois livres quatre sous six deniers, une toise trois pieds un pouce*, sont deux nombres complexes, parce qu'on peut réduire le premier en deniers et le second en pouces.

XXVIII. Un nombre incomplexe est celui qui ne renferme qu'une seule espèce d'unités, et qui est en même temps entier et concret. *Vingt-quatre toises, trente pieds, quinze lignes*, sont des nombres incomplexes.

XXIX. Un nombre pair est celui qui peut se partager en deux nombres égaux ou entiers, ou celui dont on peut prendre la moitié exacte sans fractions. *Vingt-quatre*, *quatorze*, *huit*, *cent quatre*, sont des nombres pairs. 0. 2. 4. 6. 8. sont les chiffres pairs ; tout nombre pair finit par l'un de ces chiffres.

XXX. Par opposition un nombre est impair, lorsqu'on ne peut en prendre exactement la moitié, lorsqu'on ne peut le partager en deux nombres entiers. *Vingt-cinq*, *onze*, *vingt-sept*, sont des nombres impairs. 1. 3. 5. 7. 9. sont les chiffres impairs ; tout nombre impair finit par l'un de ces chiffres.

XXXI. Un nombre premier est celui qui n'est divisible que par lui-même ou par l'unité. *Trois, cinq, vingt-neuf,* sont des nombres premiers : donc tout nombre premier est impair ; car, s'il était pair, il serait divisible par deux.

XXXII. Deux nombres sont premiers entre eux, lorsqu'ils n'ont que l'unité pour diviseur commun. *Huit* et *neuf, sept* et *quinze,* sont premiers entre eux, parce qu'il n'y a que l'unité qui puisse les diviser l'un et l'autre sans reste ou sans fraction.

XXXIII. Un nombre est multiple d'un autre, lorsqu'il le contient exactement un certain nombre de fois. *Vingt-quatre* sont multiples de *six,* parce que *six* sont contenus exactement quatre fois dans *vingt-quatre.*

XXXIV. Un nombre est divisible par un autre, lorsqu'il le contient exactement un nombre de fois. *Vingt-quatre* sont divisibles par *six,* parce qu'ils contiennent exactement quatre fois *six.*

XXXV. Doubler, tripler, quintupler, etc., un nombre,

c'est le multiplier par 2, par 3, par 5, etc. En prendre la *moitié*, le *tiers*, le *cinquième*, etc., c'est le diviser par 2, par 3, par 5, etc.

XXXVI. Le carré d'un nombre est le produit de ce nombre multiplié par lui-même. *Seize* sont le carré de *quatre*, parce que $4 \times 4 = 16$. Le carré d'un nombre s'appelle aussi la deuxième puissance de ce nombre.

XXXVII. Le cube d'un nombre est le produit d'un nombre multiplié par son carré, ou deux fois par lui-même. Le nombre *soixante-quatre* est le cube de quatre, parce que $4 \times 16 = 64 = 4 \times 4 \times 4$.

Le cube d'un nombre s'appelle aussi la troisième puissance de ce nombre.

XXXVIII. La racine carrée ou deuxième d'un nombre est un nombre qui, multiplié par lui-même, donne un produit égal au nombre proposé.

La racine carrée ou deuxième de *seize* est quatre, parce que $4 \times 4 = 16$.

XXXIX. La *racine cubique* ou *troisième* d'un nombre est le nombre qui, multiplié par son carré ou deux fois par lui-même, donne un produit égal au nombre proposé.

La racine *cubique* ou *troisième* de *soixante-quatre* est *quatre*, parce que 4×16 ou $4 \times 4 \times 4 = 64$.

OBSERVATIONS GÉNÉRALES

SUR LES PARTIES LES PLUS IMPORTANTES DE L'ARITH-MÉTIQUE AINSI QUE SUR DIVERSES PROPRIÉTÉS DES NOMBRES, DONT LA CONNAISSANCE EST ABSOLUMENT NÉCESSAIRE, ET SUR LESQUELLES SONT FONDÉES LA PLUPART DES DÉMONSTRATIONS.

DE LA NUMÉRATION.

XL. La *numération* est l'art d'exprimer tous les nombres possibles avec une quantité très limitée de mots, lorsqu'on les énonce en paroles, ou de caractères appelés chiffres, lorsqu'on les écrit.

DE L'ADDITION.

XLI. L'*addition* est une opération par laquelle on exprime la valeur de plusieurs nombres par un seul. C'est une manière abrégée d'exprimer un nombre qui contient à lui seul autant d'unités ou de parties d'unités qu'il y en a dans plusieurs autres. Le résultat de l'opération s'appelle somme ou total ; donc, en ajoutant ensemble plusieurs quantités, c'est les joindre, les réunir ; conséquemment, l'addition entraîne avec elle l'idée de l'augmentation. Cette idée est exacte, lorsqu'on joint ensemble des quantités positives ou en plus, ou des quantités négatives ou en moins; mais, s'il s'agissait d'ajouter une quantité en plus avec une quantité en moins, le résultat devrait nécessairement donner une diminution, car on opérerait une soustraction.

Un homme possède 10.000 fr. et en doit 6.000; sa fortune se compose donc de la somme qu'il possède et de la somme qu'il doit; donc elle se compose de + 10.000 fr. + — 6.000 fr. : ce qui fait qu'il ne possède réellement que 10.000 — 6.000 = 4.000 fr.

Donc + 10.000 + — 6.000 = + 4.000; ainsi ajouter moins à plus c'est bien opérer une soustraction, et le résultat est toujours affecté du signe distinctif de la plus forte somme.

Je possède 10.000 fr., j'en dois 6.000, ma fortune est de + 10.000 + — 6.000 = + 4.000.

Je possède 10.000 fr., j'en dois 12.000, ma fortune est de + 10.000 + — 12.000 = — 2.000; maintenant par l'opération inverse, si on veut retrancher les sommes qu'on a ajoutées, on aura — 6.000 à retrancher de + 4.000. Alors de.   + 4.000

On retranchera — 6.000
____

Il reste   + 10.000

Ce qui doit être, car on recompose le nombre 10.000 des mêmes élémens qui l'ont décomposé; en effet le restant 4.000 est le total d'une somme à laquelle on a ajouté — 6.000; en retranchant — 6.000 de + 4.000 on doit nécessairement retrouver + 10.000.

De même si de   + 10.000

On retranche — 2.000
____

Le reste doit être   + 12.000

Donc, par réciproque, la soustraction devient une addition comme l'addition devient une soustraction.

Ce qu'il y a de contradictoire dans ce résultat disparaîtra si l'on fait attention qu'ajouter une dette à un capital c'est bien réellement diminuer le capital de toute la dette qu'on y ajoute, de même que retrancher cette dette c'est bien augmenter le capital de cette même dette.

J'ai 12.000 fr. en caisse, on vient m'apporter un billet de 4.000 fr. que je dois; il est bien certain que lorsque j'ai payé je n'ai plus que 8.000 fr. plus le billet de 4.000 fr. et que mon avoir se compose de $+$ 12.000

$$+ - \quad 4.000$$

En tout $+$ 8.000

Mais si au lieu de m'apporter le billet, on me dit je vous rends votre billet et vous ne me devez rien, dans ce cas mon capital, au lieu d'être 12.000 $+ -$ 4.000, redevient 12.000 $+ -$ 0 $=$ 12.000 fr.

En algèbre, où l'on opère sur des valeurs abstraites et indéterminées, on indique seulement la réunion des quantités en plus et des quantités en moins; mais il n'en est pas de même en arithmétique : les quantités étant déterminées et leurs relations établies d'une manière précise, l'emploi des signes doit toujours conduire à des résultats directs, et l'on doit être bien arrêté sur leur vraie signification, 4.000 $-$ 2.000 $=$ 2.000

4.000 $- -$ 2,000 $=$ 6.000

Les deux expressions ci-dessus serviront à déterminer la valeur des expressions $+$ et $-$suivant les diverses combinaisons qui peuvent se présenter. Il paraîtrait d'abord que ces deux expressions sont semblables, et doivent donner le même résultat; cela tient à ce que dans la première le signe plus est sous-entendu, l'expression est réellement $+$ 4.000 $- +$ 2.000. De cette sorte on se rend raison de la différence, car :

si de $+$ 4.000 $- -$ 2.000 $=$ 6.000

on retranche $+$ 4.000 $- +$ 2.000 $=$ 2.000

il reste : $+$ 0 $+$ 4.000 $=$ 4.000

Cette différence est exacte; car avoir 2.000 fr. dans sa caisse au lieu de les devoir fait bien une différence de 4.000.

XLII. Si on ajoute ou si on retranche un nombre à une ou plusieurs quantités qui ont servi à former un total, ce total est augmenté ou diminué de la somme de ces nombres; et si, d'une de ces quantités, on retranche un nombre pour l'ajouter à un autre, le total reste le même.

EXEMPLES.

$$24 + 6 + 2 = 32.$$
$$(24 - 2) + (6 - 4) + 2 = 26 = 32 - (2 + 4)$$
$$(24 + 2) + 6 + (2 + 8) = 42 = 32 + (2 + 8)$$
$$(24 - 12) + 6 + (2 + 12) = 32.$$

XLIII. En multipliant ou divisant chacune des quantités qui ont servi à former un total par un nombre, ce total est divisé ou multiplié par le même nombre. Réciproquement, en multipliant ou divisant un total formé de plusieurs quantités par un nombre, il faut, pour que ces quantités donnent une somme semblable au nouveau total, qu'elles soient ou multipliées ou divisées par le même nombre.

$$24 + 6 + 2 = 32.$$

$$24 + \frac{6}{2} + \frac{2}{2} = 16 = \frac{32}{2}$$

$$(24 \times 3) + (6 \times 3) + (2 \times 3) = 96 = 32 \times 3.$$

La réciproque se prouve par l'opération inverse.

DE LA SOUSTRACTION.

XLIV. La soustraction est une opération par laquelle

on retranché un nombre d'un autre nombre de même nature.

Le résultat que l'on obtient se nomme excès, différence ou reste, suivant la manière dont la question est posée.

Une personne a 24 fr., une autre en a 8 : combien la première a-t-elle en sus de la seconde ?

Une personne a dépensé 24 fr., une autre en a dépensé 8 : quelle est la différence de leur dépense ?

Une personne a dépensé 8 fr. sur 24 qu'elle avait : combien lui reste-t-il ?

On voit que, suivant ces trois énoncés, le résultat 16 est excédant, différence et reste.

XLV. Quelle que soit la différence de deux nombres, en ajoutant ou retranchant à chacun de ces deux nombres une quantité semblable, cette différence reste la même.

$$24 - 8 = 16.$$
$$(24 + 2) - (8 + 2) = 16.$$
$$(24 - 2) - (8 - 2) = 16.$$

D'où il résulte que l'égalité de deux quantités n'est pas détruite, soit qu'on leur ajoute ou qu'on leur retranche une quantité semblable, soit qu'on les multiplie ou qu'on les divise par le même nombre.

XLVI. Si de deux nombres inégaux on augmente le plus petit de la différence, il devient égal au plus grand, et si on diminue le plus grand de la différence, il devient égal au plus petit.

Soient les deux nombres 24 et 6, leur différence $= 18$. $24 - 18 = 6 =$ le plus petit nombre ; $6 + 18 = 24 =$ le plus grand.

XLVII. En divisant ou en multipliant deux nombres inégaux par un même nombre, la différence est multipliée ou divisée par ce même nombre.

Soient les deux nombres 12 et 4, leur différence est 8.
$(12 \times 4) - (4 \times 4) = 32 = 8 \times 4.$

$$\frac{12}{2} - \frac{4}{2} = 4 = \frac{8}{2}.$$

XLVIII. Si on augmente ou si on diminue le plus grand de deux nombres inégaux, la différence augmente ou diminue dans les mêmes proportions; et si on augmente ou si on diminue le plus petit, la différence éprouve un changement contraire, c'est-à-dire qu'elle augmente de la même quantité dont on l'a diminuée, ou qu'elle diminue de la même quantité dont on l'a augmentée.

Soient 24 et 16 les deux nombres, la différence $= 8$. $(24 - 6) - 16 = 2 = 8 - 6$. $(24 + 6) - 16 = 14 = 8 + 6$; $24 - (16 - 4) = 12 = 8 + 4$; $24 - (16 + 6) = 2 = 8 - 6$.

XLIX. Si de la somme de deux nombres inégaux on retranche la différence, le plus grand de ces nombres devient égal au plus petit, et chacun d'eux est égal à la moitié de cette somme, après qu'on en a retranché la différence. En effet (xlviii) la somme retranchée du plus grand nombre diminue la différence d'autant; mais la somme retranchée est cette différence, donc cette différence devient zéro; donc chaque somme est égale, et le reste est le total de deux sommes semblables; donc chaque somme est égale à la moitié du total.

L. Quelle que soit la différence de deux nombres pour les rendre égaux sans rien changer à leur somme, il faut retirer la moitié de cette différence du plus grand nombre, pour la joindre au plus petit. En effet, en diminuant le plus grand nombre de la moitié de la différence on diminue (xlviii) la différence d'autant; en augmentant le plus petit de la moitié de la différence on diminue (XLVIII) la différence d'autant : donc la différence est zéro ; donc les deux nombres sont égaux ; mais la quantité retranchée du plus grand a été ajoutée au plus petit ; donc (XLII) le total est resté le même.

LI. Que deux nombres soient égaux ou non , quelle que soit la somme qu'on retranche de l'un pour l'ajouter à l'autre, l'augmentation ou la diminution de ces nombres comparés entre eux, est toujours double du nombre retranché ou ajouté. En effet , quand deux nombres sont égaux, la différence égale zéro ; en retranchant (XLVIII) un nombre du premier , la différence zéro est augmentée d'autant; en augmentant (XLVIII) le second du nombre retranché au premier , la différence est augmentée d'autant : donc elle est augmentée de deux fois le nombre ajouté au second ou de deux fois le nombre retranché au premier; donc elle est double du nombre ajouté ou retranché.

DE LA MULTIPLICATION.

LII. La *multiplication* est une opération par laquelle on prend un nombre autant de fois qu'il y a d'unités ou de parties d'unités dans un autre.

Le nombre qui doit être pris un certain nombre de fois se nomme *multiplicande* , celui qui indique par ses unités combien de fois on doit prendre le multiplicande, se nomme *multiplicateur*, et le nombre qui résulte du multiplicande pris autant de fois qu'il y a d'unités dans le multiplicateur se nomme *produit :* le multiplicande et le multiplicateur sont aussi appelés facteurs d'une multiplication ; il résulte de cette définition que, dans toute multiplication, le produit contient le multiplicande autant de fois que le multiplicateur contient d'unités.

Soient 6 le *multiplicande*, 4 le *multiplicateur*; le *produit* sera 24, et le multiplicande 6 est contenu 4 fois dans 24, comme 1 est contenu 4 fois dans 4.

LIII. Avec un peu d'attention on reconnaîtra que la multiplication est une addition opérée d'une manière abrégée, et que le produit n'est autre que la somme ou le total qu'aurait donné l'addition du multiplicande autant de fois ajouté qu'il y a d'unités dans le multiplicateur, ou l'addition du multiplicateur autant de fois ajouté qu'il y a d'unités dans le multiplicande, c'est-à-dire que $4 \times 6 = 6 + 6 + 6 + 6$ ou $4 + 4 + 4 + 4 + 4 + 4$, d'où il résulte que 6 fois 4, ou 4 fois 6 donnent un total $=$ à 4×6 ou à 6×4; ce qui prouve que dans toute multiplication de nombres abstraits, le multiplicande peut devenir multiplicateur, et réciproquement, sans rien changer au produit; mais lorsque la nature des unités qui composent les nombres est indiquée, on ne pourrait opérer ce changement sans dénaturer la question.

Qu'on propose de trouver combien *quatre fois* 6 font *de fois*; il sera indifférent de multiplier 4 par 6 ou 6 par 4, parce que le produit exprimera toujours un nombre de fois; qu'on demande la superficie d'une terre dont la longueur est de 24 toises et la largeur de 6 toises, il sera de même indifférent de multiplier 6 par 24 ou 24 par 6, parce que le produit 144 exprimera toujours des toises; mais qu'on propose de trouver quelle somme on doit payer pour avoir 6 mètres de toile à 4 francs, il faudra, dans ce cas, que le produit exprime des francs : donc 4 fr. devront être pris autant de fois qu'il y a d'unités dans le nombre des mètres proposés. 4 fr. seront donc forcément le multiplicande, 6 le multiplicateur abstrait, et 24 le produit.

Voici le raisonnement le plus simple qui conduit au résultat :

Si 1 mètre coûte 4 fr.,

6 mètres coûtent 6 fois 4 fr. , ou 4 fr. ×6, ou 24 fr. Dans tous les cas possibles, par ce raisonnement, on détermine directement lequel des deux facteurs doit être multiplicande.

Qu'on propose maintenant de trouver combien on aurait de mètres de toile pour 4 fr., sachant que pour 1 fr. on en a eu 6 mètres.

On dira : pour 1 fr., on en a eu 6 mètres,

Pour 4 fr., on en aura 4 fois 6 mètres, ou 6 mètres × par 4, ou 24 mètres. On voit que, dans ces deux cas, les données de l'énoncé indiquent positivement le multiplicande, qui doit toujours être de même nature que le produit qu'on veut obtenir ; mais quoique de différente nature, les deux produits expriment des quantités semblables : donc 4 mètres de toile à 6 fr. coûteraient autant que 6 mètres à 4 fr., de même que, lorsque 4 mètres coûtent 1 fr., on en a 24 pour 6 fr., comme on en aurait 24 pour 4 fr., si 6 coûtaient 1 fr.

LIV. Un produit formé de la multiplication de plusieurs nombres ne change pas de valeur, quel que soit l'ordre dans lequel on effectue la multiplication. Soient 25 fr. à multiplier par 2, par 3, par 5 et par 4 : il est évident que, dans ce cas, la nature de la question indique qu'il ne peut y avoir qu'un multiplicande, et que les quatre multiplicateurs 2, 3, 5 et 4 ne peuvent être considérés que comme quatre nombres *abstraits*, dont les produits forment entre eux un seul multiplicateur *abstrait* qui indique combien de fois il faut prendre le multiplicande 25. Or, $2 \times 3 = 3 \times 2 = 6$; $5 \times 4 = 4 \times 5 = 20$; $6 \times 20 = 20 \times 6 = 120$: donc, dans quelque ordre qu'on multiplie les 4 facteurs *abstraits* 2, 3, 5 et 4, leur produit est 120, et dans ce cas multiplier 25 fr. par 2, par 3, par 5 et par 4, revient à les mùltiplier par 120 : donc 25 fr. $\times$ 2 $\times$ 3 $\times$ 5 $\times$ 4 $=$ 25 fr. $\times$ 120 $=$ 120 fois 25 fr. $=$ 3.000 fr.

LV. Multiplier un nombre par un autre nombre plus grand que l'unité, c'est l'ajouter à lui-même autant de fois moins une qu'il y a d'unités dans le multiplicateur.

$24 \times 4\frac{1}{2} = 108 = 24 \times 24 \times 3\frac{1}{2}$.

Donc multiplier un nombre par 2, par 3, par 4, par 5, c'est l'ajouter *une fois*, *deux fois*, *trois fois*, *quatre fois* à lui-même. Afin de ne pas déranger l'ordre des matières, et pour traiter ensemble des diverses propriétés relatives à la multiplication et à la division, j'ai dû parler des fractions sans d'abord en avoir donné la définition : c'est pourquoi avant de passer aux démonstrations qui suivent, on fera bien de lire le paragraphe (LXXI).

LVI. Multiplier un nombre par un autre nombre plus petit que l'unité, c'est retrancher du nombre qu'on multiplie une partie de ce nombre égale à la fraction qu'il faudrait joindre au multiplicateur pour l'élever à l'unité; ainsi $24 \times \frac{2}{3} = 16 = 24 - \frac{24}{3}$. Dans ce cas, $\frac{2}{3} + \frac{1}{3} = 1$; donc en retranchant de 24 le tiers de 24 ou 8, on multiplie 24 par $\frac{2}{3}$. $24 \times \frac{7}{8} = 21 = 24 - \frac{1}{8}$ de $24 = 24 - 3 = 21$; $24 \times \frac{3}{8} = 9 = 24 -$ les $\frac{5}{8}$ de $24 = 24 - 15 = 9$.

LVII. Lorsque l'un des deux facteurs d'une multiplication est l'unité, le produit est égal à l'autre facteur : donc, suivant ce qui a été dit (LV et LVI), et relativement au multiplicande, la multiplication donne pour produit une augmentation, lorsque le multiplicateur est plus grand que l'unité, une égalité lorsque le multiplicateur est l'unité, et une diminution lorsque le multiplicateur est plus petit que l'unité; ce qui est évident : car, suivant la démonstration (LII), plus le multiplicateur est grand, plus on prend de fois le multiplicateur, plus le produit est grand;

le multiplicateur étant l'unité, on prend une fois le multiplicande : donc le produit est égal au multiplicande, donc l'unité est le seul multiplicateur qui donne le multiplicande pour quotient ; donc tout multiplicateur au-dessus de l'unité augmente le produit, tout multiplicateur au-dessous le diminue, parce que, dans ce cas, on ne prend le multiplicande que $\frac{1}{2}$, $\frac{2}{3}$, $\frac{1}{4}$, etc. de fois, suivant la valeur du multiplicateur, et que par conséquent le produit est toujours moindre que le multiplicande, qui est égal à une fois lui-même. Suivant sa vraie acception, le mot multiplication signifiant augmentation, on ne multiplierait réellement un nombre qu'en opérant avec un multiplicateur plus grand que l'unité ; mais, suivant la définition (LII), dans les trois cas, on opère une *multiplication*, parce que, dans les trois cas, on prend le multiplicande autant de fois qu'il y a d'unités dans le multiplicateur. Dans ce sens, multiplier un nombre par $\frac{7}{8}$, c'est en prendre les $\frac{7}{8}$: c'est donc en retrancher $\frac{1}{8}$; le multiplier par $\frac{1}{3}$, c'est en prendre le tiers : c'est donc en retrancher $\frac{2}{3}$; or, prendre le tiers d'un nombre, c'est en prendre la troisième partie, c'est le diviser par 3 : donc multiplier un nombre par une fraction, c'est bien le diviser ; ainsi lorsque le résultat de la multiplication donne une diminution, on obtient un résultat inverse de celui qu'on devrait obtenir, suivant l'acception du mot multiplier. On aura lieu de remarquer la même contradiction dans la division. Ces contradictions proviennent de ce que les mots multiplication et division n'ont pas dans le langage du calcul la même acception qu'ils ont dans le langage ordinaire ; c'est pourquoi il est bien nécessaire que les élèves soient fixés sur le sens qu'ils doivent attacher à ces mots : car une idée fausse entraîne toujours un faux raisonnement.

LVIII. En augmentant ou diminuant un multiplicande ou un multiplicateur d'un certain nombre d'unités, le produit augmente ou diminue d'autant de fois qu'on a ajouté ou diminué d'unités.

$$8 \times 6 = 48, \ (8 - 2) \times 6 = 36 = 48 - (6 \times 2).$$
$$8 \times (6 + 2) = 64 = 48 + (8 \times 2), \text{ etc.}$$

LIX. En multipliant ou divisant un multiplicateur ou un multiplicande par un nombre, le produit est multiplié ou divisé par le carré du même nombre; réciproquement, en divisant ou multipliant un produit quelconque par un nombre, chacun de ses facteurs est multiplié ou divisé par la racine carrée de ce nombre : donc, règle générale, en multipliant un multiplicateur et un multiplicande chacun par un nombre, que les deux nombres soient égaux ou non, le produit de ces deux facteurs est multiplié ou divisé par le produit de ces deux nombres.

$$6 \times 4 = 24; \ (6 \times 2) \times (4 \times 2) = 96 = 24 \times (2 \times 2).$$
$$(6 \times 3) \times (4 \times 5) = 360 = 24 \times (3 \times 5).$$
$$\frac{6}{3} \times \frac{4}{2} = 4 = \frac{24}{3 \times 2} = \frac{24}{6}$$
$$24 \times 9 = 216 = (6 \times \sqrt{9}) \times (4 \times \sqrt{9}), \text{ etc., etc.}$$

LX. En multipliant un multiplicateur par un nombre et en divisant le multiplicande par le même nombre, et réciproquement, leur produit ne change point.

$$12 \times 6 = 72. \ \frac{12}{4} \times (6 \times 4) = 72. \ (12 \times 12) \times \frac{6}{12} = 72.$$

LX bis. En multipliant ou divisant un multiplicateur ou un multiplicande par un nombre, le produit est divisé ou multiplié par le même nombre.

$$8 \times 6 = 48, \ (8 \times 2) \times 6 = 48 \times 2 = 96.$$
$$\frac{8}{2} \times 6 = 24. = \frac{48}{2} \text{ etc.}$$

LX *ter*. Dans toute multiplication, le produit divisé par l'un de ses facteurs, donne l'autre facteur au quotient.

$$8 \times 6 = 48. \quad \frac{48}{6} = 8 \text{ ou } \frac{48}{8} = 6.$$

DE LA DIVISION.

LXI. La *division* est une opération par laquelle deux nombres étant donnés, on détermine combien de fois l'un contient ou combien de fois il est contenu dans l'autre. Le nombre sur lequel on effectue l'opération s'appelle *dividende*, l'autre s'appelle *diviseur*; le résultat s'appelle *quotient*, et il indique combien de fois le diviseur est contenu dans le dividende.

Qu'on propose par exemple de déterminer combien il faudrait de personnes pour dépenser 90 fr., si chaque personne dépensait 15 fr. Suivant cet énoncé, il est évident qu'il faudra autant de personnes qu'il y a de fois 15 fr. dans 90 fr. Alors le *dividende* ou le nombre à diviser sera 90 fr., le *diviseur* sera 15 fr., le résultat de la division de 90 par 15 ou le *quotient* sera 6, et en indiquant combien de fois 15 sont contenus dans 90, il indique le nombre de personnes demandé. Dans ce cas et les autres analogues, où il s'agit de déterminer combien de fois un nombre est contenu dans un autre, le diviseur est toujours de même nature que le dividende, et le quotient est nécessairement un nombre abstrait : donc, en multipliant le diviseur par le quotient, le produit doit être égal au dividende. Ainsi chercher combien de fois le diviseur est contenu dans le dividende ou combien de fois le dividende contient le diviseur, c'est chercher le nombre par lequel il faut multiplier le diviseur pour avoir un produit égal au dividende.

Si l'on demandait maintenant à déterminer le prix d'un mètre de toile, lorsqu'on sait que six mètres coûtent 24 f.;

3..

dans ce cas, il est évident qu'un mètre doit coûter la *sixième* partie de ce que coûteraient 6 mètres : donc pour avoir le résultat demandé, il faut prendre la sixième partie de 24 fr., ce qui revient à diviser 24 par 6, et la nature de la question indique que le quotient doit nécessairement être de même nature que le dividende, tandis que le diviseur est un nombre abstrait qui indique par la quantité d'unités ou de parties d'unités qu'il contient, en combien de parties égales on doit diviser le dividende ; d'où il résulte que $\dfrac{24 \text{ fr.}}{6} = 4$ fr. $=$ le prix d'un mètre de toile. La division est donc susceptible de deux définitions, suivant l'énoncé de la question. J'ai déjà donné, au commencement de cet article, la première définition.

Suivant la deuxième définition, la division est une opération par laquelle deux nombres étant donnés, on sépare l'un des deux en autant de parties égales qu'il y a d'unités ou de parties d'unités dans l'autre, pour avoir la valeur d'une de ces parties.

LXII. Diviser un nombre par un autre nombre plus grand que l'unité, c'est en retrancher le quotient autant de fois moins une qu'il y a d'unités dans le diviseur. $\dfrac{15}{2\frac{1}{2}}$ $= 6 = 15 - (6 \times 1\frac{1}{2})$; $\dfrac{24}{3} = 8 = 24 - (8 \times 2)$, ce qui est l'inverse de la propriété indiquée (LV).

Donc diviser un nombre par 3, 4, 7, 9, c'est en prendre la troisième, la quatrième, la septième, la neuvième partie ; c'est en retrancher $\frac{2}{3}$, $\frac{3}{4}$, $\frac{6}{7}$, $\frac{8}{9}$; mais, dans ce cas (LVII), on le multiplie par $\frac{1}{3}$, par $\frac{1}{4}$, par $\frac{1}{7}$, par $\frac{1}{9}$. Donc, comme je l'ai dit (LVII), toute multiplication dont le multiplicateur est plus petit que l'unité est bien réellement une division.

LXIII. Diviser un nombre par un autre nombre plus petit que l'unité, c'est y ajouter une partie égale à la fraction qu'il faudrait déduire du diviseur dont les termes seraient renversés, pour le réduire à l'unité; ainsi $24 : \frac{3}{4} = 32 = 24 + \frac{1}{3}$ de $24 = 24 + 8$, parce que $\frac{3}{4}$ renversés $= \frac{4}{3}$, et qu'il faut retrancher $\frac{1}{3}$ de $\frac{4}{3}$ pour réduire cette fraction à $\frac{3}{3}$ ou à l'unité. $25 : \frac{5}{8} = 40 = 25 + \frac{3}{5}$ de $40 = 25 + 15$, parce qu'en renversant $\frac{5}{8}$ on a $\frac{8}{5}$, desquels il faut retrancher $\frac{3}{5}$ pour les réduire à l'unité. Dans ce cas, on voit que la division devient, par le fait, une multiplication : car, suivant la définition (LV), ajouter à un nombre ou le tiers ou les $\frac{4}{5}$ du même nombre, c'est le multiplier par $\frac{1}{3} + 1$ et par $\frac{3}{5}$ plus 1, ou par $1\frac{1}{3}$, ou par $1\frac{3}{5}$.

En divisant 24 par l'unité (LXIV), le quotient serait 24, et il indiquerait que 1 est contenu 24 fois dans 24. En divisant le même nombre par $\frac{1}{4}$, qui est la quatrième partie de l'unité, il est évident que le dividende doit contenir 4 fois plus de quatrièmes parties qu'il ne contient de parties entières : donc il contient quatre fois 24 quarts ou 24×4, ou 96 quarts. Donc diviser un nombre par $\frac{1}{4}$, est bien le multiplier par 4.

Il y a une telle analogie entre la multiplication et la division, qu'une multiplication peut toujours être transformée en une division, de même qu'une division peut être transformée en une multiplication.

$$24 \times 3 = 72 = \frac{24}{\frac{1}{3}} ; \quad \frac{24}{4} = 6 = 24 \times \frac{1}{4}, \text{ etc.}$$

Voir le paragraphe (LX).

LXIV. Quel que soit un dividende, lorsque le diviseur est l'unité, le quotient est égal à ce dividende. Donc suivant ce qui a été dit (LXII et LXIII), la division donne pour quotient, et relativement au dividende, une augmentation, lorsque le diviseur est plus petit que l'unité ; une égalité, lorsque le diviseur est l'unité ; une diminution, lorsque le diviseur est plus grand que l'unité.

Ce qui est évident, car, suivant la définition (LXI), plus le diviseur est petit, plus il est contenu de fois dans le dividende, le diviseur étant 1, le quotient est égal au dividende ; car, dans ce cas, l'unité est contenue autant de fois dans le dividende qu'il y a de fois un dans le dividende : donc l'unité est le seul diviseur, qui donne pour quotient le dividende ; donc tout diviseur au-dessus de l'unité ne peut que diminuer le quotient, tandis que tout diviseur au-dessous ne peut que l'augmenter.

LXV. En divisant ou multipliant un dividende, sans toucher au diviseur, le quotient est divisé ou multiplié par le même nombre.

$$\frac{24}{6} = 4. \quad \frac{24 : 2}{6} = 2 = \frac{4}{2}.$$

$$\frac{24 \times 3}{6} = 12 = 4 \times 3.$$

LXV *bis*. Dans toutes divisions, le diviseur multiplié par le quotient donne le dividende au produit.

$$\frac{48}{6} = 8, \quad 8 \times 6 = 48, \text{ etc.}$$

LXVI. En divisant le diviseur par un nombre, sans toucher au dividende, le quotient est multiplié par le même nombre ; de même qu'en multipliant le diviseur, le quotient est divisé par le même nombre.

$$\frac{24}{6} = 4. \quad \frac{24}{6 : 3} = 12 = 4 \times 3.$$

$$\frac{24}{6 \times 2} = 2 = \frac{4}{2}.$$

LXVII. En multipliant ou en divisant le dividende et le diviseur par le même nombre, le quotient ne change point.

$$\frac{24}{4} = 6.\ \frac{24 \times 4}{4 \times 4} = 6.\ \frac{24 : 2}{2 : 2} = 6.$$

LXVIII. En divisant le dividende par le quotient d'une division, le nouveau quotient doit être égal au premier diviseur.

$$\frac{12}{4} = 3.\ \frac{12}{3} = 4.$$

LXIX. Lorsque le diviseur est plus grand que la moitié du dividende, le quotient ne peut être exprimé par un nombre entier. En effet, si le diviseur était égal à la moitié exacte du dividende, le quotient serait 2 ; s'il était égal au dividende, il serait 1. Donc tous les nombres qu'on pourrait supposer entre la moitié du dividende et le dividende même, donneraient au quotient un nombre plus grand que 1 et plus petit que 2 : donc ce nombre ne peut être un nombre entier.

LXX. Quand un diviseur est de deux chiffres, en divisant le dividende par 100 et en multipliant le quotient par le quotient de 100 divisés par le diviseur, on a le résultat demandé ; quand le diviseur est de trois ou quatre, etc., chiffres, en divisant le dividende par 1.000, 10.000, etc., et en multipliant le quotient par le quotient de 1.000, 10.000, etc., divisés par le diviseur, on a le résultat demandé ; mais pour diviser par 100, 1.000, 10.000, etc., il faut reculer la virgule de deux, trois ou quatre, etc., chiffres : donc $\left(\dfrac{96545}{50} = 965{,}45 \times 2 ; \ \dfrac{100}{50} = 2 \right)$

$$\left(\frac{567\underset{}{}86}{25} = 567{,}86 \times 4 ; \quad \frac{100}{25} = 4 \right) \quad \left(\frac{587\underset{}{}34}{33\frac{1}{3}} = \right.$$

$$\left. 587{,}34 \times 3 ; \quad \frac{100}{33\frac{1}{3}} = 3 \right) \text{ etc.}$$

On trouvera donc que le diviseur étant de deux chiffres, quel que soit le dividende, si on sépare deux figures au moyen de la virgule, et qu'on le multiplie ou par 2, ou par 3, ou par 4, ou par 5, ou par 6, ou par 7, ou par 8, ou par 9, on aura les mêmes résultats qu'en le divisant par 50 ou par $33\frac{1}{3}$, ou par 25 ou $16\frac{2}{3}$, ou $14\frac{2}{7}$, ou $12\frac{1}{2}$, ou $11\frac{1}{9}$; on trouvera que le diviser par 80 ou 75, ou $66\frac{2}{3}$, revient à le multiplier par $1\frac{1}{4}$, ou $1\frac{1}{3}$, ou $1\frac{1}{2}$, etc.

Suivant le même principe, $\left(\dfrac{786452}{333\frac{1}{3}} = 7864{,}52 \right.$

$\left. \times 3 \right)$ $\left(\dfrac{986787}{166\frac{2}{3}} = 9867{,}87 \times 6 \right)$ $\left(\dfrac{273012}{1428\frac{4}{7}} \right.$

$\left. = 2730{,}12 \times 7 \right)$

Par un raisonnement semblable, on serait conduit à cette autre propriété, qu'en ajoutant deux zéros à un multiplicande, quel qu'il soit, et en prenant le tiers, on aura le même résultat que si on l'eût multiplié par $33\frac{1}{3}$; en y ajoutant quatre zéros, et en prenant le septième, on aura le même résultat que si on l'avait multiplié par $1.428\frac{4}{7}$.

La multiplication étant une opération facile, on n'emploie cette abréviation que lorsque le multiplicande exprime un nombre très fort, et que du premier coup-d'œil on s'aperçoit que le multiplicateur est un diviseur exact de 100, 1.000, 10.000, etc. Néanmoins il est nécessaire de la connaître, parce que, dans beaucoup d'occasions, elle est d'une grande utilité, surtout dans les vérifications de comptes compliqués.

Les raisons des propriétés que je viens d'indiquer sont

faciles à concevoir : car, en divisant par 100 au lieu de diviser par 33 $\frac{1}{3}$, on rend le diviseur trois fois trop fort : donc le quotient est trois fois plus petit ; donc, pour le mettre à sa juste valeur, il faut le multiplier par 3, etc.

De même, en multipliant par 100 au lieu de multiplier par 33 $\frac{1}{3}$, le produit est trois fois plus fort : donc, pour le mettre à sa juste valeur, il faut le diviser par 3 ; on prend le tiers, ce qui revient au même.

DES FRACTIONS.

LXXI. Une fraction est une division indiquée d'une ma-nière abrégée. $\frac{3}{4}$ indiquent qu'il faut diviser 3 par 4. Alors le signe de la division est en même temps le signe de la fraction, et, dans ce cas, il se prononce *trois quarts* ; le dividende 3 devient le numérateur de la fraction, le divi-seur en devient le dénominateur, et le quotient de la division devient la fraction elle-même. De cette ma-nière, $\frac{3}{4} = \frac{3}{4}$, d'où il résulte que le numérateur d'une fraction indique le nombre des parties de l'unité que cette fraction contient, et le dénominateur indique la valeur d'une de ces parties, comparativement à l'unité entière. Ainsi dans $\frac{7}{8}$ d'aune, le dénominateur 8 indique que l'aune est divisée en 8 parties égales, et le numérateur 7 indique que la fraction $\frac{7}{8}$ représente 7 de ses parties, et, suivant la première définition, $\frac{7}{8}$ sont le quotient de $\frac{7 \text{ aunes}}{8}$ ou la huitième partie de 7 aunes. En général, lors-que le résultat d'un diviseur donne un reste, ce reste de-vient le numérateur d'une fraction qui a pour dénomi-nateur le diviseur de cette division. $\frac{27}{4} = 6$, et il reste 3 unités à diviser par 4. Dans ce cas, $\dfrac{27}{4} = 6\frac{3}{4}$; le numérateur et le dénominateur s'appellent aussi les termes d'une fraction.

Une fraction étant considérée comme une division indiquée, elle jouit des mêmes propriétés que la division (LXXIV, LXXV, LXXVI) ; ainsi,

1°. En multipliant ou divisant le numérateur par un nombre, sans toucher au dénominateur, la fraction est multipliée ou divisée par le même nombre ;

2°. En multipliant ou divisant le dénominateur par un nombre, sans toucher au numérateur, la fraction est divisée ou multipliée par le même nombre ;

3°. En multipliant ou divisant le dénominateur et le numérateur par le même nombre, la fraction ne change pas de valeur.

On trouverait aussi (LXXVII) qu'en divisant le numérateur par la fraction qui, comme on l'a vu, est le quotient, on obtiendrait le dénominateur.

LXXII. Suivant les propriétés indiquées (LXXVIII et LXIII) lorsqu'une fraction a le même nombre pour numérateur et pour dénominateur, elle est égale à l'unité ; lorsque le numérateur est plus grand que le dénominateur, elle est plus grande que l'unité, et lorsque le numérateur est moindre que le dénominateur, elle est plus petite que l'unité ; enfin, lorsqu'une fraction a l'unité pour dénominateur, elle est égale à son numérateur.

Le produit d'une fraction est le même, soit qu'on multiplie son numérateur par un nombre entier, sans changer le dénominateur, soit qu'on divise son dénominateur par le même nombre, sans changer le numérateur.

En multipliant le numérateur de $\frac{3}{4}$ par 2, on aura $\frac{6}{4}$; en divisant le dénominateur de la même fraction par 2, on aurait $\frac{3}{2} \cdot \frac{3}{2} = \frac{6}{4}$

LXXIII. Le quotient d'une fraction reste le même, soit qu'on divise le numérateur par un nombre entier, sans changer le dénominateur, soit qu'on multiplie le dénominateur par le même nombre, sans changer le numérateur. Ainsi en prenant $\frac{4}{3}$ pour exemple, on trouvera que $\frac{2}{5} = \frac{4}{10}$.

Pour diviser un nombre entier ou fractionnaire par une fraction, il faut le multiplier par cette même fraction, après en avoir renversé les termes.

$$\frac{45}{\frac{3}{4}} = 45 \times \frac{4}{3}; \quad \frac{22\frac{3}{4}}{\frac{2}{3}} = 22\frac{3}{4} \times \frac{3}{2}; \quad \frac{\frac{2}{3}}{\frac{7}{8}} = \frac{2}{3} \times \frac{8}{7}.$$

Cette propriété est démontrée (LXIII).

LXXIV. Une somme ajoutée à elle-même devient la moitié du total ; la moitié d'une somme ajoutée à cette même somme devient le tiers du total ; $\frac{1}{3}$ devient $\frac{1}{4}$, $\frac{1}{4}$ devient $\frac{1}{5}$, $\frac{2}{3}$ deviennent $\frac{2}{5}$, $\frac{5}{8}$ deviennent $\frac{5}{13}$, etc. En effet, en ajoutant $\frac{1}{3}$ à $\frac{3}{3}$, le total $= \frac{4}{3}$, et $\frac{1}{3} = \frac{\frac{4}{3}}{4}$; $\frac{1}{4}$ ajouté à $\frac{4}{4} = \frac{5}{4}$, et $\frac{1}{4} = \frac{\frac{5}{4}}{5}$; $\frac{2}{3}$ ajoutés à $\frac{3}{3} = \frac{5}{3}$, $\frac{2}{3} =$ les $\frac{2}{5}$ de $\frac{5}{3}$; $\frac{5}{8}$ ajoutés à $\frac{8}{8} = \frac{13}{8}$, et $\frac{5}{8}$ sont les $\frac{5}{13}$ de $\frac{13}{8}$.

On peut donc établir en principe que, pour exprimer le changement qu'éprouve une fraction quelconque d'une somme ajoutée à cette même somme, et comparativement à elle, il faut, sans changer le numérateur, former un nouveau dénominateur du total du dénominateur et du numérateur de la première fraction. Alors $\frac{2}{3}$ donnent une nouvelle fraction dont le numérateur $= 2$, et le dénominateur $= 2 + 3 = 5$: donc elle est égale à $\frac{2}{5}$, etc., etc.

Réciproquement en retranchant d'une somme la moitié de cette même somme, cette même somme devient égale au restant ; $\frac{1}{3}$ devient égal à $\frac{1}{2}$, $\frac{1}{4}$ à $\frac{1}{3}$, $\frac{5}{13}$ à $\frac{5}{8}$, $\frac{4}{25}$ à $\frac{4}{21}$, etc.

Donc, pour exprimer le changement qu'éprouve une fraction quelconque d'une somme retranchée de cette même somme, et comparativement à elle, il faut, sans rien changer au numérateur, former un nouveau dénominateur, en retranchant du premier une quantité égale au numérateur conservé. Alors $\frac{1}{5}$ donne une nouvelle fraction dont le numérateur $= 1$, et le dénominateur $= 5 - 1 = 4$; $\frac{4}{25}$ donnent une nouvelle fraction dont le numérateur $= 4$, et le dénominateur $= 25 - 4 = 21$.

Ces propriétés sont très utiles à connaître, et, dans le cours des opérations, on trouvera souvent occasion d'en faire l'application.

DE L'INTÉRÊT SIMPLE.

LXXV. L'intérêt en général est le bénéfice que fait sur son argent celui qui le prête ; c'est le profit qu'il retire de sa propriété ; c'est une rétribution que le prêteur exige de l'emprunteur, pour compenser les avantages dont il aurait joui en faisant valoir ses fonds lui-même.

LXXVI. D'où il résulte que le bénéfice doit toujours dépendre des conditions faites, et que nécessairement il doit être subordonné à la valeur de la somme donnée et au temps pendant lequel elle reste entre les mains de celui qui la reçoit.

LXXVII. Pour opérer uniformément, on a adopté, dans presque tous les cas, un terme de comparaison qui sert à calculer l'intérêt de la somme prêtée, quelle qu'elle soit. A cet effet, l'on a établi le bénéfice à faire sur une somme de 100 fr., placée pendant un an. Alors cette somme est le capital, et le bénéfice qu'on en retire est le taux de l'intérêt. Conséquemment lorsque 100 fr. rapportent 5 ou 6 fr. chaque année, on dit que le capital est placé à 5 ou à 6 pour cent.

LXXVIII. Dans ces deux cas, tant que le capital reste entre les mains de l'emprunteur, le prêteur reçoit chaque année ou 5 fr. ou 6 fr. pour chaque 100 fr. qu'il a placés, et son argent est placé à *intérêt simple*.

LXXIX. Le temps qui détermine le taux de l'intérêt ne dépasse pas ordinairement une année; mais il arrive souvent qu'on le fixe à un mois, à trois mois, à six mois, et alors le bénéfice n'est que le douzième ou le quart, ou la moitié de ce qu'il aurait été si l'on eût fixé un an.

LXXX. *L'intérêt simple* se tire uniformément du capital placé : il n'est jamais joint à ce capital pour produire de nouveaux intérêts, c'est-à-dire que pendant toute la durée du prêt, le capital placé reste toujours le même, et què si l'on est resté *cinq* ans sans toucher les intérêts de 100 fr., à 5 p. $\frac{0}{0}$ par an, on ne doit toucher, après ce temps, que *cinq* fois 5 fr., ou 25 fr. ; de même qu'après 5 ans et demi, on ne toucherait que $5 \times 5\frac{1}{2}$, ou 27 fr. 50 c. ; de manière que, dans tous les cas, lorsqu'il s'agit d'intérêts simples, le produit ou les intérêts du capital placé s'obtient en multipliant le taux par le nombre qui exprime la quantité d'années pendant lesquelles le capital est resté entre les mains de l'emprunteur. Par la réciproque du même principe, le taux s'obtient en divisant le produit du capital par le nombre des années; d'où il résulte que le placement n'étant pas fait pour un temps déterminé, et le taux étant 6 p. $\frac{0}{0}$ par an, on pourrait tout aussi bien le fixer, dans le cas de remboursement, à $\frac{1}{2}$ p. $\frac{0}{0}$ par mois qu'à 12 p. $\frac{0}{0}$ pour deux ans.

LXXXI. Cependant le capital étant placé à 10 p. % et pour un an, si les conditions sont telles que la rente doive être payée chaque année, le prêteur ne peut exiger le paiement avant l'époque convenue, et se faire payer, par exemple, 5 p. % pour six mois ou la moitié de l'année ; car il aurait alors entre les mains, pendant six mois, une somme qui devrait être entre celles de l'emprunteur, et qu'il ferait valoir à son profit.

En supposant un prêt de 100,000 fr., effectué pour un an ; à la fin de l'année, le prêteur recevrait son capital 100.000 fr., plus 10.000 fr. pour les intérêts, en tout 110,000 fr. ; en recevant 5.000 fr. après six mois, ces 5.000 fr., placés immédiatement, lui rapporteraient, pendant le reste de l'année, 250 fr. ; donc, à la fin de l'année, il aurait reçu 100.000 + 5.000 + 5.000 + 250 francs, en tout 110.250 fr., et son argent lui aurait produit 10 $\frac{1}{4}$ p. %.

LXXXII. Les bases sur lesquelles repose le calcul des intérêts simples seraient injustes, si l'on n'admettait pas en principe que les intérêts doivent être payés exactement aux époques convenues, et que, dans le cas où le prêteur ne se présente point, les fonds qui lui sont dus doivent rester à sa disposition, et qu'ils ne peuvent fructifier entre les mains de l'emprunteur.

LXXXIII. Rigoureusement, on ne peut supposer un prêt à intérêt simple, avec la condition de ne recevoir son capital et le produit de l'intérêt annuel qu'après un certain nombre d'années : car, si cela était ainsi, on prêterait réellement à intérêts composés, et l'emprunteur connaissant d'avance l'époque du remboursement et du paiement des intérêts, il pourrait, chaque année, faire valoir à son profit, les intérêts échus successivement ; de sorte qu'en supposant 100 fr. pour le capital, *cinq* ans pour le terme du remboursement, et 10 pour le taux annuel, au premier jour de la deuxième année, le capital, plus les intérêts simples de l'année, vaudraient 110 fr. ; ces 110 fr., au premier jour de la troisième année, vaudraient 121 fr. ; au premier jour de la quatrième année, ces 121 fr. vaudraient 133 fr. 10 c. ; au premier jour de la cinquième année, ces 133 fr. 10 c. vaudraient 146 fr. 41 c. ; et enfin, à la fin de la cinquième année, les 100 fr. primitifs vaudraient 161 fr. 05 c., et le remboursement ne serait que de 150 fr. : donc, par le fait et en raison des bénéfices successifs obtenus par l'emprunteur sur les divers placemens annuels, il ne paierait réellement que 50 — 11,05 = 38 fr. 95 c. pour les intérêts de *cinq* ans.

LXXXIV. On voit que le point important est de déterminer l'époque précise à laquelle le prêteur a le droit de réclamer le produit de l'argent qu'il a donné, parce qu'à cette époque seulement, ce produit devient sa propriété, et il est libre d'en disposer suivant sa volonté. S'il le prend, son prêt a été effectué à intérêt simple ; s'il le laisse au prêteur, et que celui-ci consente à le garder, il est évident qu'il lui laisse une nouvelle somme sur laquelle il n'a aucun droit, un nouveau capital qui doit augmenter d'autant celui qui est déjà placé et produire un intérêt proportionnel. Dans ce cas, en renouvelant cette opération à chaque époque du paiement, le prêt est effectué à intérêts composés.

LXXXV. Suivant ce qui vient d'être dit, à partir de l'époque du placement jusqu'à celle fixée pour le paiement des produits ou leur capitalisation, il est évident que les intérêts sont de même nature.

LXXXVI. Il existe une autre manière que celle indiquée

précédemment, pour énoncer les intérêts. Quoiqu'elle ne soit plus en usage maintenant, il n'est pas inutile de la faire connaître ici. Elle consiste à énoncer le denier au lieu du tant pour cent. Dans ce cas, il faut concevoir que l'intérêt est contenu autant de fois dans le capital que l'unité est contenue dans le denier : ainsi, lorsqu'on dit que l'argent est placé au denier vingt, c'est indiquer que l'intérêt est égal au vingtième du capital ou à un pour vingt; au denier dix-huit, il est égal au dix-huitième du capital ou à un pour dix-huit : d'où il résulte que pour ramener cette manière d'énoncer l'intérêt à celle qui est adoptée maintenant, il suffit de diviser 100 par le nombre qui marque le denier. Dans ce cas, au denier vingt, l'intérêt de 100 fr. $= \dfrac{100}{20} = 5$ fr. ; au denier dix-huit, il est

égal à $\dfrac{100}{18} = 5\,\tfrac{5}{9}$, et par conséquent, dans tous les cas,

en divisant le capital par le denier, on obtient l'intérêt ou la rente d'un an, et réciproquement le capital divisé par l'intérêt donne le denier, comme l'intérêt multiplié par le denier donne le capital.

LXXXVII. Dans toutes les questions relatives à l'intérêt, on doit considérer :

1o. La somme placée ou le capital.

2o. Le taux de l'intérêt.

3o. La somme et l'espace de temps qui servent de point de comparaison pour établir ce taux.

4o. La durée du prêt.

5o. Le produit à l'époque fixée.

LXXXVIII. En général, lorsqu'on dit qu'une somme est placée à un taux quelconque, sans autre explication, il est toujours sous-entendu que c'est pour 100 fr. et pour un an. Ainsi, en disant qu'une somme est placée à 5, on conçoit que c'est à 5 p. $\frac{0}{0}$ par an ; toutes les fois que ces données changent, on l'indique dans l'énoncé, et l'état de la question fait connaître la manière d'opérer.

LXXXIX. Le calcul de l'intérêt simple est susceptible d'une infinité de combinaisons plus ou moins compliquées ; mais il est toujours d'une exécution facile. Il existe plusieurs ouvrages qui contiennent des tables pour faciliter et abréger les opérations ; mais il est rare que les praticiens s'en servent, parce que, dans presque tous les cas, ceux qui ont l'habitude du calcul ont plus tôt fait d'effectuer l'opération par les règles ordinaires de l'arithmétique que de recourir aux abréviations.

DES INTÉRÊTS COMPOSÉS.

XC. Les placemens à intérêts composés sont ceux qui présentent au prêteur les plus grands avantages. En plaçant de cette manière, on fait fructifier ses économies ; on place successivement de petites sommes, qui, après un certain temps, produisent un fort capital ; on accumule, non seulement les économies de la jeunesse, mais encore leurs produits, qui bientôt surpassent le capital ; et l'on s'en fait une ressource assurée pour l'avenir.

Ce que j'ai dit précédemment des intérêts simples peut en quelque sorte s'appliquer aux intérêts composés.

XCI. Les intérêts se joignant chaque année au capital pour produire de nouveaux intérêts, l'époque de la capitalisation doit être invariable et précisée d'avance. Le prêteur, en laissant les intérêts échus entre les mains de l'emprunteur, opère comme s'il versait une nouvelle somme aux mêmes conditions de l'emprunt, et cette somme rapporte le même intérêt p. % que celle qu'il a déjà placée ; donc ce n'est bien qu'à l'époque déterminée que le total des intérêts, ou simples, ou composés, est égal au produit qu'on est convenu de donner ou de joindre au capital, qui peut alors être considéré en totalité comme un nouveau placement.

XCII. De même que, dans les intérêts simples, le taux fixé pour la première année est seulement pour préciser l'époque de la capitalisation, car cet intérêt est autant à 15, 76 p. % et pour trois ans, qu'il est à 10, 25 pour deux ans ou à 5 pour un an, et par la même raison qu'en divisant 15, 76 par 3, et 10, 25 par 2, on n'aurait pas le taux des intérêts d'un an, on n'aurait pas ceux de six mois en divisant 5 par 2.

XCIII. La capitalisation ayant lieu tous les six mois, et l'intérêt composé étant convenu à 5 p. % ; après un an, on devrait recevoir, pour l'intérêt de six mois, 2 fr. 4695, et non 2 fr. 50, parce que, en recevant 102 fr. 50 pour 100 fr. qu'on aurait placés six mois avant, si celui qui reçoit le remboursement le plaçait sur-le-champ, au même prix, pour le reste de l'année, il lui reviendrait, à l'échéance, 105 fr., 0625 ; et, de cette manière, il aurait reçu pour les intérêts composés, après un an 5,0625 p. %, au lieu de 5 qui était le taux convenu.

Au contraire, en recevant 2,4695 pour les intérêts de six mois, s'il replaçait sur-le-champ le remboursement au même taux, le produit serait 5 fr. à la fin de l'année, et ce serait le taux exact fixé pour les intérêts d'un an.

XCIV. Il est donc évident que le capital doit être placé à intérêts composés pour les jours et les mois comme pour les années ; mais, dans ce cas, le taux fixé pour un jour ou pour un mois doit être subordonné au produit de la première année, c'est-à-dire que l'intérêt annuel étant fixé à 5, et celui d'un mois à 0,4074, les intérêts composés de douze mois doivent produire exactement 5 fr., de même que 100 fr., placés à raison de 1,2272, pour trois mois d'intérêts, produiraient 105 fr. en quatre fois trois mois ou un an.

Voir ma *Nouvelle Théorie des Intérêts* (1).

DES ANNUITÉS.

XCV. Toutes les fois qu'on s'acquitte d'un capital reçu et de ses intérêts, en payant une somme égale pendant un certain nombre d'années, on opère une annuité.

XCVI. L'annuité se compose de deux opérations bien distinctes et indépendantes l'une de l'autre : d'une part, on paie à la fin de chaque année les intérêts simples et annuels du capital reçu, et de l'autre on affecte au remboursement de ce capital une somme égale, et telle que, arrivé au terme de l'annuité, les sommes versées successivement, plus leurs intérêts cumulés, quels qu'ils soient, libèrent entièrement.

XCVII. D'où il résulte en principe que, en déduisant du montant d'une annuité la somme à payer annuellement pour les intérêts simples du capital reçu, le reste, placé successivement à intérêts composés et au taux fixé, doit, dans tous les cas, donner au terme de l'annuité un produit égal au capital dont on est convenu de s'acquitter.

XCVIII. Du moment qu'une annuité est consentie, l'emprunteur contracte autant d'obligations partielles qu'il

---

(1) Un vol. in-8°., chez les mêmes libraires, éditeurs du présent ouvrage.

4.

doit effectuer de paiemens, en sorte que, à la rigueur, rien ne peut interrompre le cours de l'opération, qui doit nécessairement avoir son terme à l'époque déterminée pour l'entière libération.

XCIX. Ainsi, en établissant une annuité *de* 9,000 *fr.* pour s'acquitter *de* 100,000 *fr.* en vingt ans, on ne contracte pas seulement une obligation pour les 100,000 fr. qu'on reçoit, mais on en contracte une de 180,000 fr. payables en vingt paiemens égaux, d'année en année. C'est comme si on souscrivait en faveur du prêteur vingt billets de 9.000 fr. à vingt échéances différentes, dont le premier serait payé après un an, et le dernier après vingt ans.

C. Le mode d'annuité proprement dit ne suppose aucune libération anticipée ; pour que les conditions soient exactement remplies, il faut que le dernier paiement complète le remboursement de la somme prêtée ; et cela est évident : car, l'acquit de la dette s'effectue, non seulement avec les sommes versées annuellement, mais encore avec les intérêts cumulés de ces mêmes sommes. Les versemens étant égaux, il faut nécessairement que les premiers restent entre les mains du prêteur le temps convenu, pour que la masse de leurs produits complète la somme dont on s'acquitte envers lui.

CI. S'il arrivait que l'emprunteur voulût rompre les conventions, après dix ans, par exemple, et que le prêteur y consentît ; en prenant en considération les remboursemens anticipés, il suffirait de déterminer la valeur immédiate des dix billets qui restent encore à acquitter. En fixant l'époque du remboursement de l'annuité à la dixième année, il est bien certain que le taux qui a servi de base aux conditions du contrat, ne pourrait avoir aucune influence sur celui qui servirait à établir l'escompte du remboursement : car, pendant un espace de dix années, ce taux peut avoir subi des variations considérables, et le prêteur se basera toujours, pour l'escompte des billets, sur le taux réel auquel il pourrait placer sur-le-champ les fonds qui lui rentrent en masse, et qui ne devraient lui rentrer que dans l'espace de dix ans.

CII. D'un autre côté, le taux primitif d'une annuité égale à 9 p. $\frac{0}{0}$ du capital reçu, et pour vingt années, est assez difficile à déterminer. A ne considérer que l'exactitude des chiffres, on trouve, à moins d'un centime près, que l'emprunteur paie 6, 40 des fonds qui lui restent successivement entre les mains, en déduisant, chaque année, les à-compte qu'il donne sur son capital. Dans ce cas, on suppose que le prêteur opère l'amortissement en cumulant les intérêts des à-compte qu'on lui verse au même taux qu'il prend pour l'emprunt ; mais il ne peut en être ainsi : car il est évident que les remboursemens partiels sont au détriment du prêteur ; et, s'il consent à les recevoir, il est de toute justice qu'il réclame une compensation pour les pertes qu'il peut éprouver.

CIII. Admettons qu'un capitaliste ait prêté, avec une garantie suffisante et pour vingt années consécutives, une somme de 100.000 fr. à raison de 6 p. $\frac{0}{0}$. Pense-t-on que sa position sera la même, soit qu'il reçoive, chaque année, outre les intérêts des 100.000 fr., 2.718 fr. pour son remboursement, soit qu'il touche les 100.000 fr. à la fin de la dixième année ? Non, sans doute ; parce que les remboursemens annuels lui font courir le risque de garder oisifs des capitaux qui, autrement, seraient placés pendant vingt ans d'une manière certaine ; et, lors même que les placemens s'effectueraient à mesure des rentrées, il devrait faire de nouvelles démarches, et débourser de nouveaux frais, pour opérer ses placemens. Il serait donc en droit de dire à l'emprunteur : les remboursemens que vous me proposez n'ont aucun rapport avec notre première opération : je veux bien recevoir vos à-compte ; mais je veux établir une compensation pour les non-valeurs que je puis éprouver ; et, en prenant 6 p. % d'intérêts simples pour la somme que vous me devez, je ne vous tiendrai compte de l'intérêt composé des sommes que vous me verserez chaque année pour l'amortissement que sur le pied de 5 ; par conséquent, vous ajouterez aux 6.000 fr. d'intérêts annuels 3.024 fr., au lieu de 2.718 que, par le fait, vous m'offrez.

CIV. Alors le taux des intérêts simples, pour la somme prêtée, sera 6 p. % ; celui de l'intérêt composé de l'amortissement sera 5, et la somme à verser chaque année, ou l'annuité, sera 9.024 fr.

Ainsi, en supposant que le prêteur consentît à un remboursement, avec l'avantage de l'escompte, en calculant à la rigueur, comme s'il s'agissait d'intérêts composés à 5 p. %, la valeur immédiate des dix billets restans, à la fin de la dixième année, serait de 69.495 fr. ; elle serait de 65.240 fr., si on calculait l'intérêt à 6, et enfin elle serait de 72.999 fr., si on le calculait à 4 p. %.

En vain voudrait-on s'appuyer de divers raisonnemens, pour parvenir à d'autres résultats, rien de ce qu'on pourrait établir dans un autre sens ne serait exact. Toutes les combinaisons des annuités ne reposent que sur l'avenir. A quelque époque qu'on termine l'opération, les paiemens échus et effectués, ou, si l'on veut, les billets échus et acquittés n'influent en rien sur ceux à échoir.

S'il convient au créancier d'accepter un remboursement

et de déduire la somme en raison de l'anticipation, il peut le faire ; mais on ne peut l'y obliger ; car l'on n'a pas plus le droit de le contraindre à recevoir sa créance, en déduisant les intérêts relatifs au temps qu'elle a à courir, qu'on n'aurait le droit de contraindre un banquier à escompter les effets qu'il a souscrits, et qui ne seraient payables que dans 6 mois, un an, 18 mois, etc.

CV. Comme tous les autres placemens, les annuités sont susceptibles de diverses combinaisons.

Un créancier peut consentir à recevoir, en plusieurs paiemens égaux, la somme qui lui est due, soit qu'il veuille favoriser son débiteur, soit qu'il n'ait pas d'autre moyen de rentrer dans ses capitaux.

Un emprunteur peut vouloir lui-même transformer son emprunt en annuités, en plaçant chaque année une somme telle, qu'à l'époque de son remboursement, les placemens successifs lui produisent, avec leurs intérêts composés, un capital semblable à celui qu'il doit rembourser. On peut, en n'empruntant que pour un certain temps, vouloir n'amortir qu'une portion du capital ; il arrive aussi qu'on veut calculer le taux des intérêts et celui de l'amortissement à des prix différens : ces diverses positions sont présentées successivement dans les questions relatives, et toutes sont résolues de la manière la plus simple. Cependant la nature de ce recueil ne comportant point de grands développemens, ceux qui voudraient approfondir plus particulièrement le calcul des annuités, devront consulter l'article donné par M. Francœur dans l'*Encyclopédie moderne*, au mot *Annuité*, et ma *Théorie des Intérêts composés, des Annuités*, etc. (1).

____

(1) Les opérations de la *Caisse Hypothécaire*, autorisée par ordonnance du roi, et maintenant en pleine activité, sont une modification

DES RAPPORTS ET PROPORTIONS.

CVI. Tout ce qu'on peut découvrir sur les grandeurs se réduit à les exprimer les unes par les autres, en les

---

du système des annuités. Moyennant 9 p. %. du capital qu'elle donne, on s'acquitte, en 20 ans, de ce capital et de ses intérêts, c'est-à-dire que l'acquit de 20 obligations de 9.000 fr., payables d'année en année, acquitte des 100,000 fr. qu'on a reçus.

Mais par une disposition particulière, et toute à l'avantage de l'emprunteur, la Caisse détermine à l'avance le prix auquel elle escompte les obligations ou les billets qui restent à acquitter, dans le cas où l'emprunteur veut rompre son annuité avant la vingtième année.

En se libérant après 10 ans, par exemple, moyennant 50.000 fr. qu'on lui donne, on se trouve quitte des 10 engagemens de 9 000 fr. qu'on reste lui devoir; en sorte qu'elle fait une remise de 40,000 fr. sur 90.000 fr. qu'on devrait encore acquitter en 10 ans. En comparant cette position avec celle dans laquelle se trouverait forcément celui qui, ayant consenti une annuité de 20 ans, voudrait se libérer à la dixième année, on reconnaîtra l'avantage énorme que la Caisse fait sur la remise; car, en calculant l'intérêt à 5 p. %., et en supposant qu'un prêteur ordinaire consentît à escompter les 10 obligations de 9.000 fr. qu'on lui doit encore, suivant leur valeur immédiate à ce taux, il réclamerait 69.495 fr., parce que la valeur immédiate de 10 annuités de 9.000 fr., en calculant l'intérêt composé à 5 p. %., est bien de 69.495; il y aurait donc une différence de 19.495 fr. en faveur de celui qui opérerait avec la Caisse.

Le prêteur, en plaçant à 5 p. %., intérêts composés, les 69.495 fr. qu'il reçoit, se trouve, à la fin de la dixième année, absolument dans la même position que s'il eût placé successivement chaque année, et au même taux, les 9.000 fr. qui lui sont dus. Ainsi ce qu'il réclame est conforme à l'exacte justice.

Après 10 ans, les 10 annuités de 9.000 fr. qui restent dues, étant escomptées à 5 p. %., valent 113.200 fr.

Pour que 50.000 fr. pussent produire 113.200 fr. en 10 ans, il faudrait qu'ils fussent placés à plus de 8 ½ p. %. Donc, la *Caisse Hypothécaire* réclame beaucoup moins qu'elle ne le devrait à la rigueur, et elle fait jouir ses emprunteurs d'un avantage qu'ils n'obtiendraient nulle part en pareil cas ; et c'est en cela que son système modifie celui des annuités proprement dites.

comparant ; cette comparaison, qui ne peut jamais avoir lieu qu'entre des quantités de même espèce, détermine le rapport que ces quantités ont entre elles.

Il y a deux manières d'établir un rapport : si l'on compare, par exemple, 15 à 5, en retranchant 5 de 15, on reconnaît que le plus grand nombre surpasse de 10 le plus petit. Dans ce cas, on détermine un rapport par différence.

Mais si au lieu d'une soustraction on opère une division, on reconnaît que le plus grand nombre contient trois fois le plus petit, ou, ce qui revient au même, que le plus petit est contenu trois fois dans le plus grand, et, dans ce cas, on détermine un rapport par quotient.

Je ne m'occuperai ici que de ce dernier rapport, et seulement pour présenter quelques idées qui m'ont paru nécessaires au développement de la méthode que j'ai suivie dans mes solutions.

CVII. Deux choses sont en rapport lorsqu'elles dépendent l'une de l'autre, lorsque, pour déterminer l'une avec un degré de précision quelconque, l'autre doit nécessairement être connue.

Un rapport peut être direct ou inverse ; il est direct lorsque les liaisons qui existent entre les deux quantités que l'on compare sont telles que l'augmentation de l'une occasionne nécessairement l'augmentation de l'autre ; il est inverse lorsque l'augmentation de l'une occasionne nécesrement la diminution de l'autre.

Ainsi, dans cet énoncé : *quatre ouvriers ont fait* 10 *toises d'ouvrages en un certain temps , combien* 6 *ouvriers en feraient-ils dans le même temps ?* il est clair que plus il y aura d'ouvriers, plus ils feront d'ouvrage : donc le produit de l'ouvrage augmente en proportion de l'augmentation du nombre d'ouvriers, et conséquemment le rapport de l'ouvrage est direct avec celui des ouvriers.

Dans ce nouvel énoncé : *quatre ouvriers seraient 8 jours pour faire un certain ouvrage, combien faudrait-il de temps à 6 ouvriers pour faire le même ouvrage ?* on voit que plus il y aura d'ouvriers, moins ils seront de temps : donc une augmentation dans le nombre des ouvriers donne une diminution dans le temps qu'ils mettent à faire l'ouvrage, et conséquemment le rapport qui existe entre le nombre des ouvriers et l'ouvrage fait est inversé.

CVIII. Le rapport qui existe entre deux quantités est le quotient de la première, divisé par la seconde. En comparant 5 et 6, 5 et 6 sont les deux termes du rapport : 5 sont l'antécédent, 6 le conséquent, et le rapport entre ces deux nombres est $\frac{5}{6} = \frac{5}{6}$; conséquemment de deux quantités en rapport, la première est le dividende, la deuxième le diviseur, et le quotient exprime le rapport ; deux nombres en rapport sont donc une division indiquée d'une manière abrégée : le dividende est l'antécédent, le diviseur le conséquent, et la division abrégée, réduite à sa plus simple expression, est le rapport qui existe entre ces deux nombres. En comparant cette définition à celle (LXX), on reconnaîtra qu'il n'y a pas de différence entre une fraction et l'expression qui indique que deux nombres sont en rapport, et que conséquemment l'un et l'autre doivent jouir des mêmes propriétés : donc,

CIX. 1o. En multipliant ou divisant l'antécédent par un nombre, sans toucher au conséquent, le rapport est multiplié ou divisé par le même nombre.

2o. En multipliant ou divisant le conséquent, sans toucher à l'antécédent, le rapport est divisé ou multiplié par le même nombre.

3o. En multipliant ou divisant l'antécédent et le conséquent par le même nombre, le rapport ne change pas.

4o. En divisant l'antécédent par le rapport, lors même qu'il serait réduit à sa plus simple expression, on obtient le conséquent.

5°. Lorsque l'antécédent et le conséquent sont égaux, le rapport est l'unité.

6o. Lorsque l'antécédent est plus grand que le conséquent, le rapport est plus grand que l'unité.

7o. Lorsque l'antécédent est plus petit que le conséquent, le rapport est plus petit que l'unité.

8o. Lorsque le conséquent est l'unité, le rapport est égal à l'antécédent.

9°. Et enfin lorsque l'antécédent est l'unité, la plus simple expression du rapport est égale à l'antécédent, divisé par le conséquent, c'est-à-dire que relativement à la 8e. et 9e. propriété, le rapport de 4 à 1 est 4, et celui de 1 à 4 est $\frac{1}{4}$.

CX. Lorsque en comparant quatre quantités, le rapport qui existe entre la première et la seconde est le même que celui qui existe entre la troisième et la quatrième, les quatre quantités forment une proportion (1) : donc toutes les fois que deux fractions peuvent être ramenées à une expression commune, sans rien changer à leur valeur,

---

(1) En parlant de rapports et de proportions, sans énoncer leur nature, il est toujours sous-entendu qu'il est question de rapports et de proportions par quotient.

elles forment ensemble une proportion ; donc $\frac{9}{3}$ et $\frac{12}{4}$ forment une proportion, parce que l'une et l'autre peuvent être ramenées à l'expression commune $\frac{16}{12}$; donc 9, 3, 12 et 4, forment une proportion. Pour indiquer cette proportion, on l'écrit ainsi, $9 : 3 :: 12 : 4$, et l'on prononce, 9 sont à 3 comme 12 sont à 4, d'où il résulte que toutes proportions sont composées de quatre termes : le premier et le dernier s'appellent les extrêmes, le deuxième et le troisième s'appellent les moyens ; mais deux fractions qui peuvent se réduire à la même expression sont égales : donc la proportion $9 : 3 :: 12 : 4$ peut se représenter par $\frac{9}{3} = \frac{12}{4}$. Cette expression nous conduira à trouver et à démontrer les propriétés dont jouissent les nombres en proportion. D'abord, on voit que le premier terme, divisé par le second, est égal au troisième, divisé par le quatrième : donc, quel que soit le terme inconnu d'une proportion, on le détermine toujours au moyen des trois autres. Supposons que le premier terme est inconnu, on aura $\dfrac{\text{le 1}^{\text{er}}.\ \text{terme}}{3} = \dfrac{12}{4} = 3$, et si $\dfrac{\text{le 1}^{\text{er}}.\ \text{terme}}{3} = 3$, le 1er. terme sera $3 \times 3 = 9$; car le quotient d'une division, multiplié par le diviseur, $=$ le dividende.

Supposons maintenant que le 2e. terme est inconnu, on aura $\dfrac{9}{\text{2}^{\text{e}}.\ \text{terme}} = \dfrac{12}{4} = 3 . \dfrac{9}{3}$ (LXXII) $= 3. =$ le 2e. terme.

Or, si $\frac{9}{3} = \frac{12}{4}$, il est évident que $\frac{12}{4} = \frac{9}{3}$: donc la transposition des deux rapports ne trouble point leur égalité ; donc les 3e. et 4e. termes étant inconnus, en transposant les deux rapports, on les déterminera comme il vient d'être indiqué.

CXI. Maintenant, dans l'expression $\frac{9}{3} = \frac{12}{4}$, le numérateur de la 1re. fraction est le 1er. extrême, et le dénominateur est le 1er. moyen. Le numérateur de la 2e. fraction est le 2e. moyen, et le dénominateur le 2e. extrême ; or, l'on sait que pour former une proportion, les deux fractions doivent pouvoir être réduites à la même expression, ce qui revient à les réduire au même dénominateur et au même numérateur. Dans ce cas, il faut que le numérateur de la première, multiplié par le dénominateur de la seconde, soit égal au numérateur de la deuxième, multiplié par le dénominateur de la première; mais le numérateur de la première et le dénominateur de la seconde sont les extrêmes, et le numérateur de la deuxième et le dénominateur de la première sont les moyens : donc le produit des extrêmes est égal à celui des moyens : donc, pour que quatre nombres soient en proportion, il faut que le produit des extrêmes soit égal au produit des moyens; car si cela n'était point, les deux fractions qui expriment les rapports de ces nombres ne pourraient se réduire à la même expression, les quotiens seraient inégaux, et conséquemment la proportion n'existerait point.

CXII. De l'égalité du produit des extrêmes et du produit des moyens, il est facile de déduire une autre méthode pour déterminer l'un des termes inconnus au moyen des trois autres. En supposant successivement que le 1er. extrême, le 1er. moyen, le 2e. moyen et le 2e. extrême sont inconnus, on aura

$$\text{Le 1}^{er}\text{. ex. } \times 4 = 3 \times 12 = 36 : \text{ donc le 1}^{er}\text{. ex. } = \frac{36}{4} = 9.$$

$$9 \times 4 \text{ ou } 36 = \text{le 1}^{er}\text{ moy. } \times 12 : \text{ donc le 1}^{er}\text{. moy.} = \frac{36}{12} = 3.$$

$$9 \times 4 \text{ ou } 36 = 3 \times \text{ le 2}^{e}\text{. moy. } : \text{ donc le 2}^{e}\text{. moy. } = \frac{36}{3} = 12$$

$$9 \times \text{ le 2}^{e}\text{. ex. } 1 = 3 \times 12 = 36 : \text{ donc le 2}^{e}\text{. extr. } = \frac{36}{9} = 4.$$

D'où il résulte que trois termes d'une proportion étant connus, on trouve le quatrième en divisant le produit des extrêmes par le moyen connu, ou le produit des moyens par l'extrême connu, suivant que le terme dont on veut déterminer la valeur est un moyen ou un extrême.

La théorie des fractions ferait encore découvrir une infinité de propriétés applicables aux proportions. Je n'en parle point ici, parce qu'elles n'ont point d'application en arithmétique, surtout en suivant la méthode que j'ai adoptée.

INDICATION

CXIII. Quand le diviseur est plus grand que la moitié du dividende, le quotient n'est jamais exprimé en nombres entiers (LXVIII).

CXIV. Un nombre terminé par un chiffre pair est au moins divisible par 2 ; ceux qui n'ont pas ce caractère ne le sont pas.

CXV. Lorsque le dernier chiffre du dividende n'est pas un de ceux qui terminent les multiples du diviseur, le quotient ne peut être exprimé en nombre entier ; il ne s'en suit pas de là que les nombres qui ont un caractère contraire donnent un quotient exact.

CXVI. Un nombre est divisible par 4, lorsque ses deux derniers chiffres de droite le sont ; il l'est par 2 fois $4 = 8$, lorsque les trois derniers chiffres le sont : s'il n'a pas ce caractère, il ne l'est pas.

CXVII. Un nombre est divisible par 5 quand son dernier chiffre de droite est un zéro ou un 5 ; par 25, quand les deux derniers chiffres sont des zéros ou qu'ils sont divisibles par 25 : s'il n'a pas ces caractères, il ne l'est pas.

CXVIII. Un nombre pair dont la somme des chiffres, considérés comme des unités, fait 3 ou un de ses multiples, est divisible par 6 ; s'il est impair, il est seulement divisible par 3 : s'il n'a pas ce caractère, il ne l'est pas.

CXIX. Un nombre dont la somme des chiffres, pris comme des unités, fait 9 ou un de ses multiples, est divisible par 9 : s'il n'a pas ce caractère, il ne l'est pas.

CXX. Un nombre terminé par plusieurs zéros est divisible par 10, autant de fois facteur qu'il y a de zéros : donc tous les nombres qui se terminent par des zéros sont divisibles ou par 10 ou par 100, ou par 1.000, etc., et cette division s'effectue en retranchant un ou deux, ou trois zéros, etc. Cette même abréviation est applicable à tous les nombres entiers, bien qu'on veuille avoir une expression fractionnaire ; car, soit 67.125 à diviser par 1.000, en séparant les trois derniers chiffres, on a $671.125 = 67\,\dfrac{125}{1.000} = $ à la plus simple expression $67\,\frac{1}{40}$.

CXXI. Un nombre dont la somme des chiffres du rang impair est égale à celle du rang pair est divisible par 11 ; si la différence est 11 ou un de ses multiples, il jouit de la même propriété : s'il n'a pas ce caractère, il ne l'est pas.

EXEMPLE. Soient 54.186 et 29.486.589, chacun de ces deux nombres est divisible par 11. En effet,

$$
\text{1er. nombre.} \left\{ \begin{array}{l} \text{Chiff. du rang impair,} \quad 5+1+6 \quad = 12 \\ \text{Chiff. du rang pair,} \quad 4+8 \quad = 12 \end{array} \right\} 12 - 12 = 0.
$$

$$
\text{2e. nombre.} \left\{ \begin{array}{l} \text{Chiff. du rang impair,} \quad 9+8+5+9 = 31 \\ \text{Chiff. du rang pair,} \quad 2+4+6+8 = 20 \end{array} \right\} 31 - 20 = 11.
$$

CXXII. Quand les deux derniers chiffres d'un nombre sont divisibles par 4, et que la somme de ses chiffres fait 3 ou un de ses multiples, il est divisible par 12 : s'il n'a pas ce caractère, il ne jouit pas de cette propriété.

CXXIII. Un nombre est divisible par 18, lorsqu'il est pair et que la somme de ses chiffres fait 9 ; il est divisible par 12 et 36, lorsque ses deux derniers chiffres de droite sont divisibles par 4 et que la somme de ses chiffres fait 3 ou 9 ; enfin il est divisible par 15 et 45, lorsque le dernier chiffre de droite étant un zéro ou un 5, la somme de ses chiffres est 3 ou 9.

CXXIV. Un nombre entier élevé au carré ne peut être terminé que par l'un des chiffres suivans : 1, 4, 5, 6 et 9. Donc tout nombre qui est terminé par 2, 3, 7 ou 8, ne peut donner une racine en nombres entiers ; il en est de même de tous nombres terminés par un nombre impair de zéros ; il en serait de même d'un nombre terminé par 1, 4 ou 9, si l'un de ces chiffres n'était pas précédé d'un nombre pair.

Le 5 final doit être précédé d'un 2, et le 6 d'un nombre impair, pour que la racine du nombre auquel ces chiffres se rapportent soit exprimée en nombres entiers.

CXXV. Tout nombre terminé par un 2 ou par un 6 qui ne serait pas précédé d'un chiffre impair, ne peut donner une racine cubique en nombres entiers ; il en est de même de tout nombre terminé par un 4 ou par un 8 qui ne serait pas précédé d'un nombre pair.

De ce qui a été dit sur les carrés et sur les cubes, il ne s'ensuit pas que les nombres qui ont des caractères contraires donnent des racines carrées et cubiques exactes.

QUELQUES EXEMPLES,

DANS LESQUELS ON INDIQUE LA MANIÈRE D'OPÉRER LES RÉDUCTIONS SUR LES DEUX FACTEURS D'UNE DIVISION OU D'UNE FRACTION.

CXXVI. En général toutes les réductions qu'il est possible de faire sur les facteurs d'une division ou d'une fraction se déduisent du principe établi (n°. LX).

Soit 38148 à diviser par 132, on aura pour les réductions successives $\frac{38148}{132} = \frac{9537}{33} = \frac{867}{3} = \frac{289}{1} = 289$.

D'abord 38148 et 132 étant divisibles par 4, on prend les quarts de ces deux sommes, qui donnent une nouvelle expression égale à $\frac{9537}{33}$; 9537 et 33 étant divisibles par 11, on prend le onzième de chaque, et l'on a une nouvelle expression $=$ à $\frac{867}{3}$; 867 et 3 étant divisibles par 3, on prend le tiers de chaque, et on a pour dernier résultat $\frac{289}{1} = 289$.

Dans la pratique, les nouveaux résultats se mettent successivement sur les sommes qui les ont produits, lorsqu'on opère sur les dividendes, et dessous, lorsqu'on opère sur les diviseurs, ayant soin de rayer successivement les anciennes expressions, afin de ne conserver que les dernières. Conséquemment, dans notre exemple, nous aurions cette expression :

$$\frac{\begin{array}{c}289\\867\\9537\\38148\\\hline 132\\33\\3\\\hline 1\end{array}}{}$$: donc, quelles que soient

les différentes réductions qu'on indiquera successivement sur les facteurs d'une division, en employant le signe d'égalité, on devra toujours supposer que, dans la pratique, on les a indiquées comme ci-dessus, en rayant successivement les anciennes expressions. On n'a pas employé ce dernier moyen d'indication, afin de ne pas augmenter les difficultés de l'impression.

CXXVII. Soient $\dfrac{18426\frac{3}{4} \times 8\frac{2}{3} \times 25}{20\frac{5}{6} \times 6 \times 5}$; on aura pour les réductions successives, 1° $\dfrac{6142\frac{1}{4} \times 8\frac{2}{3} \times 25}{20\frac{5}{6} \times 2 \times 5}$; 2° $\dfrac{6142\frac{1}{4} \times 8\frac{2}{3} \times 5}{20\frac{5}{6} \times 2}$; 3° $\dfrac{6142\frac{1}{4} \times 8\frac{2}{3}}{4\frac{1}{6} \times 2}$; 4° $\dfrac{6142\frac{1}{4} \times 4\frac{1}{3}}{4\frac{1}{6}}$; 5° $\dfrac{24569 \times 13 \times 6}{25 \times 4 \times 3}$; 6° $\dfrac{24569 \times 13 \times 3}{25 \times 2 \times 3}$; 7° $\dfrac{24569 \times 13}{25 \times 2}$; 8° $\dfrac{245,69 \times 13 \times 4}{2}$; 9° $245,69 \times 13 \times 2$; 10° $6397,94$.

1°. $18426\frac{1}{4}$ du dividende, et 6 du diviseur, étant divisibles par 3, on prend le tiers de chaque ;

2°. 25 et 5 étant divisibles par 5, on prend le cinquième de chaque ;

3°. $20\frac{5}{6}$ et 5 étant aussi divisibles par 5, on en prend de même le cinquième ;

5..

4°. $8\frac{2}{3}$ et 2 étant divisibles par 2, on prend encore la moitié de chaque.

Aucune autre division ne pouvant s'effectuer d'une manière exacte, on a eu, 5° une nouvelle expression, en faisant disparaître les fractions.

En multipliant les deux facteurs du dividende par 4 et par 3, pour faire disparaître les fractions, on a dû (n°. XXIII), pour ne rien changer au quotient, multiplier le diviseur par le même nombre ; de même, en multipliant le diviseur par 6, on a dû multiplier le dividende par le même nombre.

CXXVIII. Soient $\dfrac{367281 \times 15\frac{7}{9}}{166\frac{2}{3}}$, on aura, après avoir opéré les réductions, $\dfrac{40809 \times 142}{166\frac{2}{3}} = \dfrac{5794578}{166\frac{2}{3}} = 5794,578$ × 6 = à la plus simple expression $34767\frac{117}{250}$.

On a dû, pour faire disparaître la fraction de $15\frac{7}{9}$, multiplier ce nombre par 9 ; mais 367281 étant divisibles par 9, au lieu de multiplier le diviseur par 9, on a pris le neuvième de 367281, ce qui ne change rien au produit de la multiplication, etc., etc.

CXXIX. Soit à évaluer la suite des fractions de fractions suivantes : les $\frac{5}{8}$ des $\frac{6}{7}$, des $\frac{4}{5}$, des $\frac{7}{8}$, des $\frac{1}{4}$ de 24, on indiquera $\dfrac{5 \times 6 \times 4 \times 7 \times 3 \times 24}{8 \times 7 \times 5 \times 8 \times 4}$, d'où, opérant les réductions, on a à la plus simple expression $\dfrac{3 \times 3 \times 3}{4} = \dfrac{9}{4} = \dfrac{9}{4} = 2\frac{1}{4}$.

Ces exemples, quoiqu'en petit nombre, sont suffisans pour faire connaître les différentes abréviations qui peuvent se rencontrer, mettre à même de les comprendre et de les exécuter avec facilité.

Toutes les réductions ont été faites, en raison des principes établis dans les observations générales et dans les indications, etc.

DES ÉQUATIONS.

Toutes les combinaisons possibles sur les nombres se réduisent à ajouter ou à augmenter, à soustraire ou à diviser ; elles s'effectuent au moyen des quatre opérations fondamentales de l'arithmétique, qui sont l'addition et la multiplication, la soustraction et la division.

L'analyse arithmétique donne les moyens de réduire les questions les plus compliquées à l'une de ces opérations ; mais dans les diverses applications qu'on peut faire du calcul numérique, les relations existantes entre les quantités connues et les quantités inconnues dont il s'agit de déterminer la valeur, sont plus ou moins faciles à découvrir ; il arrive assez souvent que ces relations sont tellement éloignées et les rapports tellement compliqués, qu'on ne peut saisir l'un et l'autre du premier coup-d'œil. Dans ce cas, l'on doit sentir la nécessité de simplifier le *langage arithmétique*, et de s'aider d'une méthode qui mette à même de suivre sans efforts les raisonnemens qu'on est obligé de faire pour arriver aux solutions.

Je dis simplifier le *langage arithmétique*, parce que ce n'est ni dans l'emploi de la méthode, ni dans l'usage des signes qui indiquent l'opération d'une manière abrégée, que consiste la différence essentielle entre l'*arithmétique* et l'*algèbre*.

En *algèbre*, on combine les quantités indépendamment de toute grandeur numérique et de tout système de numération ; on détermine les propriétés générales dont elles jouissent et les relations qu'elles ont entre elles , sans s'inquiéter de leurs grandeurs : on généralise les résultats.

En *arithmétique*, on combine les quantités inconnues avec d'autres quantités connues ; on les compare les unes avec les autres. De l'examen attentif du rapport que ces quantités ont entre elles, on déduit les valeurs des quantités inconnues ; le résultat que l'on obtient est forcé, et il dépend toujours des conditions de l'énoncé.

Si l'on demandait, par exemple, combien coûteraient 20 objets quelconques, sachant que 10 coûteraient 40 fr., le raisonnement conduirait à trouver que

si 10 coûtent 40 fr.

$$1 \text{ coûtera } \frac{40}{10}.$$

$$20 \text{ coûteraient } \frac{40}{10} \times 20 = 80 ;$$ et le résultat, d'après l'énoncé, ne pourrait être autre que celui qu'on a obtenu. Dans ce cas, l'expression arithmétique abrégée serait

$$\frac{40 \times 20}{10} = \text{ le prix demandé } = 80 \text{ fr.}$$

Par l'algèbre, cette question devant être résolue généralement, on dirait :

Combien coûterait une certaine quantité connue d'objets, sachant qu'on a payé une certaine somme connue pour une autre quantité connue du même objet ? Dans ce cas, en représentant les deux quantités connues par a et b, le prix payé par c, et le prix inconnu par x, on dira : Quel que soit le prix connu, en le divisant par la quantité d'objets qu'on a eus, on obtiendra la valeur d'un de ces objets, et en multipliant la quantité dont on veut connaître le prix par le quotient trouvé, on obtiendra le prix demandé. L'expression de la formule algébrique de ces

opérations sera $\dfrac{a \times b}{c} = x$, et elle indiquera que dans tous les cas semblables à celui-ci, en multipliant l'une par l'autre les deux quantités qui expriment les objets, pour ensuite diviser le produit par le prix connu, on obtiendra la valeur demandée ; en substituant les nombres aux signes indéterminés qui les représentent, la formule algébrique disparaît, et l'on n'a plus que l'expression abrégée d'un calcul purement arithmétique.

En *arithmétique*, on représente tous les nombres au moyen des chiffres ; mais l'ordre dans lequel ils sont placés détermine leur signification, et cet ordre, une fois fixé, ils ne peuvent exprimer d'autres nombres.

En *algèbre*, chaque caractère que l'on emploie indique une quantité ; mais la valeur de cette quantité peut varier à l'infini et peut représenter une foule de nombres différens, suivant l'application que l'on fait de la formule.

Donc tant que les signes d'abréviations qui représentent les grandeurs inconnues sont déterminés à l'égard des nombres connus et avec lesquels ils sont en rapport, il ne peut être question de calcul algébrique. Dans cet énoncé, par exemple : *une somme est telle, qu'augmentée de 7, elle est égale à 12 : quelle est cette somme ?*

Quel que soit le signe qu'on adoptera pour désigner la somme inconnue, en la comparant aux nombres 7 et 12, l'opération n'en sera pas moins essentiellement arithmétique ; ainsi, que l'on écrive : la somme inconnue, augmentée de sept, est égale à 12, ou $x+7=12$, dans les deux cas, l'expression est la même, les caractères sont changés, sans rien changer à la nature du problème, et lorsque, par la suite du raisonnement, on sera conduit à trouver qu'il faut retrancher 7 de 12 pour avoir la somme inconnue, que ce résultat soit exprimé par : le nombre inconnu égale 12 moins 7 ou 5, ou par $x=12-7=5$, on sera toujours dans le domaine de l'arithmétique : car l'indication abrégée ne change rien aux raisonnemens qu'on a dû faire ni à l'opération qu'on a dû effectuer pour arriver à la solution ; d'où il résulte que, quelle que soit la manière dont on indique l'opération à effectuer sur des nombres déterminés, quand bien même ils seraient en rapport avec des nombres inconnus, l'analyse de la question sera toujours une analyse *arithmétique*. Tous les signes introduits dans l'arithmétique ne sont que pour abréger et remplacer des expressions qu'il serait trop long d'exprimer en toutes lettres, comme les chiffres eux-mêmes sont les signes abrégés des nombres qu'ils représentent, en remplaçant un mot par un seul caractère.

Proscrire l'usage des signes et repousser du calcul numérique les méthodes abréviatives qui simplifient les rapports et font découvrir plus aisément les relations qui existent entre les quantités données, ce serait réduire l'arithmétique à l'exécution mécanique de quelques opérations, et interdire à tous ceux qui n'auraient pas fait les études convenables, la connaissance d'une des sciences qui, présentée sous son véritable point de vue, a le plus grand but d'utilité pour toutes les classes de la société.

D'ailleurs n'érige-t-on point en principes, dans tous les traités d'arithmétique, les règles de trois, les proportions, etc. ; s'est-on jamais avisé de dire que l'expression $24 : 6 :: 16 : x$ n'était pas une expression arithmétique ? Cependant cette expression n'est qu'une manière abrégée d'indiquer les rapports qu'ont entre elles les quantités 24, 6, 16 et x, et, si on l'admet en arithmétique, il faut bien en même temps donner les moyens de déterminer la nature de ces rapports.

En disant, comme on en est convenu, 24 sont à 6 comme 16 sont à x, cette expression ne dit rien par elle-même ; elle ne présente qu'une idée vague du rapport ; mais lorsqu'on sait que les signes $:$ et $::$ indiquent le rapport de contenance, on voit immédiatement, par cette annotation abrégée que 6 est contenu dans 24 autant de fois que x doit l'être dans 16, et la suite du raisonnement conduit à trouver qu'en divisant 24 par 6, on aura le même résultat qu'en divisant 16 par x : donc on aura, pour une expression équivalente à la première, $\frac{24}{6} = \frac{16}{x}$ qui se réduit successivement à $4 = \frac{16}{x}$, à $\frac{16}{4} = x$, et à $4 = x$. Ce qui est exact : car, dans la dernière expression on substitue le quotient 4 au diviseur x, et dans ce cas le nouveau quotient devient semblable au premier diviseur.

Si on avait les expressions abrégées suivantes, qui se rencontrent souvent dans les calculs arithmétiques :

$$54 - 6 : 4 \times 2 : : 6 \times 6 : x$$
$$3 \times 4 : \frac{24}{6} : : 6 \times 6 : x$$

Suivant ce qui vient d'être dit, ces mêmes rapports seraient exprimés d'une manière beaucoup plus simple, en les remplaçant par

$$\frac{54 - 6}{4 \times 2} = \frac{6 \times 6}{x} \text{ et } \frac{3 \times 4}{\frac{24}{6}} = \frac{x}{60}$$

qui se réduisent successivement

$$\text{à } \frac{48}{8} = \frac{36}{x} \; ; 6 = \frac{36}{x} : \frac{36}{6} = x = 6$$
$$\text{à } \frac{12}{4} = \frac{x}{60} \; 3 = \frac{x}{60} \; 3 \times 60 = x.$$

Cette dernière expression est exacte : car si $3 = \frac{x}{60}$, en supprimant le diviseur 60, le nombre qui représente x devient 60 fois plus fort ; donc, pour que l'égalité entre les deux quantités ne soit point détruite, il faut multiplier 3 par 60 ; donc 3×60, ou 180, sont bien égaux à x.

Pour résoudre un problème, il faut saisir dans l'énoncé le rapport qui existe entre les quantités inconnues et les quantités connues, et ce rapport exprimé d'une manière abrégée est ce que l'on appelle une équation : donc mettre un problème en équation, c'est en déduire l'énoncé à sa plus simple expression, et en faire l'analyse d'après ce principe :

$$24:6::16:x; \quad 54-6:4 \times 2::6 \times 6:x.$$

$$3 \times 4 : \frac{24}{6} :: x : 60 :$$ sont autant d'équations qui ex-

priment les rapports qui existent entre les quantités connues et la quantité inconnue x. Elles ne diffèrent des équations ordinaires qu'en ce que les signes abréviatifs qu'on emploie pour établir une proportion ne disent pas réellement ce qu'ils signifient, mais que le signe : représente le signe de division, et le signe : : celui de l'égalité. Alors on dira, 24 divisés par 6 égalent 16 divisés par x; l'expression indiquera positivement l'opération à effectuer, et l'on aura mis le problème en équation.

Que l'on dise, par exemple, de mettre en équation la question suivante :

De deux personnes, la première a 30 ans, et la deuxième a 5 ans de plus que la première. Quel est le total des deux âges?

Par la nature de l'énoncé, on voit que le rapport qui existe entre les deux âges est 30 à 30 + 5, et que la réunion des nombres 30, 30 et 5 forment le total des âges. On sent ici la nécessité d'introduire un signe abrégé qui remplace le nombre inconnu, afin de ne point l'exprimer en toutes lettres. En supposant x pour ce signe, on aura $30+30+5=x$, et la résolution de cette équation sera $65=x$, qui donne la solution du problème.

Avec un peu d'attention, on verra qu'il n'est pas possible d'indiquer une règle générale pour mettre un problème en équation : car chaque problème conduit à un raisonnement différent, à de nouveaux rapports entre les quantités, et conséquemment à de nouvelles équations; et, par la même raison que, pour le même problème, diverses analogies peuvent conduire à la même solution, des équations différentes peuvent résoudre la même question.

Sachant, par exemple, que la différence de deux nombres est 6 et que leur somme est 16, on demande le plus grand de ces nombres. On pourrait dire : si les deux nombres étaient égaux au plus grand, leur total serait augmenté de la différence 6, et la moitié du nouveau total serait = au nombre demandé. Dans ce cas, en représentant le nombre inconnu par x, l'équation résolue donnerait pour la solution du problème $11 = x$.

On pourrait dire aussi : en retranchant la différence 6 du total, il resterait une somme = à deux fois le plus petit nombre : donc, en divisant cette somme par 2 et ajoutant la différence au quotient, on aurait le plus grand nombre. Dans ce cas, l'équation serait $\dfrac{16-6}{2} + 6 = x$, qui devient, en opérant les calculs, $5 + 6 = x = 11$.

En général, former une équation numérique, c'est exprimer, au moyen des signes abrégés, à quelles conditions les quantités que l'on met en rapport sont égales, et les conditions ou les relations que ces quantités ont entre elles fournissent les moyens de déterminer les nombres inconnus à l'aide de ceux qui sont connus. Ne pas admettre les équations comme faisant partie du calcul arithmétique, c'est supprimer ce qui existe déjà, et renverser l'ordre établi depuis plusieurs siècles : car, quelle que soit la matière d'un problème, on ne peut en trouver la solution sans former et résoudre une équation. C'est ce dont il faut bien convaincre l'élève, afin qu'il ne soit pas effrayé par des mots, et qu'il ne suppose pas des difficultés où il n'en existe point.

Qu'on demande, par exemple, la somme des trois nombres 24, 6 et 30 ; les trois nombres connus, séparés du total inconnu par le signe d'égalité, forment l'équation du problème ; alors on a $24 + 6 + 3o = $ le total $= x = 6o =$ le total demandé.

Qu'on demande le prix de 4 mètres de drap à 25 fr. le mètre ; le raisonnement conduit à trouver que le prix demandé doit être égal à 4 fois 25 fr. : donc l'équation du problème est $x = 25 \times 4$. En effectuant la multiplication, on a $x = 1oo = $ le prix demandé.

D'après tout ce qui vient d'être dit, on voit qu'une équation se compose de deux parties, séparées par le signe d'égalité ; la partie de gauche est le premier nombre, la partie de droite est le second.

Un problème est résolu, lorsque, dans l'équation à laquelle il a donné lieu, on a trouvé la quantité qui, mise à la place de l'inconnue, rend le premier nombre égal au second.

La résolution des équations présente plus ou moins de difficultés ; il arrive souvent que l'on a plusieurs inconnues à déterminer ; il arrive aussi que l'inconnue se trouve élevée au carré ou au cube. A mesure que ces divers cas se présenteront, je ferai connaître les moyens les plus simples et les plus faciles à employer dans les diverses solutions. En faisant l'analyse des problèmes qui y auront donné lieu, je ne changerai rien à la méthode que j'ai adoptée pour les solutions : ce sera toujours par le raisonnement que je parviendrai aux résultats ; je ne ferai usage des équations et des signes abréviatifs que pour donner plus de clarté aux démonstrations, et présenter d'une manière précise la suite des raisonnemens que l'on aura été obligé de faire, pour déterminer les inconnues.

RECUEIL

DE PROBLÈMES

AMUSANS ET INSTRUCTIFS, etc.

PROBLÈMES.

PROBLÈMES

RELATIFS AUX NOMBRES ENTIERS.

Les combinaisons les plus simples et les plus faciles sont celles qui s'effectuent sur les nombres entiers ; ensuite viennent les nombres exprimés en parties décimales, les nombres fractionnaires et les nombres complexes.

Les problèmes suivans, jusqu'aux problèmes relatifs aux décimales, se rapportent à ces quatre natures de nombres, et sont disposés dans l'ordre que je viens d'indiquer.

Lorsqu'on sera parvenu à se rendre familiers les raisonnemens qui conduisent aux solutions de ces problèmes, l'on aura vaincu la plus grande difficulté de l'analyse arithmétique, et l'on ne sera plus embarrassé pour faire l'application des principes connus aux divers cas particuliers qu'on pourrait avoir à résoudre.

DE L'ADDITION.

PROBLÈME Ier. — Octave avait un certain nombre d'oranges; il en a mangé huit, il lui en reste encore neuf.
Combien en avait-il?

P. 2. — Il s'en faut de huit que mon camarade, qui a dix-neuf oranges, en ait autant que moi.
Combien en ai-je?

P. 3. — En ajoutant 342 et 340 à 56.648, quelle somme aura-t-on?

P. 4. — Après avoir donné 4.856 fr. à-compte sur une somme que l'on devait, il reste encore à payer 2.542 fr.
Quelle était cette somme?

P. 5—Un nombre est tel, qu'après en avoir retranché 5.456, il reste 35,644.
Quel est ce nombre?

P. 6. —En vendant une certaine marchandise 4.548 fr., on a perdu 452 fr.
Combien cette marchandise avait-elle coûté?

P. 7. — Une marchandise a coûté 2.458 fr.
Combien faut-il la revendre pour gagner 367 fr.?

P. 8. — Un individu est né en 1786.
Dans quelle année aura-t-il 54 ans?

P. 9. — Erostrate mit le feu au temple de Diane 356 ans avant J. C.
Combien y aura-t-il d'années d'écoulées entre cet événement et l'année 1830?

P. 10. — Un père avait 30 ans à la naissance de son fils. On demande l'âge qu'il aura lorsque son fils aura 65 ans.

P. 11. — J'avais hier un petit sac plein de grosses noisettes ; j'en ai croqué vingt, j'en ai perdu dix-huit, il m'en reste encore vingt-six.

Combien y avait-il de noisettes dans mon petit sac ?

P. 12. — Si j'avais 25 fr. de moins, après avoir payé 546 fr. que je dois, il ne me resterait que 5 fr.

Quelle somme ai-je ?

P. 13. — Octave a sept ans, Jules en a neuf, et leur sœur Elodie en a cinq.

Quel est l'âge de leur mère, qui a dix ans de plus que leurs trois âges réunis ?

P. 14. — Les élèves d'un pensionnat sont divisés en cinq classes : dans la première, il y a 40 élèves ; il y en a 17 dans chacune des deuxième et cinquième ; dans la troisième, il y en a 25, et dans la quatrième, il y en a 27.

Combien faudra-t-il acheter d'oranges pour, qu'en en donnant une à chaque élève, il en reste 24 pour les maîtres ?

P. 15. — Un individu qui s'était marié à 19 ans, a eu, 6 ans après son mariage, un fils qui mourut à 46 ans, et auquel il survécut 10 années.

A quel âge est-il mort ?

P. 16. — Quelqu'un a un revenu qu'on ne connaît pas ; mais on sait qu'en faisant ses comptes d'une année il s'est trouvé qu'il avait dépensé 1.254 fr. pour sa nourriture, 340 fr. pour son loyer, 500 fr. pour son entretien, 359 fr. pour la tenue de sa maison, 854 fr. pour ses menus plaisirs, et qu'il lui restait encore 693 fr.

Quel est le revenu ?

P. 17. Un ouvrier a fait, en 15 jours, 28 toises d'ouvrage qui lui ont été payées 140 fr.

En 18 jours, il en a fait 36 toises qui lui ont été payées 144 fr.

En 28 jours, il en a fait 60 toises qui lui ont été payées 300 fr.

Enfin, en 12 jours, il en a fait 30 toises qui lui ont été payées 90 fr.

On demande combien il a travaillé de jours, combien il a fait de toises, et combien il a gagné.

P. 18. — De deux nombres, le plus petit est 1.358, et leur différence est 54.

On veut connaître le plus grand de ces deux nombres, et leur somme.

P. 19. — De trois nombres, le *premier* est 215, le *deuxième* est 519, et le *troisième* est aussi fort que les deux autres.

Quelle est la somme de ces trois nombres?

P. 20. — Trois personnes se sont partagé une certaine somme; la *première* ayant eu 4.358 fr., la *deuxième* autant que la première, et 540 fr. de plus, la *troisième* autant que les deux premières, et 54 fr. de plus, il restait encore 27 fr.

On veut connaître la part de chaque personne et le total de la somme partagée.

P. 21. — De quatre nombres, le *premier* est 2.456, l'excédant du *deuxième* sur le premier est 527, celui du *troisième* sur le deuxième est 139, et le *quatrième* est aussi fort que les trois premiers.

On demande à connaître chacun de ces nombres et leur total.

P. 22. De cinq nombres, le premier est 247, et les

quatre autres augmentent successivement de 34, 35, 36 et 37.

On demande à connaître chacun de ces nombres et leur somme.

P. 23. — Six personnes se sont partagé une somme, de manière qu'elles ont eu chacune, savoir : la *première* 2.458 fr., la *deuxième* autant que la première et la quatrième, la *troisième* autant que la deuxième et la sixième, la *quatrième* 1.500 fr., la *cinquième* autant que la troisième et la quatrième, et enfin la *sixième* 800 fr.

On demande à connaître la part de chaque personne et le montant de la somme partagée.

DE LA SOUSTRACTION.

P. 24. — Octave avait 17 oranges, il en a mangé 8. Combien lui en reste-t-il ?

P. 25. — Il s'en faut de huit que mon camarade ait autant d'oranges que moi qui en ai 27.
Combien en a-t-il ?

P. 26. — Quelle somme faut-il joindre à 5.458 pour avoir 6.000 au total ?

P. 27. — Quelqu'un qui devait 2.450 fr. en a donné 348 à compte.
Combien doit-il encore ?

P. 28. — Une partie de marchandises qui coûtait 2.456 fr. a été vendue 3.000 fr.
Combien a-t-on gagné sur la vente ?

P. 29. — En vendant une certaine marchandise 2.825 f., le gain a été de 367 fr.
Combien cette marchandise avait-elle coûté ?

P. 30. — Une somme est telle, qu'en y ajoutant 3.456, le total est 10.000.

Quelle est cette somme?

P. 31. — Newton naquit en 1642, et mourut en 1727.

A quel âge est-il mort?

P. 32. — Deux associés ont fait un fonds de 15.000 fr.; le premier a mis 9.000 fr.

Combien faut-il que le second ajoute à ce qu'il a déjà mis, pour que les deux mises soient semblables?

P. 33. — Deux associés ont fait un fonds de 15.000 fr.; le second a mis 6.000 fr.

Combien le premier devra-t-il retirer de sa mise, pour qu'elle soit semblable à celle du second?

P. 34.—La distance de Paris à Bâle, en passant par Strasbourg, est 138 lieues, et de Paris à Strasbourg il y a 116 lieues.

Combien y a-t-il de lieues de Strasbourg à Bâle?

P. 35.—On sait que 2.532 ans se sont écoulés entre la naissance d'Homère et l'année 1824.

On demande combien d'années avant J.-C. cette naissance a eu lieu.

P. 36. — Erostrate a mis le feu au temple de Diane 356 ans avant notre ère vulgaire.

Combien faut-il encore attendre d'années, à partir de 1824, pour qu'il y ait 3.000 ans d'écoulés depuis cet événement?

P. 37. — Un homme est né en 1778.

Quel était son âge en 1822?

P. 38. — Quelle différence y a-t-il entre l'âge de deux

personnes, dont l'une est née en 1788 et l'autre en 1825 ?

P. 39. — Un père avait 27 ans lorsque son fils vint au monde.

Quel sera l'âge du fils lorsque le père aura 80 ans ?

P. 40. — Une personne avait 25 ans en 1801.
Quel âge aura-t-elle en 1857 ?

P. 41. — Un magasin contenait 18.540 boisseaux de grain ; on en a distribué en cinq fois, savoir : 4.540, 648, 5.000, 354 et 100 boisseaux.
Combien doit-il en rester ?

P. 42. — De trois nombres, le premier est 246, le deuxième 7.454, et leur total est 10.000.
Quel est le troisième ?

P. 43. — Un pensionnat, dans lequel il y a 126 élèves, est divisé en cinq classes : dans la première, il y a 40 élèves ; dans la troisième, il y en a 25 ; dans la quatrième, il y en a 27, et enfin dans la cinquième, il y en a 17.
Combien y a-t-il d'élèves dans la deuxième classe ?

P. 44. — Un marchand qui doit à un de ses confrères 1.358 fr., a quatre billets à recevoir de lui, savoir : un de 345 fr., un de 1.000 fr., un de 250 fr., et un de 2.564 fr.
On lui retient ce qu'il doit, on lui donne 2.000 fr. en billets de caisse, et on lui paie le reste en argent.
A combien montait ce reste ?

P. 45. — Un marchand a revendu pour 10.540 fr. une partie de sucre qui lui avait coûté 10.400 fr.
Sachant que les frais de transport, de commission et d'emmagasinement se sont élevés à 348 fr.
On demande combien il a perdu sur son marché.

P. 46. — Un cheval, tout harnaché, a coûté 750 fr.; nu, il n'aurait coûté que 325 fr.

On veut savoir de combien le prix du harnais surpasse celui du cheval.

P. 47. — Un père, en mourant, laisse une fortune de 45.247 fr. à ses deux enfans; elle a été partagée de manière que l'aîné a eu pour sa part 28.717 fr.

On demande combien l'aîné a eu de plus que le jeune, et combien ils ont eu chacun.

P. 48. — Un marchand a deux débiteurs qui lui doivent ensemble 2.454 fr.; la dette du premier est de 1.500 fr.

On demande combien lui devrait encore le second, en lui donnant un à-compte de 400 fr.

P. 49. — Un marchand a vendu des marchandises qui lui coûtaient 325 fr., un prix tel, que, s'il les eût vendues 12 fr. de plus, il aurait gagné une somme égale à son déboursé.

Combien les a-t-il vendues?

P. 50. — Une partie de marchandises a été vendue 2.858 fr.; si on l'eût vendue 142 fr. de plus, le gain se serait élevé à 1.000 fr.

Combien coûtait-elle?

P. 51. — Si j'avais 500 fr. de plus, j'aurais de quoi payer les 1.200 fr. que je dois, et il me resterait encore 19 fr.

Quelle somme ai-je?

P. 52. — De deux nombres, le plus grand est 258, et la différence 54.

On veut connaître le plus petit de ces deux nombres et leur somme.

P. 53. — Quelqu'un a un revenu qu'on ne connaît

pas ; mais on sait qu'en faisant ses comptes d'une année, il s'est trouvé qu'il avait dépensé 1.254 fr. pour sa nourriture, 340 fr. pour son loyer, 500 fr. pour son entretien, 359 fr. pour sa maison, 854 fr. pour ses menus plaisirs, et que de cette manière, il s'était endetté de 693 fr.

Quel est son revenu ?

P. 54. — Le père est né en 1778, la mère en 1783, le fils en 1805, et la fille en 1809.

On veut connaître chaque âge particulier, la différence des âges et leur total en 1824.

P. 55. — On a partagé une somme de 10.541 fr. entre cinq personnes ; la part de la *première* est 3.748 fr., celle de la *deuxième* est égale à la différence de la part de la première à celle de la troisième, qui est de 1.203 fr., et celle de la *quatrième* est égale à la différence des parts des première et troisième personnes à celle de la deuxième.

On demande à connaître la part de chaque personne.

P. 56. — De six nombres, le *premier* est 2.456 et le *deuxième* 2.000, le *troisième* est égal à l'excès du premier sur le deuxième, le *quatrième* est égal à l'excès du deuxième sur le troisième, le *cinquième* est égal à l'excès du premier sur le quatrième, et enfin le *sixième* est égal à l'excès du quatrième sur le troisième.

On veut connaître chacun de ces nombres et leur total.

P. 57. — La somme de deux nombres est 13, et leur produit, divisé par le plus petit, est égal au quart de ce même produit.

On veut connaître chacun de ces nombres.

DE LA MULTIPLICATION.

P. 58. — En divisant une certaine somme entre 26 personnes, chacune d'elles a reçu 257 fr.

Quelle est cette somme?

P. 59. — On demande combien il y a de lieues de Paris à Strasbourg, sachant qu'un homme, qui est parti de Paris pour s'y rendre, a fait 5 lieues par jour, et qu'il est resté 24 jours en route.

P. 60. — Quelqu'un, qui devait 4.560 fr. à un marchand, prend chez lui pour 1.285 fr. de marchandise, et lui donne cinq billets de 1.000 fr.

Combien lui doit-il encore?

P. 61. — Une classe de calcul est composée d'un certain nombre d'élèves; s'il y en avait 8 de plus, ce nombre serait augmenté d'un cinquième.

Quel est le nombre des élèves qui composent la classe?

P. 62. — Le quotient d'une division est 1.083, le diviseur est 28.604, et le reste 1.788.

Quel est le dividende?

P. 63. — Quel est le nombre qui, étant augmenté de 56 et divisé par 55, donne 2.854 au quotient?

P. 64. — Quel est le nombre qui, étant divisé par 27, donne au quotient une somme égale au produit de 1.091 multipliés par 3?

P. 65. — En vendant 120 mètres de drap 3.600 fr. on a gagné 5 fr. par mètre.

Combien avait-on déboursé?

P. 66. — Un marchand a acheté 150 mètres de drap pour 3.750 fr. ; il les a revendus à raison de 29 fr. le mètre.

Combien a-t-il gagné sur son marché?

P. 67. — Quelle somme obtiendrait-on, si, après avoir multiplié 250.540 par 10, on répétait ce produit 2.458 fois?

P. 68. — Un rentier, qui a 3.000 fr. de revenu, dépense 5 fr. par jour, l'un dans l'autre.

Combien aura-t-il économisé au bout de 10 ans?

P. 69. — Un employé qui a 185 fr. d'appointemens par mois, reçoit quinze mois qui lui étaient dus d'arriéré ; et, sur cette recette, il prend les fonds nécessaires à l'acquit de 18 mois de pension, à raison de 110 fr. par mois.

Combien lui reste-t-il?

P. 70. — Après avoir retiré 54.645 fr. du montant d'une prise, pour les officiers et sous-officiers, 250 hommes de l'équipage se sont partagé le reste également, et ils ont eu chacun 591 fr.

A combien montait cette prise?

P. 71. — Le quart de la cinquante-quatrième partie d'un nombre est 5.454.

Quel est ce nombre?

P. 72. — Combien y a-t-il de deniers dans $248^{\#}\ 17^{s}\ 6^{d}$? ($1^{\#}$ vaut 20^{s}, 1^{s} vaut 12^{d}.)

P. 73. — Sachant qu'une année est approximativement de 365 jours 6 heures, qu'une heure est de 60 minutes, et une minute de 60 secondes.

On demande combien il y a de secondes dans 7 ans.

P. 74. — Combien s'est-il écoulé de minutes depuis la naissance de Jésus-Christ jusqu'à l'année 1822 exclusivement, en supposant l'année composée de 365 jours 6 heures ?

P. 75. — Une armée est composée de 187 escadrons de 157 hommes chaque, et de 207 bataillons de 560 hommes.

On veut connaître l'effectif des hommes présens sous les armes, en supposant qu'il y en a 473 dans les hôpitaux.

P. 76. — On a déboursé 1.350 fr. pour 45 douzaines de mouchoirs, qui ont été revendus 35 fr. la douzaine.

Quel a été le bénéfice total ?

P. 77. — Deux personnes partent en même temps de Lyon et de Paris ; l'une fait 10 lieues par jour, l'autre en fait 8.

Sachant qu'elles se sont rencontrées après six jours de marche, on demande combien il y a de lieues d'une ville à l'autre.

P. 78. — Un particulier a mis dans le commerce diverses sommes ; une de 540 fr., une de 800 fr., et une de 2.400 fr.

On demande de combien il devra augmenter chacune de ses mises, pour que le total de ses fonds soit quadruplé.

P. 79. — Un marchand a acheté 24 mètres de drap à 36 fr., 115 mètres de toile à 3 fr., 50 mètres de mousseline à 4 fr., et 15 mètres de casimir à 21 fr. ; il a donné en paiement 87 pièces de 20 fr.

Quelle somme a-t-on dû lui rendre ?

P. 80. — Combien a-t-on dépensé pour une remonte

de 2.163 chevaux, qui ont été payés 305 fr. chaque, et dont les frais de remonte se sont élevés à 6.578 fr. ?

P. 81. — Quelqu'un a un revenu qu'on ne connaît pas ; dans le courant d'une année, il a fait un recouvrement de 1.800 fr., il a dépensé 220 fr. par mois pour sa nourriture et son logement, il a perdu au jeu 1.200 fr., et ses diverses dépenses journalières se sont élevées à 2 fr. par jour.

On demande à combien s'élève son revenu, sachant qu'à la fin de l'année, il ne lui en reste que les trois quarts.

P. 82. — Un marchand, à la suite de son arrêté de compte du mois, trouve qu'il a vendu pour 2.459 fr. de marchandises, qu'il en a acheté pour 1.575 fr., et que l'argent comptant qu'il avait au commencement du mois est réduit au tiers.

Combien avait-il en argent au commencement du mois ?

P. 83. — Deux joueurs ont fait une mise pour jouer en commun.

Le premier jour ils ont *gagné*   150 fr.
Le deuxième jour ils ont *perdu*   200 fr.
Le troisième jour ils ont *gagné*   450 fr.

Et enfin, le quatrième jour, après avoir retiré leur mise, le gain qu'ils font triple ce qui leur reste, et ils se trouvent avoir une somme égale à la cinquième partie de ce qu'ils avaient mis d'abord.

Combien avaient-ils mis ?

P. 84. — La somme de deux nombres est 4.517 ; et, en ajoutant 27 au double du carré de 25, on a l'un de ces nombres.

Quel est l'autre ?

P. 85. — Quel est le nombre qui, étant ajouté au produit de 185 par 27, donne 115 fois 155 pour total?

P. 86. — Le plus petit de deux nombres est 187, et leur différence est 34.

On veut connaître le carré de leur produit.

P. 87. — Quel nombre faut-il ajouter au carré de 125, pour avoir 20.000 au total?

P. 88. — Combien faut-il ajouter ou retrancher du double du carré du produit de 12 par 8, pour avoir une somme égale au cube de 25?

P. 89. — La somme de deux nombres est 360, et le plus petit est 144.

On demande quelle somme on aurait, en multipliant le produit de ces deux nombres par le carré de leur différence.

P. 90. — Deux nombres sont tels, que le plus grand est égal à 37 fois 45, et que leur différence est égale à 19 fois 4.

On veut connaître ces deux nombres, leur différence, leur somme et leur produit.

DE LA DIVISION.

P. 91. — Quel est le nombre qui, étant multiplié par 55, donne 156.970 au produit?

P. 92. — En multipliant 256 par un nombre inconnu, le produit est 1.792.

Quel est ce nombre?

P. 93. — Par quel nombre faut-il multiplier 54, pour avoir 9.990 au produit?

P. 94. — En divisant 1.904 fr. entre 17 personnes, combien auront-elles chacune?

P. 95. — Sachant qu'il y a 120 lieues de Paris à Strasbourg, on demande combien il faudrait de jours pour faire cette route à quelqu'un qui ferait 5 lieues par jour.

P. 96. — En faisant chaque jour un nombre égal de lieues, quelqu'un est resté 24 jours pour faire 120 lieues.
Combien a-t-il fait de lieues par jour?

P. 97. — Un homme a mis quatre semaines pour faire 168 lieues.
On demande combien il a fait de lieues par jour, sachant qu'il s'est reposé les dimanches.

P. 98. — En multipliant une certaine somme par 7, elle est augmentée de 1.548.
Quelle est cette somme?

P. 99. — On demande combien il y a de livres, marcs, onces et gros, dans 3.582 gros.

P. 100. — Combien y a-t-il de toises, pieds, pouces et lignes, dans 25.167 lignes?

P. 101. — Combien y a-t-il de livres, sous et deniers, dans 59.732 deniers?

P. 102. — Le diamètre de la terre étant supposé être de 39.223.002 pieds, on demande combien on aurait de lieues, en évaluant chaque lieue à 2.283 toises.

P. 103. — On a semé une graine qui, en six semaines, a produit un navet pesant 12 livres.

On demande de combien de fois son poids cette graine a augmenté par semaine, jour, heure et minute, en supposant que l'accroissement a toujours été égal, et sachant que la quantité moyenne d'une once de graines est de 14.490 graines. (1 livre est de 16 onces.)

P. 104. — On a partagé 5,580 fr. entre 40 personnes; 26 d'entre elles ont eu chacune 150 fr.

Combien ont eu chacune des 14 autres?

P. 105. — Après avoir retranché 150.500 fr. d'une prise évaluée 376.372 fr., le reste a été partagé entre 152 matelots.

Combien ont-ils eu chacun?

P. 106. — Quelqu'un est convenu de s'acquitter d'une somme de 975 fr. en payant 15 fr. par semaine.

Sachant qu'il y a déjà 50 paiemens d'effectués, on demande combien il reste encore à faire de paiemens pour être quitte.

P. 107. — Pour payer 125 aunes de toile à raison de 35 sous l'aune, on a donné 5 sacs qui contenaient un nombre égal de sous.

Combien y en avait-il dans chaque?

P. 108. — Quelqu'un a besoin de 125 aunes de toile, et ne veut dépenser que 5 sacs de 875 sous chaque.

Combien devra-t-il la payer l'aune?

P. 109. — On a dépensé 5 sacs de 875 sous chaque, pour acheter de la toile à raison de 35 sous l'aune.

Combien en a-t-on eu d'aunes?

P. 110.—Quelqu'un a acheté du papier à 4 fr., à 3 fr. et à 6 fr. la rame ; il en a eu autant d'une qualité que de l'autre, et il a dépensé 117 fr.

Combien en a-t-il eu de rames de chaque sorte ?

P. 111. — Quelqu'un a acheté du drap de trois qualités : la première coûte 48 fr. le mètre, la deuxième 34 fr., la troisième 29 fr., il en a eu autant d'une qualité que de l'autre, et sa dépense s'est élevée à 1.887 fr.

Combien a-t-il eu de mètres de chaque ?

P. 112. — Un entrepreneur a dépensé 1.241 fr. pour payer des ouvriers qu'il emploie. Chaque homme a reçu 43 fr., chaque femme 19 fr., et chaque enfant 11 fr. ; le nombre des hommes, des femmes et des enfans étant le même, on demande combien il y avait d'individus dans chaque classe.

P. 113. — Un marchand a acheté 4 pièces de drap pour 1.853 fr., à raison de 17 fr. le mètre.

La première pièce contient 28 mètres, la deuxième 24, et la troisième 30.

Combien en contient la quatrième ?

P. 114. — Quinze personnes en société ont fait une mise de 420 fr. à la loterie, et elles ont gagné un lot de 51.870 fr.

Sachant que les mises sont égales, on veut connaître la mise et le gain d'une personne.

P. 115. — Les élèves d'un pensionnat sont divisés en trois classes ; si la deuxième classe était augmentée de 5 élèves et la troisième de 8, il y en aurait autant dans une classe que dans l'autre, et leur nombre s'éleverait à 60.

Combien y a-t-il d'élèves dans chaque classe?

P. 116.—Six joueurs ont mis chacun 400 fr. pour faire un fonds, et jouer en commun.

Le premier jour, le *gain* a été de 6.000 fr.

Le deuxième jour, il a été de 2.000 fr.

Le troisième jour, la *perte* a été de 9.000 fr.

Le quatrième jour, le *gain* a été de 650 fr.

Le cinquième jour, il a été de 1.550 fr.

Et enfin, le sixième jour, ils ont perdu la sixième partie de tout ce qu'ils avaient et 2.400 fr. en sus.

On veut connaître le gain ou la perte de chacun.

P. 117. — Un particulier a fait un fonds de 6.150 fr. pour élever une fabrique; il arrive qu'après un certain temps cette somme est épuisée.

Sachant que, chaque mois, les frais d'exploitation s'élevaient à 355 fr., que les recettes étaient de 600 fr., et qu'il dépensait 450 fr. pour l'entretien de sa maison.

On demande après combien de mois la somme a été épuisée.

P. 118. — Un particulier a fait un fonds de 6.150 fr. pour élever une fabrique; il arrive qu'après 30 mois ce fonds est épuisé.

Sachant que les dépenses s'élevaient chaque année à 805 fr., on demande à connaître les recettes.

P. 119. — On a payé 1.350 fr. pour 45 douzaines de mouchoirs, et on a revendu le tout pour 1.575 fr.

Combien a-t-on gagné par douzaine?

P. 120. — Un coupon de drap a été payé 324 fr.; en le revendant 432 fr., on a gagné 9 fr. par mètre.

Combien contenait-il de mètres?

P. 121. — Trois pièces de toile de même qualité ont coûté 339 fr., la première contenait 35 mètres, la deuxième en contenait 40, et la troisième 38.

Combien l'a-t-on payée le mètre?

P. 122. — Trois pièces de drap ont coûté 2.775 fr.

On demande combien elles contenaient de mètres, sachant que 17 mètres coûteraient 629 fr.

P. 123. — Combien faudrait-il vendre de mètres de toile, à raison de 3 fr. le mètre, pour recevoir la même somme qu'en vendant 36 mètres de casimir à 15 fr.

P. 124. — En vendant 150 mètres de drap à raison de 29 fr. le mètre, un marchand a gagné 600 fr. sur son marché.

Combien lui avait coûté chaque mètre?

P. 125. — On a vendu 432 fr. douze mètres de drap qui coûtaient 324 fr.

Combien a-t-on gagné par mètre?

P. 126. — Un marchand a acheté deux pièces de drap 1.782 fr.; il en a vendu 15 aunes pour 525 f., et il a gagné 8 fr. par aune.

Combien y avait-il d'aunes dans les deux pièces?

P. 127. — Un marchand a acheté 66 aunes de drap pour 1.782 fr.

Combien faut-il qu'il en vende d'aunes à 35 fr., pour gagner 120 fr.?

P. 128. — Un marchand a acheté 66 aunes de drap pour 1.782 fr.; il en a vendu 15 aunes pour 525 fr.

Combien a-t-il gagné par aune?

P. 129. — Un marchand a acheté 66 aunes de drap.

On demande combien il a dépensé, sachant que, en revendant 15 aunes de ce même drap pour 525 fr., il a gagné 8 fr. par aune.

P. 130. — On a employé, pour transporter le pain nécessaire à la distribution de quatre jours, pour une division forte de 18.000 hommes, 80 chariots contenant chacun 450 pains de 3 livres.

Combien chaque ration pesait-elle d'onces ?

P. 131. — On a employé 80 chariots pour transporter le pain nécessaire à la distribution de quatre jours, pour une division forte de 18.000 hommes ; chaque ration était de 24 onces, et un pain pesait 3 livres.

On demande combien il y avait de pains dans chaque chariot.

P. 132. — On a employé 80 chariots pour transporter le pain nécessaire à la distribution d'une division forte de 18.000 hommes.

On demande pour combien de jours la distribution a été faite, sachant que chaque chariot contient 450 pains de 3 livres, et que chaque ration est de 24 onces.

P. 133. — Combien faudrait-il de chariots pour transporter la quantité de pain nécessaire à 18.000 hommes, pendant quatre jours, sachant que la ration de chaque homme est de 24 onces, qu'un pain pèse 3 livres, et que chaque chariot peut transporter 450 pains ?

P. 134. — On a employé 80 chariots pour transporter le pain nécessaire à la distribution d'une division pendant quatre jours.

Sachant qu'une ration est de 24 onces, et que chaque chariot contient 450 pains de 3 livres, on demande de combien d'hommes est composée cette division.

P. 135. — On a employé, pour transporter le pain nécessaire à la distribution de 4 jours d'une division de 18.000 hommes, 80 chariots contenant chacun 450 pains.

Sachant qu'une ration est de 24 onces, on demande à connaître le poids de chaque pain.

P. 136. — Quelqu'un a 2.595 fr. de revenu.

Combien peut-il dépenser par jour, l'un dans l'autre, en mettant 1.500 fr. de côté par an ?

P. 137. — Un particulier qui a 6.000 fr. de revenu doit une somme de 23.500 fr., qu'il est convenu d'acquitter en dix paiemens égaux d'année en année.

Ses engagemens remplis chaque année, combien lui restera-t-il à dépenser par jour ?

P. 138. — Combien faudrait-il de jours à 430 hommes, pour consommer 80.625 livres de biscuit, en leur distribuant, chaque jour et par homme, une ration de 20 onces ?

P. 139. — Sachant qu'une ration pèse 20 onces, on veut savoir combien il faudrait d'hommes pour consommer 80.625 livres de biscuit en 150 jours.

P. 140. — En 3 mois, 500 hommes ont consommé 67.500 livres de pain.

Combien en ont-ils consommé d'onces par jour chacun ? (1 mois est de 30 jours et 1 livre est de 16 onces.)

P. 141. — Combien faudrait-il de livres de pain pour

nourrir 5oo hommes pendant 3 mois en leur en donnant chaque jour 24 onces à chacun?

P. 142. — Un vaisseau a 80.625 livres de biscuit pour 43o hommes d'équipage pendant cinq mois.

De combien d'onces est composée chaque ration?

P. 143. — Une prairie de 1.200 arpens suffirait pour 6o jours à la nourriture de 3.6oo chevaux, auxquels on donnerait une botte de fourrage pour trois.

Combien chaque arpent produit-il de bottes?

P. 144. — En donnant chaque jour une botte de fourrage pour trois chevaux, une prairie dont chaque arpent fournit 6o bottes, nourrirait 3.6oo chevaux pendant 6o jours.

Combien cette prairie contient-elle d'arpens?

P. 145. — Une prairie est composée de 1.200 arpens; chaque arpent fournit 6o bottes de fourrage.

On demande pour combien de jours cette prairie fournirait à la nourriture de 3.6oo chevaux, auxquels on ne donnerait chaque jour qu'une botte pour trois.

P. 146. — Pendant un siége de 18 jours, chaque jour les pièces en batterie ont tiré chacune 75 coups; la poudre coûtait 2 fr. 25 cent. le kil., et le total de celle employée montait à 413.100 fr.

On demande quel était le nombre des pièces, sachant que leur charge moyenne était de 4 kil.

P. 147. — Deux personnes partent en même temps de Paris et de Lyon; l'une fait 10 lieues par jour, l'autre en fait 8, et la distance d'une ville à l'autre est 108 lieues.

Après combien de jours se rencontreront-elles?

P. 148. — Deux personnes sont parties le même jour de Lyon et de Paris, et elles se sont rencontrées après 6 jours de marche.

Sachant que l'intervalle entre les deux villes est 108 lieues, et que la personne partie de Lyon fait 8 lieues par jour, on demande combien en fait la deuxième, et à quelle distance de Paris la rencontre a eu lieu.

P. 149. — Deux personnes partent le même jour de Paris et de Lyon ; l'une fait 10 lieues par jour, l'autre en fait 8, et la distance des deux villes est 108 lieues.

Combien auront-elles fait de lieues chacune, lorsqu'elles se rencontreront ?

P. 150. — Un ouvrier a fait 1 toise 4 pieds 3 pouces 6 lignes d'ouvrage; chaque ligne lui a été payée 2 sous.

Combien lui revient-il de sous pour son paiement? (Une toise est de 6 pieds, un pied de 12 pouces et un pouce de 12 lignes.)

P. 151. — Un ouvrier a reçu, pour un ouvrage qu'il a fait en huit jours, en travaillant 7 heures par jour, une somme de 112 fr.

Combien chaque heure de travail lui a-t-elle été payée?

P. 152. — Un ouvrier, qui a 459 pieds d'ouvrage à faire, en a fait 85 pieds en 5 jours.

Combien de temps lui faudra-t-il pour faire le reste?

P. 153. — Pour 16 jours de travaux, 26 ouvriers ont reçu 2.240 fr.

Chacun des 18 premiers a gagné moitié plus qu'un des 8 derniers.

Combien ont-ils gagné par jour chacun ?

P. 154. — Deux ouvriers travaillent ensemble ; le premier gagne par jour un tiers de plus que l'autre ; au bout d'un certain temps, le premier, qui a travaillé 6 jours de plus que le second, a reçu 96 fr., et le second en a reçu 54.

Combien gagnent-ils chacun ?

P. 155. — Cinquante ouvriers, qui gagnent autant l'un que l'autre, ont reçu, pour 15 jours de travail, une certaine somme ; s'ils eussent reçu 2.250 sous de plus, ils auraient gagné 50 sous par jour.

Combien gagnent-ils réellement chacun par jour ?

P. 156. — Un marchand a gagné 250 fr. sur des marchandises qu'il a vendues ; s'il eût gagné moitié plus, il eût eu un bénéfice égal à la septième partie de la somme qu'il a déboursée.

Combien lui coûtaient ces marchandises ?

P. 157. — L'un des facteurs d'une multiplication est 37, et cinq fois leur produit est 10.730.

Quel est l'autre facteur ?

P. 158. — La somme de deux nombres est 374 ; le quotient du plus grand, divisé par le plus petit, égale 21.

Quels sont ces nombres ?

P. 159. — Quel est le nombre qui, étant multiplié par 12, donne le même produit que 456 multipliés par 15 ?

P. 160. — Quel est le nombre qui, étant divisé par 27, donne pour quotient une somme égale au produit de 1.091 multipliés par 3 ?

P. 161. — Quel est le nombre qui, étant joint à la neuvième partie de 2.457, donne au total 2.731 ?

P. 162. — Le produit de deux nombres est 144, et le sixième de ce produit est égal à trois fois le plus petit.

Quels sont ces deux nombres?

P. 163. — Si la somme que j'ai était multipliée par 8, et le produit divisé par 7, j'aurais 24 fr.

Quelle somme ai-je?

P. 164. — On demandait à un joueur combien il avait gagné de louis; il répondit : le quotient de 5 fois leur nombre divisé par 7, étant multiplié par 13, donne un produit égal à 65.

Combien avait-il gagné?

P. 165. — La sixième partie de neuf fois la somme que j'ai, étant divisée par 3 et multipliée par 6, donne un produit tel, que, en le divisant par 15, le quotient est égal à 30.

Quelle somme ai-je?

P. 166. — Après avoir doublé une somme, l'avoir divisée par 4, et l'avoir multipliée par 12, la troisième partie du restant est égale à 48.

Quelle est cette somme?

P. 167. — La somme de 3 nombres est 25, l'excès du deuxième sur le premier est 3, et celui du troisième sur le deuxième est 4.

On demande combien il faudrait ajouter à la somme de leurs carrés, pour avoir un nombre égal à la cinquième partie de la somme de leurs cubes?

P. 168. — Quelqu'un a acheté 350 mètres de drap de deux qualités; il en a autant de l'une que de l'autre.

La seconde qualité coûte 30 fr. le mètre, et 5 mètres de la première coûtent autant que 7 de la seconde.

Combien a-t-il déboursé pour le tout?

P. 169. — Quelqu'un a acheté du drap de deux qualités; il en a acheté autant d'une qualité que de l'autre, et il a dépensé 12.600 fr. pour le tout.

Sachant qu'un mètre de chaque qualité revient à 72 fr., et que cinq mètres de la première qualité coûtent autant que sept de la seconde, on veut connaître le prix de chaque sorte, et combien on a eu de mètres au total.

PROBLÈMES

RELATIFS AUX NOMBRES EXPRIMÉS EN PARTIES DÉCIMALES.

Ces problèmes ne sont point aussi nombreux que ceux qui ont rapport aux nombres entiers ; mais il sera toujours facile de réduire les nombres entiers en nombres décimaux, et conséquemment d'augmenter ces problèmes autant qu'on le voudra, en déplaçant la virgule.

En se reportant au (n° 159), par exemple, on peut changer l'énoncé, et dire : quel est le nombre qui, étant multiplié par 1,20, donne le même produit que 4,56, multipliés par 1,50 ? Alors on aura $4,56 \times 1,5 = 6,84$.

$$\frac{6,84}{1,20} = \frac{684}{120} = 5,70.$$

Il en serait de même de presque toutes les questions.

P. 170. — Un marchand qui devait une certaine somme, a donné en à-compte 246 fr. 20 c., 340 fr., 150 fr. 20 c., et 1.372 fr. 25 c.

On demande à connaître cette somme, sachant que,

pour dernier paiement, ce marchand a donné un billet de 1.000 fr., et qu'on lui a rendu 357 fr. 49 c.

P. 171. — Une marchande a reçu, pour 95 oranges qu'elle a vendues, une somme de 14 fr. 25 c.
Combien les a-t-elles vendues la douzaine?

P. 172. — Une marchande vend ses oranges 1 fr. 80 c. la douzaine; dans une journée elle en a vendu 95 à ce prix.
Combien a-t-elle dû recevoir!

P. 173. — Quelqu'un, en vendant des marchandises 2.464 fr. 28 c., gagne 628 fr. 27 c. sur son marché.
Combien avait-il déboursé?

P. 174. — En vendant 8 pièces de drap 4.550 f. 48 c., un marchand a perdu 282 fr.
Combien chaque pièce lui avait-elle coûté?

P. 175. — Quelqu'un dit que si son revenu était augmenté de 150 fr., il aurait 4 fr. 50 c. à dépenser par jour.
Quel est son revenu?

P. 176. — Quelqu'un a fait venir pour 5.000 fr. de marchandises; mais ces marchandises ayant été avariées dans la route, le vendeur lui diminue 175 millimes par franc du prix de facture.
Combien devra-t-il payer?

P. 177. — Un marchand a acheté trois pièces de drap, à raison de 42 fr. 50 c. le mètre; il a déboursé 5.384 fr. 75 c.; la première contient 50 mètres 2 décimètres, et la deuxième contient 40 mètres.
Combien la troisième contient-elle de mètres?

P. 178. — Un quintal de marchandise coûte 325 fr.

Combien devra-t-on la vendre la livre pour gagner 4 fr. 05 c. sur 15 livres?

P. 179. — Un marchand a acheté de la toile qui lui coûte 2 fr. 50 c. le mètre; pour 300 fr., il en a eu 4 pièces, et 8 mètres de plus.

Combien y avait-il de mètres dans chaque pièce?

P. 180. — Un marchand a acheté deux coupons de drap de même largeur et de même qualité : l'un, qui a 2 mètres 50 centimètres de plus que l'autre, a coûté 562 fr. 50 c., et l'autre 450 fr.

Quelle était la longueur de chaque coupon?

P. 181. — 20 ouvriers ont reçu 65 fr. 25 c. ; 9 d'entre eux ont reçu chacun 4 fr. 50 c.

Combien ont reçu les autres?

P. 182. — 155 mètres de toile se vendent 395 f. 25 c.

Combien faudra-t-il en vendre de mètres pour recevoir 74 fr. 97 c.?

P. 183. — Un vieux rentier a mis de côté 237 fr. 25 c. pour acheter le vin qu'il boira dans son année, et il ne veut en boire qu'une bouteille par jour.

Combien faudra-t-il qu'il paie chaque bouteille, pour ne pas dépasser la somme qu'il a fixée?

P. 184. — Un particulier a payé 756 fr. pour 6 chevaux qu'il a employés en courant la poste; le prix de chaque poste est fixé à 1 fr. 75 c. par cheval.

Combien a-t-il couru de postes?

P. 185. — En payant 1 fr. 75 c. par cheval et par

poste, un particulier, qui a couru 72 postes, a donné pour le paiement des chevaux qu'il a employés, une somme de 756 fr.

Combien en a-t-il employé ?

P. 186. — Il y avait 18.000 hommes à une grande manœuvre ; on leur a distribué une ration de vin, à titre de gratification.

On demande combien on a payé chaque litre, et combien il y en a eu de distribués, sachant que dans un tonneau de 270 litres il y avait 810 rations, et que chaque ration a coûté 15 c.

P. 187. — On a accordé une ration de vin à tous les hommes d'une division qui se trouvaient à une grande manœuvre ; 1 litre a fourni 3 rations, chaque tonneau, contenant 270 litres, a été payé 121 fr. 50 c., et on a donné pour le total de la dépense 2.700 fr.

On demande combien il y avait d'hommes à cette manœuvre, et combien chaque ration a été payée.

P. 188. — Une division a reçu l'ordre d'aller prendre garnison dans une île ; on a employé 125 bateaux, contenant chacun un nombre égal d'hommes, et l'entrepreneur a reçu pour chaque bateau 155 fr., à raison de 1 fr. 25 c. par homme.

On demande de combien d'hommes était composée cette division.

P. 189. — Une division, forte de 15.500 hommes, a reçu l'ordre d'aller prendre garnison dans une île ; on a employé, pour le passage, 125 bateaux, contenant chacun un nombre égal d'hommes, et l'entrepreneur a reçu pour un bateau 155 fr.

Combien a-t-on payé pour un homme, et combien en a-t-on passé dans chaque bateau ?

P. 190. — Il y avait dans une ville assiégée 34 pièces en batterie ; pendant un siége de dix-huit jours, elles ont tiré par jour chacune 75 coups : leur charge moyenne était de 4 kil., et le total des dépenses faites pour la poudre employée s'est monté à 413.100 fr.

Combien la poudre coûtait-elle le kil. ?

P. 191. — Un marchand a acheté 4 barriques d'eau-de-vie, coûtant 928 fr. d'achat, 272 fr. de droit, et 50 fr. de transport.

On demande combien il faut qu'il la vende la bouteille pour gagner 425 fr. sur son marché, sachant que chaque barrique contient 125 bouteilles.

P. 192. — Un ouvrier fait un certain ouvrage chez un particulier, où il reste 25 jours ; mais les 15 derniers jours on est obligé de lui adjoindre un de ses camarades pour terminer.

L'ouvrage fait, ils reçoivent ensemble 210 fr.

On demande combien ils ont gagné chacun par jour, sachant que, si le premier eût fait l'ouvrage à lui seul, il aurait gagné 2 fr. 40 c. de plus chaque jour.

P. 193. — Un officier chargé de conduire 120 conscrits à leur destination, reçoit en partant 2.700 fr. du quartier-maître, pour le décompte de ce qui revient à chacun d'eux, à raison de 15 c. par lieue.

En route, une partie du détachement déserte ; à son arrivée, pour faire le décompte, il commence par retirer de la somme qu'on lui a remise, la moitié de ce qui serait revenu aux déserteurs ; et, en partageant le reste de cette somme également entre les hommes présens, il se trouve qu'ils ont chacun 24 fr. 75 c.

On demande combien ce détachement a fait de lieues, et combien il est déserté d'hommes.

P. 194. — Un officier, partant en détachement, reçoit du quartier-maître 189 fr., pour payer ses hommes pendant 18 jours qu'ils doivent rester dehors, à raison de 3o c. par jour; huit jours après son départ, il reçoit l'avis qu'il restera 5 jours de plus, et que, comme on ne lui envoie pas d'argent, il faut qu'il fasse de celui qui lui reste une répartition telle, que les hommes en aient jusqu'à leur retour.

On veut connaître combien il y avait d'hommes, et combien ils ont reçu en dernier lieu.

P. 195. — Un régiment de cavalerie qui est resté 164 jours en garnison dans la même ville, a payé au fournisseur, pour la nourriture de ses chevaux, pendant ce temps, une somme de 137.760 fr., à raison de 1 fr. 20 c. par ration.

On demande combien il y avait de chevaux dans le régiment, et combien le corps a eu d'économie par ration, sachant que le gouvernement lui a remboursé, pour cette dépense, 143.500 fr.

P. 196. — Un pauvre diable, ne sachant que faire pour gagner sa vie, achète 12 litres d'eau-de-vie à 2 fr. 5o c., pour la revendre en détail; il achète en outre des verres, et établit sa boutique; mais par malheur ses verres étaient trop grands, puisqu'il n'y en avait que 2o dans chaque litre, et qu'il ne pouvait les vendre que 1o c. C'est pourquoi, au lieu d'avoir des verres plus petits, il met de l'eau dans son eau-de-vie, et il en met tant que, quand il l'a toute vendue à 1o c. le verre, il se trouve avoir gagné 2o fr.

Combien a-t-il ajouté de litres d'eau?

P. 197. — Un marchand a acheté quatre barriques d'eau-de-vie de 13o bouteilles chaque; il en a payé deux à raison de 200 fr. l'une, et on ne sait pas ce qu'il a payé les autres ; mais on sait qu'en mettant ensemble les deux qualités, et en ajoutant la moitié d'une barrique d'eau, il a fait un mélange qu'il a vendu 1 fr. 80 c. la bouteille, et qui lui a donné un bénéfice net de 353 fr. sur son marché.

On veut savoir combien les deux dernières barriques ont coûté, et combien le marchand a gagné par bouteille.

P. 198. — Une personne a un revenu qu'on ne connaît pas ; elle fait à un de ses parens une pension viagère de 150 fr., paie 110 fr. de loyer et d'impositions, restreint ses dépenses journalières à 1 fr. 50 c., et met de côté ce qui lui reste, pour achever de payer une petite propriété de 3.500 fr., sur laquelle elle a donné, en prenant possession, 1.537 fr. 50 c., et qu'elle ne pourra payer qu'en 5 ans.

Combien cette personne a-t-elle de revenu ?

P. 199. — Pour payer 200 bouteilles de rhum, on a donné 945 fr., moins le prix de 10 bouteilles.

A combien revenait chaque bouteille ?

P. 200. — On emploie, dans une grande fabrique, des hommes, des femmes et des enfans ; les hommes gagnent 16 fr. 50 c. par semaine, les femmes 10 fr. 50 c., et les enfans 4 fr. 50 c.

La dépense d'un mois, pendant lequel chaque ouvrier a travaillé 24 jours, se monte à 25.470 fr., dont les hommes ont eu 18.480 fr. et les enfans 1.530 fr.

On demande combien il y a d'hommes, de femmes et d'enfans, et combien chacun d'eux gagne par jour.

P. 201. — Un fabricant vend 3 pièces de drap ; la première contient 15 mètres 2 décimètres, la deuxième 12 mètres, et la troisième 15 mètres 36 centimètres.

Il vend la première à 15 fr. 25 c. le mètre, la deuxième à 19 fr. 20 c., et la troisième à 27 fr.

Sur l'argent qu'il reçoit, il prête une somme qu'on ne connaît pas à un de ses amis, il paie 18 ouvriers à qui il devait 11 journées de travail, à raison de 3 fr. 25 c. par jour, et il lui reste 81 fr. 80 c.

Quelle somme a-t-il prêtée?

P. 202. — Un ouvrier dépense par jour 2 fr. 75 c. pour l'entretien de sa maison; au bout d'un an, après avoir payé ses dépenses avec le gain qu'il a fait en travaillant 25 jours par mois, il se trouve qu'il a mis de côté 196 fr. 25 c.

Combien gagne-t-il chaque jour qu'il travaille?

P. 203. — Un ouvrier, chaque jour qu'il travaille, gagne 3 fr. 50 c., et, qu'il travaille ou non, il dépense 2 fr. 25 c.; au bout d'un mois, s'il eût reçu 75 c. de plus, il aurait eu de quoi subvenir à ses dépenses pendant trois autres jours.

Combien avait-il travaillé de jours?

P. 204. — 52 mètres 5 décim. de drap d'une seconde qualité ont coûté 2.100 fr.

Combien, pour le même prix, en aurait-on de mètres d'une première qualité, dont 5 mètres coûteraient autant que 7 de la seconde?

P. 205. — Un marchand avait fait ses dispositions telles, que, chaque fois qu'il gagnerait 81 fr., il augmenterait son fonds de 18 fr.; après 5 ans, son fonds était augmenté de 8.100 fr.

Combien avait-il gagné par jour pendant ce temps?

PROBLÈMES

RELATIFS AUX NOMBRES COMPLEXES.

P. 206. — Un marchand doit acquitter quatre billets : un de 2.464 $^{liv.}$ 15 $^{s.}$ 6 $^{d.}$, un de 346 $^{liv.}$ 10 $^{s.}$, un de 350 $^{liv.}$ 0 $^{s.}$ 3 $^{d.}$, et un de 1.090 $^{liv.}$ 13 $^{s.}$ 8 $^{d.}$; il a dans sa caisse 200 louis de 24 $^{liv.}$

Combien lui restera-t-il après son paiement ?

P. 207. — On a distribué des cols aux hommes d'un régiment ; chaque homme les a payés 17 $^{s.}$ 6 $^{d.}$, et le total du paiement s'est élevé à 2.100 $^{liv.}$

Combien y avait-il d'hommes dans le régiment ?

P. 208. — On a distribué des cols à un régiment composé de 2.400 hommes ; la retenue qu'on leur a faite à cette occasion s'est élevée à 2.100 fr.

Combien chaque homme a-t-il payé ?

P. 209. — Une lingère a fait confectionner 75 chemises, qui lui reviennent à 421 $^{liv.}$ 17 $^{s.}$ 6 $^{d.}$; elle les a vendues 91 $^{liv.}$ 4 $^{s.}$ la douzaine.

Combien a-t-elle gagné par chemise ?

P. 210. — 421 $^{liv.}$ 17 $^{s.}$ 6 $^{d.}$ sont le prix coûtant de 75 chemises.

Combien faut-il les vendre la douzaine, pour gagner 1 $^{liv.}$ 19 $^{s.}$ 6 $^{d.}$ par chemise ?

P. 211. — De trois frères, le jeune est né le 25 septembre 1785, le cadet a eu, au 24 mai 1816, 32 ans 1 mois 8 jours.

A quelle époque est né l'aîné, qui, au 15 janvier 1817, avait juste l'âge du jeune et du cadet réunis, et quel âge ont-ils chacun ?

P. 212. — Une pièce de taffetas, pesant 14 livres, a été payée 17 $^{liv.}$ 15 $^{s.}$ la livre, et elle contient 52 aunes $\frac{1}{2}$ d'étoffe.

A combien le taffetas revient-il l'aune ?

P. 213. — La circonférence de la terre est représentée au moyen d'un grand cercle qui est divisé en 360 parties égales qu'on nomme degrés ; chacun de ces degrés a 25 lieues, chaque lieue 2.280 toises, et chaque toise 6 pieds.

On demande combien il faudrait d'années, pour en faire le tour, à un homme qui marcherait six heures par jour, et qui ferait par minute 114 pas de 2 pieds chaque.

P. 214. — Combien faut-il de louis de 24 $^{liv.}$, pour payer 275 veltes d'eau-de-vie, à raison de 100 $^{liv.}$ les 30 veltes ?

P. 215.—Un marchand a acheté 174 veltes d'eau-de-vie à raison de 99 $^{liv.}$ les 30 veltes.

On demande combien il a payé pour le tout, et à combien revient le pot et la pinte ? (une velte vaut trois pots, un pot vaut deux pintes.)

P. 216. — Une marchande a acheté des poires qui lui reviennent à 5 pour 2 $^{s.}$; en les revendant 4 pour 3 $^{s.}$, elle a gagné 3 $^{liv.}$ 10 $^{s.}$ sur son marché.

Combien en a-t-elle vendu ?

P. 217. — Un particulier a employé un certain nombre d'ouvriers, pour faire un ouvrage qui lui est revenu à 1.125 $^{liv.}$: chaque ouvrier en a fait 25 pieds, et a reçu 12 $^{liv.}$ 10 $^{s.}$.

On demande combien il a employé d'ouvriers, et combien ils ont fait de toises d'ouvrage.

P. 218. — 6o ouvriers ont fait, en 18 jours, 354 toises d'ouvrage; ils ont gagné chacun 3 liv· 18 s· 8 d· par jour.

A combien revient chaque toise?

P. 219. — On a employé, pour faire 354 toises d'ouvrage, 6oouvriers qui l'ont fait en 18 jours; chaque toise est revenue à 12 liv·

Combien chaque ouvrier a-t-il gagné par jour?

P. 220. Si j'avais neuf fois plus de sous que je n'en ai, et 1 liv· 19 s· par-dessus, j'aurais 24 liv·

Combien en ai-je?

P. 221. — Un vaisseau a 80.625 livres de biscuit pour 43o hommes d'équipage, pendant cinq mois de 3o jours.

De combien d'onces est composée chaque ration?

P. 222. — Un ouvrage de 1.55o toises a été fait en 35 jours par deux troupes d'ouvriers; les premiers, en faisant deux pieds par jour, ont gagné 2 liv· 6 s· 8 d·, et ils ont reçu, pour 12 jours de travail, 2.800 liv· Les derniers ont travaillé le reste du temps, et ils ont gagné 4 liv· 13 s· 4 d· par jour.

On demande combien il y avait d'ouvriers dans chaque troupe, combien chaque troupe a fait d'ouvrage au total, et combien chaque ouvrier de la deuxième en a fait par jour.

P. 223. — En supposant qu'il y a à Paris 6oo.ooo habitans, et que chaque individu mange, l'un dans l'autre, 18 onces de pain par jour;

On demande combien il faudrait de setiers de blé, de livres de farine et de livres de pain, pour la consommation d'un jour; à combien reviendrait la livre de pain, et à combien se monteraient les dépenses pour les achats et les manutentions, sachant qu'un setier de blé coûte 32 liv·, qu'il fournit 180 livres de farine, que 180 livres de farine fournissent 225 livres de pain, qu'il en coûte 4 d· par livre de farine, pour frais de transport, manutention, etc., etc., et que, sur chaque setier, on vend pour 25 s· de son. (Une livre est de 16 onces.)

P. 224. — Un colonel, voulant passer la revue de son régiment, ordonne que les trois bataillons forment chacun deux divisions, et qu'on répartisse les hommes, de manière à ce que chaque division soit composée d'un nombre égal.

Le terrain sur lequel on doit se mettre en bataille n'a que 376 toises 3 pieds, et chaque bataillon est composé de 702 hommes.

On demande sur combien de hauteur il faudra mettre ce régiment, sachant que les hommes occupent chacun 2 pieds dans le rang, et que, à chaque extrémité de la ligne et entre chaque division, il y aura un espace de 17 toises 3 pieds.

P. 225. — Une colonne d'infanterie, les rangs à 3 pieds de distance, et les hommes marchant, sur 4 de front, le pas ordinaire de 2 pieds qui se fait dans une seconde, a été une heure 52 minutes 30 secondes pour défiler devant un inspecteur.

On demande de combien d'hommes cette colonne était composée.

P. 226. — Une colonne de 18.000 hommes, sur 4 de front, doit défiler devant un général, au pas ordinaire de 2 pieds, qui se fait dans une seconde.

On demande combien elle sera de temps à défiler, en supposant que les rangs sont à 3 pieds de distance les uns des autres, les hommes compris.

P. 227. — Quelqu'un rencontre dans la rue un de ses amis avec un coupon de drap sous le bras ; il lui demande combien il en a, et combien il l'a payé l'aune. Son ami lui répond : J'en ai autant de demi-aunes que j'avais de louis ; sur chaque louis que j'ai donné, on m'a rendu 24 ˢ· Depuis, j'ai dépensé 2 ˡⁱᵛ· 8 ˢ·, et il me reste encore 12 ˡⁱᵛ·

Combien le drap a-t-il coûté l'aune, et combien y en a-t-il ?

P. 228. — La circonférence d'une grande roue de voiture est de 15 pieds 2 pouces ; et, lorsque la voiture marche, la petite roue fait 7 tours tandis que la grande n'en fait que 2.

Quelle est la circonférence de la petite roue ?

PROBLÈMES

RELATIFS AUX NOMBRES FRACTIONNAIRES.

P. 229. — Quelqu'un a besoin de 4 aunes $\frac{1}{8}$ de drap ; il en a déjà 2 aunes $\frac{2}{3}$.

Combien faut-il qu'il en achète pour compléter ce qui lui manque ?

P. 230. — Quelqu'un a acheté $\frac{5}{6}$ d'aune de drap à 72 fr. l'aune ; il voudrait en céder les $\frac{1}{4}$ à un de ses amis.

Combien lui en restera-t-il, et combien devra-t-on lui rembourser ?

P. 231. — Sur une pièce de drap qui contenait 25 aunes $\frac{5}{6}$, on en a vendu une fois 1 aune $\frac{1}{2}$; une autre fois 5 aunes $\frac{5}{6}$, une autre fois une aune $\frac{4}{5}$, et une autre fois 7 aunes.

Combien en reste-t-il, et combien le marchand l'a-t-il vendu l'aune, sachant que, au prix qu'il a vendu les trois premiers coupons, le reste lui rapporterait 291 fr. ?

P. 232. — Un marchand a acheté une pièce de drap à raison de 20 fr. le mètre ; il en a vendu $\frac{1}{2}$ à 24 fr., $\frac{1}{6}$ à 20 fr., $\frac{1}{4}$ à 27 fr., et le reste à 30 fr. : alors il se trouve qu'il a gagné 165 fr. sur son marché.

Combien la pièce contenait-elle de mètres ?

P. 233. — Une prairie est composée de 1.200 arpens, et chaque arpent fournit 60 bottes de fourrage.

Sachant que cette prairie suffirait à la nourriture de 3.600 chevaux pendant 60 jours, on demande quelle serait la ration journalière d'un cheval.

P. 234. — Un équipage n'a plus que pour 15 jours de vivres ; mais les circonstances doivent lui faire tenir encore la mer pendant 20 jours.

On demande à combien on doit réduire la ration de chaque jour.

P. 235. — Une garnison n'a plus que pour 25 jours de vivres ; mais, en tenant encore 5 jours, elle peut espérer du secours.

On demande, dans ce cas, à combien il faut réduire la ration de chaque soldat.

P. 236. — Par quel nombre faut-il multiplier une somme, pour la diminuer de $\frac{1}{4}$?

P. 237. — Par quel nombre faut-il diviser une somme, pour la rendre une fois et demie plus forte ?

P. 238. — La somme de deux nombres est 48, et le quotient du plus grand, divisé par le plus petit, est $\frac{2}{3}$.

Quels sont ces nombres ?

P. 239. — Deux personnes se sont partagé une somme de 108 fr., de manière que le quotient de la somme du premier, divisée par celle du second, égale 4 $\frac{1}{3}$.

Combien ont-elles eu chacune ?

P. 240. — Une garnison a des vivres pour 80 jours, en donnant une ration à chaque homme; mais, d'après de nouvelles dispositions, on augmente cette garnison de $\frac{1}{3}$, et les vivres doivent durer 70 jours.

A combien devra-t-on réduire chaque ration?

P. 241. — Un régiment part le 12, et doit arriver le 29 à sa destination; mais, au moment de partir, on reçoit un ordre qui enjoint au colonel d'être arrivé pour le 23.

En vertu de cet ordre, chaque journée de marche est augmentée de deux lieues et demie.

On demande combien ce régiment a de lieues à faire, et combien il en aurait fait chaque jour dans le premier cas.

P. 242. — Un homme a 286 lieues $\frac{1}{2}$ à faire; il marchera 8 heures par jour, et il sera 3 heures 45 minutes pour faire 4 lieues.

Combien mettra-t-il de jours pour arriver?

P. 243. — Un homme, en marchant 8 heures par jour, est resté 33 jours 4 heures 35 minutes 37 secondes $\frac{1}{7}$ pour faire 286 lieues $\frac{1}{7}$.

Combien sera-t-il de temps pour faire 4 lieues?

P. 244. — Un pauvre vieux bonhomme, qui quitte son habitation, a 14 lieues à faire pour aller à sa nouvelle demeure.

Il marche 4 heures par jour, et il lui faut une demi-heure pour faire $\frac{7}{60}$ de lieue.

Combien sera-t-il de jours en route?

P. 245. — De deux nombres, l'un est 17 $\frac{1}{6}$, et leur quotient est $\frac{7}{8}$.

Quel est l'autre?

P. 246. — Un marchand a fait venir 500 douzaines d'assiettes à raison de 2 fr. 70 c. la douzaine, prises à la manufacture ; il a payé 70 fr. par millier pesant de frais de transport, et 2 fr. par quintal pour droits d'entrée.

Sachant que le poids moyen d'une assiette est de 12 onces, et qu'il y en a eu 60 de cassées, on demande combien ce marchand devra les revendre la douzaine pour gagner 10 c. $\frac{5}{11}$ par assiette.

P. 247. — Un propriétaire, qui a acheté les $\frac{4}{5}$ d'une pièce de terre, à raison de 355 liv· l'arpent, a cédé $\frac{1}{3}$ de son achat à un de ses amis, qui lui a remboursé pour cette portion 4.260 liv.

Combien ont-ils d'arpens chacun, et combien en reste-t-il au premier vendeur ?

P. 248. — On a commandé, pour travailler à la circonvallation d'une place, un certain nombre d'hommes de la garnison : ces hommes ont travaillé pendant 17 jours ; ils ont reçu chacun une double ration de pain, et ils ont consommé pendant ce temps 55 muids 1 setier 1 boisseau $\frac{1}{3}$ de blé.

On demande quel nombre d'hommes on avait commandé, sachant qu'un muids vaut 12 setiers de 12 boisseaux, et qu'un boisseau fait 12 rations ordinaires.

P. 249. — Une fruitière a acheté 600 fagots à raison de 75 fr. le cent, et on lui en a donné 13 pour 12. Elle les a revendus tous au détail à raison de 80 c. pièce.

Combien a-t-elle gagné par fagot ?

P. 250. — 117 mouchoirs ont coûté 409 fr. 50 c.

Combien faut-il les vendre la douzaine pour gagner 111 fr. 15 c. sur le tout ?

P. 251. — Le Gouvernement paie à un fournisseur 10 s·, chaque pain devant peser 3 liv.

On demande combien il gagne par pain et par livre, sachant : 1°. que ce pain est composé de moitié seigle et moitié froment ; 2o. que le froment coûte 44 liv. 15 s., et le seigle 38 liv. 5 s., le setier ; 3o. que chaque setier de grain produit 180 liv. de farine et 48 liv. de son, et qu'il revend le son à 1 s. la liv. ; 4o. que 100 liv. de farine, en raison de la quantité d'eau et du peu de cuisson, produisent 170 liv. de pain ; 5o. que chaque pain pèse 3 onces de moins qu'il ne devrait peser ; 6o. que 100 pains tout fabriqués lui coûtent de transport, manutention, etc., etc., 6 liv. 15 s. ; 7o. et enfin, que les remises qu'il doit faire aux commissaires des guerres, quartier-maîtres, fourriers, etc., etc., emportent $\frac{1}{8}$ de son bénéfice.

P. 252. — Un propriétaire, qui voulait faire creuser un fossé, s'adresse à quatre entrepreneurs : les ouvriers du premier feraient l'ouvrage en 30 jours, ceux du deuxième en 45 jours, ceux du troisième en 15 jours, et ceux du quatrième en 20 jours.

Le propriétaire n'emploie que la moitié des ouvriers du premier, le quart de ceux du deuxième, tous ceux du troisième, et un tiers de ceux du quatrième.

Combien seront-ils de temps pour faire tout l'ouvrage?

P. 253. — Trois compagnies d'ouvriers se présentent pour creuser un canal : la première peut faire tout l'ouvrage en 40 jours, la deuxième peut le faire en 36 jours, et la troisième en 28 jours.

Combien faudra-t-il de temps aux trois compagnies réunies pour faire tout l'ouvrage ?

P. 254.—Un marchand a acheté plusieurs pièces de drap sur le pied de 202 liv. 8 s. pour 5 aunes $\frac{1}{2}$; il les a revendues à raison de 418 liv. 12 s. pour 9 aunes $\frac{1}{5}$, et il a gagné 1.522 liv. 10 s., sur son marché.

Combien d'aunes en avait-il?

P. 255. — Une division de cavalerie, composée de 6.000 chevaux, est cantonnée dans un département ; le général peut disposer de 360.000 bottes de fourrage et de 160.000 boisseaux d'avoine.

On demande combien cette division pourra y subsister de temps, la ration étant fixée à une botte $\frac{1}{7}$ par jour et par cheval. On veut savoir aussi combien chaque cheval aura d'avoine.

P. 256. — On a divisé un nombre par 6, et le quotient est tel, que, en l'ajoutant avec le diviseur et le dividende, on a eu 69 au total.

Quel est ce nombre ?

P. 257. — De trois fractions, la deuxième est double de la première, la troisième est $\frac{3}{4}$, et leur total est $\frac{7}{9}$.

Quelles sont les deux premières ?

P. 258. — Le total de deux fractions est $\frac{3}{5}$, et l'une excède l'autre de $\frac{5}{11}$.

Quelles sont ces deux fractions ?

P. 259. — Une somme est telle, que, en en retranchant $\frac{1}{7}$, il ne reste plus que 1.964 fr.

Quelle est cette somme ?

P. 260. — Un quart de la somme que j'ai, multiplié par $\frac{2}{3}$, égale 3 fr. $\frac{1}{7}$.

Quelle somme ai-je ?

P. 261. — De deux tours qui sont à côté l'une de l'autre, la première est égale aux $\frac{1}{7}$ de la plus grande, qui la surpasse de 156 pieds.

Quelle est la hauteur de chaque tour ?

P. 262. — Un marchand a vendu les $\frac{4}{7}$ d'une pièce de drap, et il lui reste encore $\frac{1}{3}$ de la pièce, moins 4 aunes $\frac{1}{2}$.

Combien cette pièce contenait-elle d'aunes ?

P. 263. — Après avoir vendu les $\frac{5}{9}$ d'une pièce de drap, il en reste encore $\frac{1}{8}$ de cette pièce plus 6 aunes.

Combien contenait-elle d'aunes ?

P. 264. — Quelqu'un a fait un voyage dans lequel il a dépensé $\frac{1}{3} + \frac{1}{5}$ de l'argent qu'il avait emporté, et il s'en faut de 360 fr. qu'il lui reste la moitié de ce qu'il a dépensé.

Combien avait-il emporté ?

P. 265. — Les $\frac{17}{21}$ d'un nombre sont égaux à 13.

Quel est ce nombre ?

P. 266. — Quel est le nombre dont $\frac{1}{5}$ et $\frac{1}{4}$ font 63 ?

P. 267. — Quel est le nombre dont $\frac{1}{3}$, $\frac{1}{5}$ et $\frac{3}{7}$ font 808 ?

P. 268. — Les $\frac{3}{4}$ et $\frac{1}{6}$ d'un vaisseau plongent dans la mer, et il reste 4 pieds de bord.

Quelle est la profondeur de ce vaisseau ?

P. 269. — Un nombre est tel que, en ajoutant $\frac{1}{2}$, $\frac{1}{3}$, $\frac{1}{4}$ de ce même nombre, on a 12 pour total.

Quel est ce nombre ?

P. 270. — Un individu, ayant perdu dans une salle de jeu $\frac{1}{2}$ et $\frac{1}{3}$ de son argent, trouve en rentrant chez lui qu'il lui reste $\frac{1}{10}$ de ce qu'il a perdu, et 6 louis.

Combien avait-il avant de jouer ?

P. 271. — Si j'avais encore gagné $\frac{1}{2}$, $\frac{1}{4}$ et $\frac{2}{3}$ de ce que j'ai gagné, et 150 fr. de plus, j'aurais trois fois plus d'argent que je n'en ai.

Combien ai-je gagné ?

P. 272. — Une somme inconnue a été partagée entre quatre personnes, de manière que la première a eu $\frac{1}{3}$ de cette somme, la deuxième $\frac{1}{4}$, la troisième $\frac{1}{5}$, et la quatrième 4 fr. de plus que la troisième.

On demande le total de la somme partagée et la part de chaque personne.

P. 273. — Un homme à qui l'on demandait combien il avait d'argent, répondit : je ne le sais pas au juste ; mais je sais que j'ai fait hier trois paiemens qui montent à 4.700 fr.

Pour le premier, j'ai donné $\frac{1}{3}$,

Pour le deuxième, j'ai donné $\frac{1}{4}$,

Pour le troisième, j'ai donné $\frac{1}{5}$

de la somme totale que j'avais avant de faire ces paiemens.

On veut savoir combien il reste à cet homme, et de combien a été chaque paiement.

P. 274. — Un particulier lègue tout son bien à trois amis ; il donne au premier $\frac{1}{7}$, au second $\frac{2}{5}$ de ce bien, et au troisième 32.000 fr. qui restent.

On demande à connaître le bien du défunt et la part des deux premiers héritiers.

P. 275. — Un poteau est divisé de manière que $\frac{1}{3}$ est blanc, $\frac{1}{5}$ est noir, $\frac{2}{9}$ sont bleus, et 12 pieds qui restent sont rouges.

Quelle est la hauteur de ce poteau ?

P. 276. — Un maître de pension interrogé sur le nombre de ses pensionnaires, répondit : si j'en avais encore autant que j'en ai, $\frac{1}{6}$, $\frac{1}{4}$, $\frac{1}{3}$ d'autant et 1 de plus, j'en aurais 112.

Combien en avait-il ?

P. 277. — Un général, après une bataille, passe la revue de son armée, et il résulte des divers rapports qui lui sont faits, que $\frac{1}{3}$ des soldats sont morts, $\frac{1}{4}$ sont prisonniers, $\frac{1}{5}$ ont pris la fuite, et que s'il restait 7.000 hommes de plus, il resterait encore $\frac{1}{3}$ de la totalité.

Quel était l'effectif de cette armée ?

P. 278. — On demandait à une marchande d'oranges combien une caisse qu'elle avait devant elle en contenait lorsqu'elle était pleine, elle répondit : en l'ouvrant, j'en ai jeté 25 qui étaient gâtées, j'en ai vendu $\frac{1}{3}$, il m'en reste encore $\frac{1}{4}$; cherchez combien j'en avais.

P. 279. — On demandait à un capitaine qui venait de l'armée avec 27 hommes de sa compagnie, combien il en avait en entrant en campagne ; il répondit : de ce que j'avais, $\frac{1}{4}$ a été tué, $\frac{1}{8}$ est prisonnier $\frac{1}{6}$, est à l'hopital, et $\frac{1}{12}$ est mort de maladie.

De combien d'hommes était composée cette compagnie ?

P. 280. — Diophante d'Alexandrie passa la sixième partie de son existence dans l'enfance, et la douzième dans la jeunesse ; il se maria, et passa la septième partie de sa vie, plus 5 ans, avec sa femme, avant d'en avoir eu un fils, auquel il survécut de 4 ans, et qui en mourant, avait la moitié de l'âge auquel son père parvint.

Combien d'années a-t-il vécu ?

P. 281. — Un vieillard disait : j'ai passé, depuis ma naissance jusqu'à l'époque de mes études, les $\frac{1}{8}$ de l'âge que j'ai maintenant ; alors on me mit dans le commerce, et j'y restai un temps tel, qu'en le quittant, j'étais plus âgé du double que lorsque je le commençai ; enfin je me suis marié, et je suis resté avec ma femme, qui est morte depuis 10 ans 3 mois 4 jours, un autre huitième de mon existence.

Quel âge avait le vieillard, et de combien d'années chacune des différentes époques de sa vie se compose-t-elle?

P. 282. — On demandait à un berger combien il avait de moutons dans son troupeau; il répondit : si j'en avais $\frac{1}{3}$ et $\frac{1}{4}$ de ce que j'en ai, avec $\frac{1}{5}$ de ces trois nombres réunis, j'en aurais 342.

Combien en avait-il?

P. 283. — On demandait à une fermière qui donnait à manger à ses poulets, quel était leur nombre; elle répondit : j'ai vendu la moitié de ce que j'avais, j'en ai mangé 10, et il m'en reste encore $\frac{1}{3}$ de cette quantité, plus 6 poulets $\frac{2}{3}$.

Combien en avait-elle?

P. 284. — Un père disait à son fils : s'il y avait dans cette bourse $\frac{1}{3}$, plus $\frac{3}{4}$, plus $\frac{5}{6}$, plus $\frac{7}{8}$ du quadruple de ce qu'il y a, et 32 fr. en sus, il y aurait 300 fr.; trouve quelle somme elle contient, et je te la donne.

P. 285. — Si au nombre des pièces que j'ai dans ma bourse, disait quelqu'un, on ajoute 3 fois autant, plus $\frac{1}{1}$, plus $\frac{1}{4}$, plus $\frac{1}{6}$ de ce nombre, et qu'on retranche $\frac{1}{3}$ du tout, j'en aurai 646.

Quel est le nombre des pièces contenues dans la bourse?

P. 286. — Si, à ce que j'ai en espèces, disait un vieux bon-homme, on ajoutait $\frac{1}{2}$, $\frac{1}{4}$ et $\frac{1}{8}$, et qu'on me donnât 5 liv. en sus, j'achèterais une petite propriété qui me coûterait 350 liv., et il me resterait une somme égale aux $\frac{3}{10}$ de ce que j'ai.

Quelle somme avait-il?

P. 287. — Une femme avait une certaine quantité d'œufs; de cette quantité, et sans en casser un seul, elle en vend $\frac{1}{3}$, plus les $\frac{2}{3}$ d'un œuf; elle en donne $\frac{1}{6}$, plus 3 œufs $\frac{1}{3}$; elle en mange $\frac{1}{4}$, et il lui en reste $\frac{1}{7}$, plus 6 œufs $\frac{5}{7}$.

Combien en avait-elle?

P. 288. — Quelqu'un disait : si j'avais les $\frac{2}{3}$ et $\frac{1}{3}$ du double de ce que j'ai, j'aurais 5 fr. de plus.

Quelle somme avait-il ?

P. 289. —- Un marchand qui venait de faire des emplettes, disait : il me reste 38 fr., qui sont les $\frac{2}{3}$ des $\frac{4}{5}$ moins $\frac{1}{2}$ des $\frac{3}{4}$ de ce que j'avais.

Quelle somme avait-il ?

P. 290. — J'ai dépensé ce matin, à mon déjeûner, disait un écolier à son camarade, les $\frac{3}{4}$ des $\frac{2}{3}$ plus $\frac{1}{2}$ des $\frac{5}{6}$ de ce que j'avais, et il me reste encore cinq centimes.

Combien avait-il?

P. 291. — Quelqu'un disait : j'ai dépensé les $\frac{2}{3}$ des $\frac{3}{4}$ de ce que j'avais, et il me reste encore 10 fr.

Combien avait-il ?

P. 292. — Quelqu'un qui a acheté une propriété, a payé à compte les $\frac{2}{3}$ des $\frac{3}{4}$ des $\frac{8}{9}$ du prix, et il redoit encore 60.635 fr.

Combien cette propriété lui a-t-elle coûté?

P. 293. — Un rentier a un revenu qu'on ne connaît pas ; mais on sait qu'en six mois il en a dépensé les $\frac{2}{5}$, que les deux mois suivans, il a dépensé les $\frac{3}{7}$ de ce qui lui restait, et que dans les quatre derniers mois, il a dépensé les $\frac{5}{6}$ de son dernier reste, outre 160 fr., qui lui ont servi à payer différentes dépenses qu'il avait faites dans le courant de l'année, et qu'il n'a payées qu'à la fin de cette même année.

Toutes ces dépenses prélevées, il ne lui reste plus qu'un trente-cinquième de son revenu.

Quel est ce revenu?

P. 294. — Une place a 3 écluses pour remplir d'eau son fossé :

La première le remplirait en 4 heures;

La deuxième le remplirait en 5 heures ;

Et la troisième le remplirait en 8 heures.

On demande en combien de temps le fossé serait rempli, si les trois écluses allaient ensemble.

P. 295. — Deux fontaines fournissent d'eau un bassin : l'une le remplit en 5 heures, et l'autre en 6 ; mais ce bassin a deux conduits, dont le premier le vide en 8 heures, et le deuxième en 10.

Le bassin étant à moitié, combien faudrait-il d'heures pour l'emplir en totalité ?

P. 296. — Deux fontaines coulent dans le même bassin : la première le remplit en 5 heures, la deuxième en 4, et l'eau du bassin s'écoule par un robinet qui le vide en 2 heures.

Le bassin étant plein, et les 3 robinets coulant à la fois, combien de temps faudrait-il pour le vider ?

P. 297. — Deux fontaines coulant dans le même bassin, la première le remplit en 2 heures , la deuxième en 3, et l'eau du bassin s'écoule par un robinet qui le vide en une heure et demie.

Le bassin étant vide, et les trois robinets coulant à la fois, en combien de temps serait-il plein ?

P. 298. — Un fossé serait rempli en 18 heures par

deux écluses qu'on ouvrirait à la fois ; la première de ces écluses le remplirait en 3o heures.

En combien de temps la deuxième le remplirait-elle ?

P. 299. — De deux fontaines qui coulent ensemble dans un bassin, la première, coulant pendant une heure, ne le mettrait qu'au quart ; la deuxième ne le mettrait qu'au cinquième pendant le même temps.

On demande en combien de temps le bassin serait rempli, si les deux fontaines coulaient à la fois.

P. 3oo. — Un propriétaire, en joignant au total des fonds que lui a produit la vente de 3oo pièces de vin de sa récolte, le huitième de ce même total, moins 375 fr., achète une maison qui lui coûte 43.5oo fr.

Combien a-t-il vendu son vin la pièce ?

P. 3o1. — Un marchand s'est engagé à fournir à quelqu'un, et à une époque fixe, une certaine quantité de marchandises, et doit recevoir en paiement une pendule et 1.5oo fr. A l'époque dite, il ne peut fournir que les $\frac{2}{3}$ des marchandises qu'il avait promises, et il reçoit pour son paiement la pendule et 8oo fr.

Quelle était la valeur de la pendule ?

P. 3o2. — Un marchand a acheté de deux qualités de drap ; il en a pris 45 mètres de la première, qui a $\frac{5}{4}$ de large, et il a déboursé 2,25o fr.

On demande combien il a dû débourser pour 6o mètres de la seconde qualité, qui a $\frac{7}{8}$, sachant que si les deux qualités étaient de même largeur, le prix de la première serait égal aux $\frac{9}{8}$ de celui de la seconde.

P. 3o3. — Un marchand a vendu pour 628 fr. de marchandises ; s'il les eût vendues 72 fr. de plus, il eût gagné une somme égale aux $\frac{2}{3}$ de son déboursé.

Combien les marchandises lui coûtaient-elles ?

P. 304. — Une propriété a été adjugée pour 51.000 f. ; à la première enchère, le prix a été augmenté d'un tiers de l'estimation ; à la deuxième, il a été augmenté d'un sixième de l'estimation plus de la première enchère ; à la troisième, il a été augmenté du quart de la totalité de la deuxième adjudication ,

Combien cette propriété a-t-elle été estimée?

P. 305. — Un des disciples de Pythagore lui demandait quelle heure il était ; ce philosophe lui répondit : ce qui reste du jour est égal à deux fois les $\frac{2}{3}$ de ce qui est écoulé.

Quelle heure était-il ?

P. 306. — On demandait à un mathématicien quelle heure il était ; il répondit : ce qui reste du jour est le cinquième de ce qui est déjà écoulé.

Quelle heure était -il ?

P. 307. — Un vieillard, interrogé sur son âge, répondit : si l'on augmentait mon âge de moitié ; les $\frac{3}{4}$ du résultat, augmentés de 23, vous donneraient mon âge.

Quel âge avait ce vieillard ?

P. 308. — Une personne, interrogée sur son âge, répondit : si au triple des $\frac{2}{5}$ de l'âge que j'ai, on ajoute $\frac{1}{3}$ du même âge, on aura 115 au total.

Quel était son âge?

P. 309. — Une personne interrogée sur son âge, répondit : en multipliant les trois quarts de mon âge par son douzième, on obtient l'âge que j'ai.

Quel âge avait-elle?

P. 310. — Une dame, interrogée sur son âge, ne voulut pas d'abord répondre ; mais poussée à bout, et voulant se débarrasser de l'importun qui lui faisait une demande aussi indiscrète, elle lui dit :

$\frac{1}{2}$, $\frac{1}{4}$ et $\frac{1}{6}$ de mon âge, plus 4 ans 1 jour, font juste l'âge que j'aurai dans 1 an, 11 mois 15 jours.

P. 311. — Quel est le nombre dont les $\frac{2}{3}$ des $\frac{4}{5}$, moins $\frac{1}{2}$ des $\frac{3}{4}$ font 19.

P. 312. — Un nombre est tel, qu'il y a 17 de différence entre ses deux tiers et son quart.

Quel est ce nombre?

P. 313. — Les $\frac{2}{3}$ d'un nombre sont égaux aux $\frac{4}{9}$ d'un autre, et leur différence est 6.

Quels sont ces deux nombres?

P. 314. — Quelle est la somme dont les $\frac{4}{5}$ étant multipliés par $\frac{3}{4}$ et divisés par $4\frac{1}{2}$, donne pour résultat $\frac{2}{3}$?

P. 315. — Quel est le nombre dont les $\frac{3}{4}$ des $\frac{2}{3}$, plus $\frac{1}{2}$ des $\frac{5}{6}$, font 11?

P. 316. — Quel est le nombre dont $\frac{1}{2}$, $\frac{2}{3}$ et $\frac{3}{4}$, moins $\frac{1}{6}$, donnent 63 ?

P. 317. — Quel est le nombre dont les $\frac{2}{3}$ des $\frac{3}{4}$ font 1 ?

P. 318. — En ajoutant les $\frac{3}{4}$ d'un nombre à la $\frac{1}{2}$ du même nombre, on a *un* pour total.

Quel est ce nombre ?

P. 319. — Quel est le nombre qui, étant multiplié par $\frac{3}{4}$, et le produit divisé par $4\frac{1}{3}$, donne 16 au quotient ?

P. 320. — On demande un nombre tel, qu'en le divisant par 5, on ait un quotient qui, ajouté au produit de ce même nombre par 4 fasse $8\frac{1}{2}$.

P. 321. — On veut partager le nombre 178 en trois parties telles, que $\frac{1}{5}$ de la première ou $\frac{1}{6}$ de la seconde soit égal à 8 fois la troisième.

P. 322. — Les $\frac{11}{24}$ d'une somme sont 1.320.
Quel est le dixième de cette même somme ?

P. 323. — Les $\frac{3}{4}$ plus $\frac{1}{12}$ de la somme que j'ai, plus 29 fr. , surpassent de 5 fr. cette même somme.
Quelle est cette somme ?

P. 324. — Une fraction est telle, qu'en y ajoutant $\frac{1}{3}$, elle est égale aux $\frac{4}{5}$ de $\frac{11}{12}$.
Quelle est cette fraction ?

P. 325. — Quelle partie la fraction $\frac{1}{3}$ est-elle de $\frac{3}{4}$?

P. 326. — $\frac{1}{3} + \frac{1}{6}$ de la somme que j'ai, sont égaux à cette même somme, diminuée de 7.
Quelle somme ai-je ?

P. 327. — Les $\frac{5}{7}$ plus $\frac{1}{3}$ d'un nombre, diminués de 64, donnent pour résultat, les $\frac{1}{2}$ de ce même nombre.
Quel est ce nombre ?

P. 328. — $\frac{1}{10}$ plus $\frac{1}{5}$ d'un nombre, augmentés de 3, donnent, pour résultat, la moitié de ce même nombre.
Quel est ce nombre ?

P. 329. — Les $\frac{3}{4}$ et les $\frac{7}{8}$ d'un nombre, augmentés de 12, donnent pour résultat le double de ce même nombre.

Quel est ce nombre?

P. 33o. — Quel est le nombre dont $\frac{1}{5}$ et $\frac{11}{15}$ différencient entre eux de 8?

P. 331. — Quelle somme faut-il retrancher aux $\frac{5}{7}$ et à $\frac{1}{7}$ de 168, pour réduire ce nombre à ses $\frac{2}{7}$?

P. 332. — Quel nombre faut-il ajouter aux $\frac{3}{4}$ et aux $\frac{7}{8}$ de 32 pour avoir 64 au total?

P. 333. — Une femme a acheté une certaine quantité de poires; elle en a payé la moitié à 2 pour $1^{s\cdot}$, et l'autre moitié à 3 pour $1^{s\cdot}$. Elle les cède toutes à 5 pour $2^{s\cdot}$, et il se trouve qu'elle perd $1^{s\cdot}$ sur son marché.

Combien en avait-elle acheté.

P. 334. — Une femme de campagne a acheté une certaine quantité d'œufs à $1^{s\cdot}$ la pièce; en les revendant à Paris $1^{s\cdot}\frac{1}{2}$, elle a gagné $3o^{liv\cdot}$

On demande combien elle en avait, sachant que les droits d'entrée lui ont coûté une somme égale au quinzième de son déboursé, et qu'elle a payé, pour le port, moitié moins que pour les droits.

P. 335. — Quelqu'un a acheté 35o mètres de drap de deux qualités; il en a pris autant d'une qualité que de l'autre, et il a déboursé 12.6oo fr.

On demande le prix de chaque qualité, sachant que 5 mètres de la première coûtent autant que 7 de la seconde.

P. 336. — Un joueur va au jeu avec une certaine somme; au premier coup, sa perte est égale au tiers de cette même somme, plus 6 fr.; au deuxième, son gain est égal aux $\frac{1}{4}$ de cette même somme, moins 10 fr. ; au troisième, il perd les $\frac{1}{3}$ de cette même somme ; enfin au quatrième, sa perte est égale à la moitié de cette même somme, plus 134 fr., et il ne lui reste plus rien.

Combien avait-il en entrant au jeu?

P. 337. — Il y avait en magasin, dans une ville de guerre, 2.700 setiers d'avoine ; la cavalerie qui occupait cette ville en avait pour 60 jours, en portant chaque ration à $\frac{2}{4}$ de boisseau ; il y avait déjà 40 jours que la distribution était sur ce pied, lorsqu'il arriva un nouveau corps ; alors ce corps, joint à la garnison, consomma ce qui restait en magasin en 8 jours.

Sachant qu'un setier vaut 12 boisseaux, on demande quelle était la force de chaque corps?

P. 338. — Deux amis ont dépensé ensemble une somme de 668 fr. ; le second a dépensé les $\frac{5}{7}$ de ce qu'a dépensé le premier.

Combien ont-ils dépensé chacun?

P. 339. — Quelqu'un a pris 72 fr. pour faire des emplettes : s'il eût dépensé le double de ce qu'il a dépensé, plus $\frac{1}{3}$ de ce qu'il rapporte, il ne lui serait rien resté.

Combien a-t-il dépensé?

P. 340. — Quelqu'un a une certaine somme ; après en avoir dépensé les $\frac{2}{3}$, il joint à ce qui lui reste 245 fr., et de cette manière il se trouve avoir 40 fr. 20 c. de plus qu'il n'avait d'abord.

Combien avait-il?

P. 341. — Quelqu'un a une certaine somme ; après en avoir dépensé les $\frac{4}{5}$, il joint à ce qui lui reste 340 fr., et, de cette manière, la somme qu'il avait d'abord se trouve augmentée de $\frac{1}{3}$.

Combien avait-il?

P. 342. — Un particulier étant dans une salle de jeu, emprunte une somme à un de ses amis, qui la lui prête à condition qu'il ne jouera que quatre coups. Au premier coup, il gagne le triple de son emprunt et 48 fr.; au deuxième, il perd la moitié de tous ses fonds; au troisième, son argent est augmenté de moitié; au quatrième, il perd les $\frac{1}{4}$ de tout ce qu'il a, rend l'argent qu'on lui a prêté, et il ne lui reste rien.

Combien avait-il emprunté?

P. 343. — Quelqu'un emprunte une somme à un de ses amis pour jouer, et il fait quatre parties. A la première il quintuple ses fonds; à la deuxième, il en perd les $\frac{1}{3}$; à la troisième, il triple ce qui lui reste; à la quatrième, il perd les $\frac{1}{4}$ de la totalité, rend l'argent qu'il a emprunté, et il se trouve avec un bénéfice de 18 fr.

Combien lui avait-on prêté?

P. 344. — Un caporal, commandant un petit fort, capitule, et il convient de se rendre, si dans 20 jours il n'est pas secouru.

Au moment de la capitulation, il avait encore du pain pour 30 jours, à 6 onces par homme et par jour; du biscuit pour 40 jours, à 3 onces; du lard pour 36 jours, à quatre onces, et du vin pour 50 jours, à une chopine.

Comme il est sûr de ne pas être secouru, et qu'il veut que le magasin soit vide lors de la reddition, il fait distribuer les vivres de manière à ce qu'ils ne durent que le temps fixé par la capitulation.

On demande combien chaque homme aura de chaque espèce de vivres par jour, et combien ils étaient, sachant qu'il y avait 150 pintes de vin en magasin, et que le caporal, comme commandant, s'en est réservé 25 pintes, outre sa ration égale à celle des autres.

P. 345. — Un homme, en sortant de chez lui, rencontre un de ses amis qu'il mène au café, et il dépense avec lui les $\frac{3}{4}$ de l'argent qu'il a ; après l'avoir quitté, il en trouve un autre avec lequel il dépense, dans un autre café, $\frac{1}{3}$ de ce qui lui reste. Après s'être séparé de ce dernier, il en trouve encore deux autres : avec l'un, il dépense $\frac{1}{4}$ de son reste ; avec l'autre, il dépense 9 fr., et il est obligé d'emprunter 3 fr. pour payer sa dépense.

Combien avait-il en sortant de chez lui ?

P. 346. — Un employé, auquel on demandait combien il avait d'appointemens, répondit : l'avant-dernière fois que je les ai reçus, il me restait d'ancien 40 fr. 80 c. ; pendant un mois que je n'ai rien touché, j'ai dépensé les $\frac{7}{8}$ de tout mon argent, et maintenant qu'on vient de me payer un autre mois, j'ai 275 fr. 10 c.

Combien avait-il d'appointemens par mois ?

P. 347. — Un ouvrier, à qui on devait 8 semaines de travail, en demande 5, et va se mettre en ribotte avec l'argent de ces 5 semaines et 5 $^{\text{liv·}}$ qui lui restaient. Trois jours après, il ne lui restait plus que $\frac{1}{5}$ de tout son argent ; c'est pourquoi il prend les 3 autres semaines, qu'il joint à ce cinquième, et il se trouve qu'après en avoir dépensé les $\frac{2}{3}$, il lui reste 20 $^{\text{liv·}}$ 6 $^{\text{s.}}$ 8 $^{\text{d.}}$.

Combien gagnait-il par semaine ?

P. 348. — En travaillant pendant 17 jours $\frac{1}{2}$, et 8 heures $\frac{1}{2}$ par jour, 54 ouvriers ont fait 540 toises $\frac{1}{4}$ d'ouvrage ; 450 toises $\frac{7}{8}$ qui restaient à faire, ont été terminées en 34 jours par 27 ouvriers qui travaillaient chacun 7 heures par jour.

Combien les derniers en ont-ils fait en plus ou en moins, comparativement au temps qu'ils ont employé ?

P. 349. — Un marchand qui a acheté les $\frac{7}{8}$ d'une pièce de drap, à raison de 56 fr. 50 c. le mètre, cède les $\frac{9}{10}$ de son marché à un de ses confrères, qui lui rembourse 3.300 fr.; de cette manière, ce qu'il avait déboursé lui rentre, et il gagne encore 136 fr. sur son marché, outre le drap qui lui reste.

On demande combien cette pièce contenait de mètres, et combien le premier acheteur a gagné.

P. 350. — En 18 jours, 27 ouvriers ont fait 270 toises d'ouvrage; au bout de ce temps, il reste encore à faire les $\frac{1}{7}$ des $\frac{5}{6}$ de cet ouvrage.

Combien y avait-il de toises d'ouvrage à faire?

Combien les ouvriers devront-ils travailler de jours pour terminer? Combien auront-ils fait de toises chacun par jour?

P. 351. — Deux troupes, composées d'ouvriers de même force, ont fait 246 aunes d'étoffe. Douze hommes, composant la première, ont travaillé pendant 20 jours, et 8 heures par jour; dix hommes, composant la deuxième, ont travaillé pendant 14 jours, et 9 heures chaque jour.

On demande combien ces deux troupes réunies feraient d'aunes de la même étoffe, en travaillant 8 heures $\frac{5}{6}$ chaque jour pendant 30 jours.

P. 352. — Deux individus vont au jeu avec chacun une même somme : le premier perd les $\frac{3}{7}$ de ce qu'il a; le deuxième en perd les $\frac{3}{4}$, et il se trouve que le premier a 15 fr. de plus que le second.

Combien avaient-ils chacun?

P. 353. — Un corps doit faire confectionner 1.240 fracs; le gouvernement passe pour chaque, $\frac{1}{4}$ de drap à $\frac{7}{8}$ de largeur.

On demande combien il faudra d'aunes de drap pour

cette confection, et à combien se montera l'économie du conseil, sachant qu'on économise $\frac{1}{12}$ d'étoffe par habit; que le fabricant n'en ayant pas d'autre, on est convenu de prendre en proportion du drap de $\frac{5}{4}$, que le gouvernement paie le drap 27 fr. l'aune, et que le fabricant remet $\frac{1}{20}$ du prix au conseil.

P. 354. — Un capitaine d'habillement est chargé de recevoir 4.648 mètres de drap blanc pour son régiment; le drap doit être payé 18 fr., et avoir $\frac{5}{4}$ de large; mais le fabricant le prévient qu'il n'aura que $\frac{9}{8}$, et qu'il lui remboursera la différence en argent et au prix que le corps lui paie.

D'après cet arrangement, on fait les habits un peu plus courts, un peu plus justes, et personne ne s'en aperçoit, excepté le tailleur; mais il reçoit 600 fr. de gratification, et le capitaine bénéficie du reste.

A combien s'est élevé le bénéfice du capitaine?

P. 355. — Avec l'argent que j'ai, je paierais $\frac{1}{7}$ de mes dettes; 1.000 fr. de plus, je m'acquitterais entièrement, et il me resterait 200 fr.

Combien ai-je? Combien dois-je?

P. 356. — Avec l'argent que j'ai, je paierais la septième partie de mes dettes; si j'avais 50.000 fr. de plus, je les paierais entièrement, et il me resterait une somme égale au tiers de la somme que j'aurais payée.

Quelle somme ai-je? Combien dois-je?

P. 357. — Une prise, dont on ne connaît pas la valeur, a été partagée entre les officiers, les sous-officiers et les matelots de l'équipage qui l'ont faite. Les officiers en ont eu $\frac{1}{4}$; les sous-officiers, maîtres, etc., en ont eu $\frac{1}{7}$; et les matelots se sont partagé le reste également.

On demande de combien était cette prise, et quelle a été la part de chacun, sachant qu'il y avait 1 capitaine, 2 lieutenans, 1 sous-lieutenant, 8 sous-officiers, 6 maîtres et 150 matelots ; que le capitaine a eu $\frac{1}{3}$ de la part des officiers, chacun des lieutenans $\frac{1}{4}$, et le sous-lieutenant 16.666 fr. 50 c. ; que sur la somme destinée aux sous-officiers et maîtres, les 8 sous-officiers en ont pris les $\frac{3}{8}$, qu'ils se sont partagés également.

P. 358. — Une compagnie de partisans se partage le montant du butin qu'ils ont fait dans une campagne.

Il arrive que le capitaine prend $\frac{1}{4}$ de la totalité ; le lieutenant $\frac{1}{3}$ de ce qui reste ; les deux sous-lieutenans chacun $\frac{1}{8}$ de ce qui reste ; les 74 soldats chacun $\frac{1}{25}$ de la part d'un des sous-lieutenans, et de cette manière, si chaque soldat avait 16 fr. 20 c. de plus, la somme qui reste, après partage fait, ne serait que la millième partie de ce qui reste réellement.

Quelle est la somme partagée ?

P. 359. — On demande combien une roue de diligence fera de tours, pour parcourir la route de Paris à Lyon, sachant qu'elle a 17 pieds $\frac{1}{4}$ de circonférence, que la distance est de 108 lieues, que chaque lieue est de 2.280 toises $\frac{1}{3}$, et que chaque toise vaut 6 pieds.

P. 360. — Pendant une route de 108 lieues, la grande roue d'une diligence a fait 85.661 tours, plus les $\frac{15}{26}$ d'un tour.

Sachant qu'une lieue équivaut à 2.280 toises $\frac{1}{3}$, et qu'une toise vaut 6 pieds, on demande combien cette roue a de circonférence.

P. 361. — Un fermier qui veut acheter une propriété dit : si je vends mon blé 20 fr. la mesure, j'aurai de quoi la payer, et il me restera 2.000 fr. ; si je ne le vends que 18 fr., il me manquera $\frac{1}{25}$ du prix de mon achat.

On demande combien il a de mesures de blé, et quel est le prix de la propriété.

P. 362. — Un jardinier veut apporter six pêches chez lui ; mais il doit passer deux portes, et il sait qu'à la première on lui enlèvera la moitié de ce qu'il aura cueilli, et le quart du reste à la seconde.

Combien a-t-il dû en cueillir?

P. 363. — Deux voyageurs, dont le premier fait 7 lieues en 2 heures, et le second 8 lieues en 3 heures, sont éloignés de 59 lieues ; ils partent pour se rejoindre, de manière que le second se met en route une heure plus tard que le premier.

Combien feront-ils de lieues chacun avant de se rencontrer ?

PROBLÈMES

RELATIFS AUX INTÉRÊTS SIMPLES.

P. 364. — Combien 25.648 fr. placés à 7 p. $\frac{1}{2}$ rapporteraient-ils d'intérêts par an?

P. 365. — Un particulier a placé 56.458 fr.|56 c. à raison de 5 $\frac{1}{2}$ p. $\frac{0}{0}$, 30.648 fr. 56 c. à raison de 8 fr. 40 c. p. $\frac{1}{2}$; il a acheté une propriété de 36.450 fr., qui rapporte 4 $\frac{1}{7}$.

Combien a-t-il de revenu?

P. 366. — Quelqu'un a placé 2.464 liv. 9 s. à raison de 7 $\frac{1}{2}$ p. $\frac{0}{0}$, et 248 liv. 10 s. 4 d. à 12 $\frac{1}{2}$.

De combien sera le total de l'intérêt?

P. 367. —On a placé 25.648 fr., qui rapportent 1.795 fr. 36 c. par an.

Quel est le taux de l'intérêt?

P. 368. —Un particulier a placé trois capitaux sur différentes maisons : le premier, de 56.458 fr. 56 c., rapporte 3.105 fr., 2208 ; le deuxième, de 30.648 fr. 56 c., rapporte 2.574 fr., 479040 ; le troisième, de 36.450 fr., rapporte 1.579 fr. 50 c.

On veut connaître à quel taux chaque somme est placée.

P. 369. — Quelqu'un a placé 2.464 $^{\text{liv.}}$ 9 $^{\text{s.}}$ qui lui rapportent 184 $^{\text{liv.}}$ 16 $^{\text{s.}}$ 8 $^{\text{d.}}$ $\frac{1}{10}$ par an, et 248 $^{\text{liv.}}$ 10 $^{\text{s.}}$ 4 $^{\text{d.}}$, qui lui rapportent 31 $^{\text{liv.}}$ 1 $^{\text{s.}}$ 3 $^{\text{d.}}$ $\frac{1}{2}$.

A quel taux ces sommes sont-elles placées?

P. 370. —On a placé, à raison de 7 p. $\frac{0}{0}$, un capital qui rapporte une rente de 1.795 fr. 36 c.

Quel est ce capital ?

P. 371. —Un particulier a placé trois capitaux dans différentes maisons : le premier, placé à 5 $\frac{1}{2}$, lui rapporte 3.105 fr., 2208 ; le deuxième, placé à 8 fr. 40 c. p. $\frac{0}{0}$, lui rapporte 2.574 fr., 479040, et le troisième, placé à 4 $\frac{1}{2}$, lui rapporte 1.579 fr. 50 c.

Combien a-t-il placé ?

P. 372. —Un particulier a placé deux sommes : la première à 7 $\frac{1}{2}$ p. $\frac{0}{0}$, lui rapporte 184 $^{\text{liv.}}$ 16 $^{\text{s.}}$ 8 $^{\text{d.}}$ $\frac{1}{10}$, et la seconde, à 12 $\frac{1}{2}$, lui rapporte 31 $^{\text{liv.}}$ 1 $^{\text{s.}}$ 3 $^{\text{d.}}$ $\frac{1}{2}$.

Combien a-t-il placé ?

P. 373. — Un particulier a placé tous ses fonds dans quatre maisons, et à quatre taux différens, savoir : 25.000 fr. à 10 $\frac{1}{2}$ p. $\frac{0}{0}$, 60.000 fr. à 9, 15.000 fr, à 12 $\frac{1}{2}$, et 1.800 à 7.

A quel taux ces fonds sont-ils placés l'un dans l'autre?

P. 374. — Un particulier achète un panier de poires qui en contient 621 ; il convient de les payer 10 fr. 50 c. le 100, à condition qu'il en aura 8 en sus sur chaque 100.

Combien a-t-il dû payer pour le tout?

P. 375. — Un marchand disait que si une certaine marchandise qu'il a achetée lui ayait coûté 100 fr. de moins, en la vendant 416 fr., il aurait gagné 4 fr. sur 100 fr.

Combien lui avait-elle coûté?

P. 376. — Un détaillant a acheté des mouchoirs à 3 fr. 50 c. la pièce.

Combien devra-t-il les revendre pour gagner 20 p. $\frac{0}{0}$.?

P. 377. — En vendant une partie de toile à raison de 2 fr. 40 c. le mètre, un marchand gagne 6 $\frac{1}{4}$ p. $\frac{0}{0}$.

Combien coûtait-elle le mètre?

P. 378. — Un particulier a acheté des inscriptions au cours de 56 fr. 25 c., et les a revendues, quelques jours après, à 75 fr.

Combien a-t-il gagné p. $\frac{0}{0}$?

P. 379. — Quelqu'un veut se faire 2.450 fr. de revenu, en achetant des rentes au cours de 72 fr. 15 c.

Combien devra-t-il débourser?

P. 380. — Quelqu'un a acheté des rentes au cours de 72 fr. 15 c., et il a déboursé 35.353 fr. 50 c.

Combien aura-t-il de revenu?

P. 381. — Quelqu'un, en achetant des rentes sur la place, a déboursé 35.353 fr. 50 c., qui lui donnent un produit de 2.450 fr.

Quel était le cours de la rente?

P. 382. — Un particulier achète 1.375 fagots, à condition que sur chaque cent on lui en donnera 8 en sus.

Combien devra-t-il en recevoir?

P. 383. — Quelqu'un achète des fagots, à condition que, sur chaque cent qu'il paiera, on lui en donnera 8 en sus ; on lui en livre 1.485.

Combien doit-il en payer?

P. 384. — Un particulier a acheté 1.485 fagots ; il n'en a payé que 1.375.

Combien en a-t-il eu de plus sur chaque cent ?

P. 385. — De quelle somme a-t-on retranché quatre centimes par franc, pour qu'il ne soit resté que 2.356 fr. 80 c.?

P. 386. — Quelqu'un offre d'une propriété 6.000 fr. comptant, le propriétaire en veut 7.000 fr., dont 4.000 fr. comptant, et 3.000 fr. en 5 paiemens égaux, d'année en année, sans intérêt.

En supposant que le vendeur puisse placer son argent à 5 pour $\frac{0}{0}$, lequel des deux marchés lui serait le plus avantageux? (On ne calcule que les intérêts simples.)

P. 387. — Un marchand a perdu 4 fr. 50 c. par 100 f. d'achat sur une partie de marchandises qu'il a achetée.

Sachant qu'il a perdu 684 fr., on demande pour combien il avait acheté de cette marchandise.

P. 388. — Sur l'intérêt de 15 mois d'une propriété de 45.600 fr., qui rapporte 3 $\frac{3}{4}$ pour $\frac{0}{0}$, un propriétaire a payé 31 c. $\frac{1}{4}$ par fr. de ce même intérêt, pour l'acquit de ses contributions, impositions, etc.

Combien lui reste-t-il net?

P. 389. — On a placé pour un an, et à 6 p. %, un capital tel, que le remboursement de ce capital, compris les intérêts, s'est élevé, au bout de l'année, à 10.600 fr.

Combien avait-on placé?

P. 390. — On a reçu 88.500 fr. pour le capital et les intérêts d'une somme placée pendant onze ans, à raison de 7 p. % par an.

Quel était ce capital?

P. 391. — Quelqu'un a placé 25.000 fr. à raison de 9 p. % par an, et il ne doit en toucher les intérêts simples qu'à l'époque du remboursement; à cette époque, il reçoit 38.500 fr.

. Pendant combien de temps l'argent est-il resté placé?

P. 392. — Quelqu'un a placé, pour six ans, 25.000 f.; il ne doit en toucher les intérêts qu'à l'époque du remboursement; à cette époque, il reçoit 38.500 fr.

A quel taux cette somme était-elle placée?

P. 393. — Un particulier a placé 2.500 fr., à raison de 9 p. % par an; mais on ne doit les lui rembourser qu'au bout de six ans, et, à cette époque, on lui paiera les intérêts simples.

Combien devra-t-il recevoir, capital et intérêts?

P. 394. — Quelqu'un qui doit 11.645 fr. 26 c., a placé, à 7 ½ p. %. une somme telle, qu'en laissant chaque année les intérêts à son créancier, la sixième année il lui reviendra 354 fr. 74 c.

Quelle est cette somme?

P. 395. — Un particulier prête 45.000 fr. à 7 p. %, pendant un certain nombre d'années, à condition qu'il ne recevra les intérêts simples qu'à l'époque où on lui fera le remboursement de son capital. A l'époque dite, il reçoit 76.106 fr. 25 c.

Pour combien d'années l'argent était-il placé? (Un mois est de 30 jours.)

P. 396. — Quelqu'un qui a prêté 45.000 fr. à 7 p. $\frac{2}{0}$, pendant 9 ans 10 mois 15 jours, convient de ne toucher les intérêts simples qu'à l'époque du remboursement.

Combien touchera-t-il à cette époque? (Un mois est de 30 jours.)

P. 397. — On a placé 680 fr. à un intérêt annuel de 7 $\frac{3}{4}$ p. $\frac{0}{0}$.

On demande ce que devra l'emprunteur au bout de 14 mois 8 jours?

P. 398. — On a payé 206 $^{\text{liv.}}$ 1 $^{\text{s.}}$ 3 $^{\text{d.}}$, pour *sept* mois d'intérêts d'une somme inconnue, placée à 4$\frac{1}{2}$ p. $\frac{0}{0}$ par an.

On demande quelle était cette somme.

P. 399. — Une personne, au bout d'un an et 18 jours, a retiré 960 fr. pour 850 qu'elle avait placés.

On demande quel était le taux pour 100 de l'intérêt annuel.

P. 400. — Un capital de 45.000 fr. a été placé pendant 9 ans, 10 mois, 15 jours. A l'époque du remboursement, le capital, joint aux intérêts simples, montait à 76.106 fr. 25 c.

A quel taux était-il placé? (Un mois est de 30 jours.)

P. 401. — On a placé une somme à 4$\frac{1}{2}$ p. $\frac{0}{0}$, et en 13 ans, 9 mois, 10 jours, elle a donné 4.456 fr. $\frac{1}{4}$ d'intérêt.

Quelle était cette somme?

P. 402. — A quel taux faudrait-il placer 30.000 fr., pour qu'ils rapportassent 3.375 fr., en 27 mois?

P. 403. — Quelqu'un a placé une somme à un taux tel, qu'après quinze mois, l'intérêt et le capital, qui étaient de 5.705 fr., étaient de 3.936 fr. après quatre ans.

Quel était le capital et le taux des intérêts ?

P. 404. — Combien 8.450 fr. payables dans 5 ans, 8 mois, à raison de 6 ¼ p. %, valent-ils comptant ?

P. 405. — Quelqu'un a une rente constituée à raison de 4 ½ p. %, et il a reçu 6.000 fr. d'intérêts simples pour 4 ans, 7 mois, 18 jours.

On demande à connaître le capital et la rente ?

P. 406. — 1.200 fr. ont produit 430 fr. d'intérêts simples, pendant 3 ans, 7 mois.

On demande à quelle portion du capital se rapportent 5 f. de rente ?

P. 407. — Une maison rapporte net 2.358 fr. de loyer ; à combien faut-il porter le prix d'achat, pour qu'elle produise 4 ½ p. % à l'acquéreur.

P. 408. — Quelqu'un a placé un capital, à raison de 5 p. % ; après quatre ans, il retire ce capital, il y joint les intérêts simples qu'il a produits pendant ce temps, et il place le tout à 7 pour % ; alors il se trouve qu'il a 3.500 fr. de revenu.

Quelle somme avait-il placée d'abord ?

P. 409. — Un marchand a gagné sur des marchandises qu'il a vendues, 3.567 f. 55 c.

S'il eût gagné 78 fr. 15 c. de plus, il aurait gagné 10 p. %.

On demande combien ces marchandises ont été payées, et combien elles ont été vendues ?.

P. 410. — A quel taux place-t-on son argent, lorsqu'on achète des rentes 3 p. % au cours de 70 fr. ?

P. 411. — Lequel serait le plus avantageux ou d'acheter des rentes 3 p.$\frac{0}{0}$ au cours de 63, ou des rentes 5 p.$\frac{0}{0}$ au cours de 102,60.

P. 412. — Quelqu'un a un capital qu'il veut employer en achats de rentes 5 p.$\frac{0}{0}$, et il veut qu'il lui produise une rente égale à celle qu'il obtiendrait en achetant des rentes 3 p.$\frac{0}{0}$, au cours de 63 fr.

A quel cours devrait-il payer le 5 p.$\frac{0}{0}$?

P. 413. — Quelqu'un a un capital qu'il veut employer en achat de rentes 3 p.$\frac{0}{0}$, et il veut qu'il lui produise une rente égale à celle qu'il obtiendrait en achetant des rentes 5 p.$\frac{0}{0}$, au cours de 95 fr.

Combien devra-t-il payer le 3 p.$\frac{0}{0}$?

P. 414. — Quel prix faudrait-il payer une action *de la caisse hypothécaire* qui produit 60 fr. par an au capital de 1.000 fr., pour qu'avec le même capital, on ait le même revenu que si on avait acheté des rentes 3 p.$\frac{0}{0}$ à 75 fr.?

P. 415. — Une action de 1.000 fr., de la *caisse hypothécaire, produit* 60 fr., lorsqu'on la négocie au pair.

A quel cours faudra-t-il acheter le 5 p.$\frac{0}{0}$, pour qu'avec le même capital on ait le même revenu que si on achetait des *actions de la caisse* à 1.100 fr. ?

P. 416. — Lequel serait le plus avantageux ou d'acheter des rentes 5 p.$\frac{0}{0}$ à 98, ou dés *actions de la caisse hypothécaire* à 1.150 fr.

P. 417. — Un particulier achète une propriété dans laquelle il fait faire des réparations pour une certaine somme, et il la revend 3.450 fr. de plus qu'il ne l'a achetée.

On demande à combien montent les réparations, et combien il a payé cette propriété, sachant qu'en gagnant sur son marché 8 p. ‰ du prix du premier achat, il perd 550 fr.

P. 418. — Un vieux rentier ruiné disait : si j'avais six fois plus d'argent que je n'en ai, j'en emploierais $\frac{7}{10}$ à différens achats, le reste placé à fonds perdus, à raison de 12 $\frac{1}{2}$ p. ‰, augmenterait mon revenu d'un tiers, et, de cette manière, j'aurais 2 fr. 40 c. à dépenser par jour.

Combien a-t-il de revenu? Combien a-t-il d'argent? .

P. 419. — Un premier commis qui régit une entreprise, a pour ses honoraires 8 p. ‰ sur les bénéfices ; à la reddition de ses comptes, la recette d'une année s'est élevée à 650.840 fr., qui ont donné 15 p. ‰ de bénéfice.

Combien devra-t-il lui revenir suivant les conditions faites ?

P. 420. — Un libraire prend chez un de ses confrères un certain nombre d'exemplaires d'un ouvrage, à raison de 3 fr. 50 c., prix marchand.

On demande à combien lui reviendra chaque exemplaire, et de combien sera la remise totale p. ‰, sachant qu'il a une remise de 5 pour ‰, sur le prix, et qu'on lui livre 13 exemplaires pour 12.

P. 421. — Quelqu'un qui a mis 6.000 fr. chez un banquier, doit en recevoir l'intérêt à raison de 4 p. ‰ par an ; après deux ans, il retire une portion de cette somme, les intérêts simples compris ; et la portion qu'il laisse est telle, qu'après deux autres années, le capital et les intérêts simples seront égaux à la somme qu'il retire.

On demande combien il a retiré, et combien il a laissé chez le banquier.

P. 422. — Un négociant qui veut se retirer du commerce, réalise sa fortune, et fait trois portions de ses fonds.

Avec la première, il achète une maison qui lui rapporte $4\frac{1}{2}$ p. $\frac{0}{0}$ par an, et ce produit est égal au centième de la somme qu'il a réalisée. Il place la deuxième portion en viager, à raison de 9 p. $\frac{0}{0}$. Enfin, il retire de la troisième, qui est aussi forte que les deux autres, une somme de 10.000 fr. ; il met le reste chez un banquier qui lui en fait une rente de 5.400 fr., à raison de 6 p. $\frac{0}{0}$.

On veut savoir combien ce négociant a réalisé, combien il a payé la maison, quelles sommes il a mises chez le banquier et en viager, et combien il a de revenu au total.

P. 423. — Un marchand a acheté 500 mètres de drap à 46 fr., 2.500 mètres de toile pour 8.750 fr., 648 mouchoirs à 2 fr. 80 c. pièce, et 25 douzaines de cravates à 29 fr. 04 c. la douzaine.

Sur le premier marché, 100 fr. lui ont rapporté 11 fr. 95 c. $\frac{15}{23}$; sur le deuxième, ils lui ont rapporté 12 fr. ; sur le troisième, ils lui ont rapporté 33 fr. 92 c. $\frac{6}{7}$; enfin sur le quatrième, ils lui ont rapporté 44 fr. 62 c. $\frac{98}{121}$.

On veut connaître ce qu'il a gagné sur chaque mètre de drap, sur chaque mètre de toile, sur chaque mouchoir, sur chaque cravate, et le total de la recette et de la dépense.

P. 424. — Un marchand a acheté quatre portions de marchandises, savoir :

1o. 500 mètres de drap pour 23.000 fr., et il l'a revendu 51 fr. 50 c. le mètre.

2o. Une partie de toile, qu'il a payée 8.750 fr., et qu'il a revendue 9.800.

3o. 54 douzaines de mouchoirs qu'il a revendus 3 fr. 75 c. la pièce et qui lui ont donné un bénéfice de 95 fr. sur 500 mouchoirs.

4°. 25 douzaines de cravates qui lui reviennent à 2 fr. 42 c. la pièce et qu'il a revendues, l'une dans l'autre, 42 fr. la douzaine.

On demande combien il a gagné p. $\frac{0}{0}$ sur chaque marché.

P. 425. — Un marchand a reçu les marchandises suivantes, savoir :

240 mètres de drap à 17 fr.
120 mètres *id.*, à 36 fr.
400 mètres de toile à 2 fr. 50 c.
45 mètres de casimir à 12 fr.

Les frais se composent de $1\frac{1}{4}$ p. $\frac{0}{0}$ sur prix de facture, de $7\frac{1}{2}$ p. $\frac{0}{0}$ de droits perçus aussi sur prix de facture, de $12\frac{1}{2}$ p. $\frac{0}{0}$ de transport, sur le poids de 864 kilogrammes, et des frais de chargement, etc., etc., montant à 17 fr.

On demande à combien les divers prix devront être portés pour qu'il gagne 15 p. $\frac{0}{0}$.

P. 426. — Combien doit-on recevoir pour le revenu d'une somme de 30.525 fr. placée depuis 5 ans 4 mois, à raison de $9\frac{1}{4}$ p. $\frac{0}{0}$ d'intérêt simple, avec une retenue de 5 fr. 40 c. par jour, pendant le temps qu'elle est restée placée ? (1 mois est évalué 30 jours.)

P. 427. — Un particulier a placé une certaine somme à $7\frac{1}{2}$ p. $\frac{0}{0}$, et elle lui rapporte 6.375 fr.

Il a placé 75.000 fr. à 8 p. $\frac{0}{0}$, et il a placé une autre somme, dont on ne connaît ni le taux ni le produit ; mais on sait que le total de ses capitaux est égal à 185.000 fr., et qu'il a 14.625 fr. de revenu.

On demande quelles sont les première et troisième sommes placées ; combien rapporte la troisième somme p. $\frac{0}{0}$, et quel est le montant de l'intérêt de la deuxième.

P. 428. — Trois personnes ont mis une somme de 1,000 fr. à intérêt ; après douze ans, elles ont retiré, tant pour le capital que pour les intérêts simples ; savoir : la première 800 fr., la deuxième 480 fr., et la troisième 320 fr.

On veut connaître les mises particulières, et à quel taux l'argent était placé.

P. 429. — Un marchand a acheté 1.000 mètres d'étoffe pour une certaine somme. S'il eût payé le tout 5 fr. de plus, et qu'il l'eût revendu 35.750 fr., il aurait gagné 10 p. $\frac{o}{o}$.

A combien cette étoffe lui revient-elle le mètre ?

P. 430. — Une personne fait valoir un capital de 30.000 fr. à raison de 6 p. $\frac{o}{o}$. Mais elle doit 20.000 fr. à un intérêt tel, qu'après l'avoir payé chaque année, il ne lui reste que 800 fr. sur les intérêts qu'elle reçoit de son capital.

A quel taux sont les intérêts des 20.000 fr. ?

P. 431. — Un marchand a vendu à trois marchands différens pour 186.540 fr. de marchandises : il a reçu du premier la moitié de la somme, et il a gagné avec lui 585 f., outre 20 p. $\frac{o}{o}$; avec le deuxième, qui a pris pour 13.270 fr. de marchandises de plus que le troisième, il a gagné $\frac{1}{6}$ de la moitié de l'argent qu'il a reçu de lui ; enfin avec le troisième, il a doublé ses fonds.

Combien a-t-il gagné sur son marché ?

P. 432. — Un particulier qui a hérité d'une forte somme, vient à Paris pour la faire valoir pendant cinq ans, et se retire ensuite.

On demande à connaître cette somme et le bénéfice total, sachant qu'au commencement de la première année, il a prélevé sur tous ses fonds une somme de 30.000 fr. pour les dépenses de sa maison, et qu'il a fait successivement chaque année les opérations suivantes :

1re. année, il emploie $\frac{1}{4}$ de son argent à diverses spéculations, et il se trouve à la fin de cette même année avoir un bénéfice de 10 p. $\frac{0}{0}$.

2e. année, il met la moitié de son capital avec d'autres négocians, et il se retire avec un bénéfice égal à la moitié de sa mise.

3e. année, il s'intéresse dans une entreprise pour $\frac{1}{6}$ de la totalité de ses fonds ; l'entrepreneur fait banqueroute, et il ne laisse pour payer ses créanciers qu'une somme égale au dixième de la créance.

4e. année, il fait un bénéfice égal à $\frac{1}{5}$ de tous ses fonds.

5e. année, il fait un bénéfice égal à $\frac{1}{20}$ de son capital ; avec tous ses fonds il achète des inscriptions sur le grand-livre, au cours de 75 fr., et il se fait 35.501 fr. de rente.

P. 433. — Après 7 ans $\frac{1}{2}$, les intérêts simples d'un capital placé, étaient égaux à ce capital.

A quel taux avait-on placé ?

P. 434. — Après combien d'années les intérêts simples d'une somme placée à 15 p. $\frac{0}{0}$ seront-ils triples du capital ?

P. 435. — Un rentier a placé une certaine somme à raison de 7 $\frac{1}{2}$ p. $\frac{0}{0}$ d'intérêts simples ; au bout de dix ans, les intérêts étaient égaux au capital, à 3.000 fr. près.

Combien ce rentier avait-il placé ?

P. 436. — Quelqu'un a placé une somme à un intérêt tel, qu'au bout de 20 ans les intérêts simples qu'elle lui a produits, étaient égaux à trois fois le capital.

A quel taux avait-il placé ?

P. 437. — A quel taux faudrait-il placer un capital, à intérêts simples, pour qu'il fût triplé en 30 ans?

P. 438. — Combien une somme devra-t-elle être placée d'années à $4\frac{1}{2}$ p. $\%$, pour que l'intérêt simple soit égal aux $\frac{4}{7}$ du capital?

P. 439. — Une somme placée pour 5 ans, à intérêts simples, a produit 3.000 fr., et il se trouve que les intérêts font juste la cinquième partie du capital placé.

On demande à connaître la somme placée et le taux de l'intérêt.

P. 440. — Quelqu'un a prêté une somme à un intérêt tel, que celui qui la lui emprunte, en lui payant 5 ans d'avance des intérêts, lui donne les $\frac{2}{6}$ de la somme qu'il reçoit de lui.

A quel taux p. $\%$ a-t-il placé?

P. 441. — Un particulier a placé une certaine somme pour huit ans, à raison de 8 p. $\%$ par an ; au bout de trois ans, celui à qui il l'a prêtée lui paie les intérêts échus et offre de lui faire le remboursement du capital, en lui tenant compte de la moitié des intérêts qu'il aurait dû lui payer, s'il eût gardé la somme le temps convenu. Cette condition acceptée, ce particulier reçoit 14.400 fr.

On demande à connaître le capital.

P. 442. — Un particulier a placé, à intérêt simple, une somme de 12.000 fr. pour huit ans; au bout de trois ans, celui à qui il l'a prêtée, en lui payant les intérêts échus, lui propose de lui en faire le remboursement, et de lui payer en même temps la moitié des intérêts qu'il aurait dû lui donner, s'il eût gardé la somme jusqu'à l'époque convenue. Cette condition acceptée, ce particulier reçoit 14.400 fr.

A quel taux avait-il placé?

P. 443. — Dans une traversée, un capitaine de bâtiment marchand se trouve forcé, par le mauvais temps, de jeter à la mer les $\frac{1}{5}$ de sa cargaison. Arrivé à sa destination, il vend de la partie sauvée $\frac{1}{3}$ à 20 p. $\frac{0}{0}$ de bénéfice, et $\frac{1}{4}$ à 50 p. $\frac{0}{0}$. Plus tard, cette marchandise devenant très rare, il vend la portion qui lui reste à un prix tel, que le gain qu'il fait, tant sur cette dernière vente que sur les deux précédentes, lui donne un bénéfice net de 1 p. $\frac{0}{0}$ sur le chargement total, bien que les frais de chargement, d'équipage, et autres, aient absorbé $\frac{1}{3}$ de la vente générale.

On demande combien il a gagné p. $\frac{0}{0}$ sur son dernier marché.

PROBLÈMES

RELATIFS A L'ESCOMPTE.

P. 444. — Un particulier a un billet de 3.646 fr. à recevoir ; ce billet a encore 9 mois d'échéance ; mais, ayant besoin d'argent, il en demande le paiement immédiat, et on le lui escompte à 6 p. $\frac{0}{0}$ par an ; escompte *en dehors*.

Combien a-t-il reçu ?

P. 445. — Un particulier a un billet de 3.646 fr. à recevoir ; ce billet a encore 9 mois d'échéance ; mais, ayant besoin d'argent, il en demande le paiement immédiat, et on le lui escompte à 6 p. $\frac{0}{0}$ par an ; escompte *en dedans*.

Combien a-t-il reçu ?

P. 446. — Quel serait l'escompte d'un billet de 5.500 f., à 4 p. $\frac{0}{0}$?

P. 447. — Quelqu'un a reçu une somme de 528 fr., pour un billet qu'on lui a escompté, à raison de 4 p. $\frac{0}{0}$.

Quel était le montant du billet?

P. 448. — On a retenu 225 fr. pour l'escompte d'un billet de 550 fr.

A quel taux p. $\frac{0}{0}$ l'escompte est-il calculé?

P. 449. — Un banquier a reçu 12.000 fr. et a donné une lettre de change sur laquelle il a escompté 1 $\frac{3}{4}$ p. $\frac{0}{0}$.

On demande de combien a été la lettre de change.

P. 450. — Un marchand a vendu pour 1.920 fr. de marchandises ; il a accordé un délai d'un an, et il est convenu de rembourser l'escompte à un taux fixé, si on le paie avant le temps.

Après cinq mois, on ne lui paie que 1.875 fr. 20 c.

A quel taux était l'escompte?

P. 451. — Quelqu'un qui doit 10.800 fr. à Toulon, reçoit d'un banquier de Paris, une lettre de change de cette valeur, et lui donne 11.178 fr.

A combien p. $\frac{0}{0}$ se monte l'escompte?

P. 452. — Quelqu'un a réalisé trois lettres de change : pour la première, qui est de 3.500 fr., il a payé 166 fr. 25 c. ; pour la deuxième, qui est de 2.149 fr., il a payé 116 fr. 66 c., et pour la troisième, qui est de 1.250 fr., il a payé 115 fr.

On demande à connaître l'escompte p. $\frac{0}{0}$ de chacune de ces lettres.

P. 453. — Un marchand a acheté pour 1.280 fr. de marchandises ; le vendeur lui accorde un an de crédit, et convient avec lui de lui escompter le billet, à raison de 6 p. $\frac{o}{o}$ par an, dans le cas où il anticiperait le paiement.

Il arrive qu'au bout d'un certain temps, l'acheteur donne 1.222 fr. 40 c., et se trouve quitte.

Après combien de mois a-t-il payé?

P. 454. — Un marchand a acheté pour 2.480 fr. de marchandises, à huit mois de crédit; il offre de donner comptant 2.331 fr. 20 c.; ce que le vendeur accepte.

A combien cette somme se trouve-t-elle escomptée par an?

P. 455. — Quelqu'un a un billet de 25.000 fr., payable dans 27 mois; celui à qui il doit le payer, offre de le lui escompter à 8 p. $\frac{o}{o}$ par an.

De combien devra-t-il avancer le paiement, pour n'avoir que 21.500 fr. à payer?

P. 456. — Un particulier a acheté une partie de marchandises : il convient d'en payer $\frac{1}{5}$ comptant; il fait, pour $\frac{1}{4}$, un billet payable dans six mois, et pour le reste, il en fait un autre, payable deux mois plus tôt; le marchand, qui avait besoin d'argent, lui offre de lui faire escompter les deux billets, à raison de $7\frac{1}{2}$ p. $\frac{o}{o}$; ce que le particulier accepte.

On demande combien le marchand recevra, et pour combien il a reçu de marchandises, sachant que l'escompte du billet de six mois lui a procuré une diminution de 34 f. 43 c. $\frac{1}{18}$.

P. 457. — On veut escompter, à raison de 1 p. $\frac{o}{o}$ par mois, une somme de 3.546 fr.

Combien devra-t-on retenir, sachant que le billet a encore 37 jours d'échéance?

P. 458. — On veut escompter 7.092 fr. pour 40 jours, à raison de $\frac{1}{2}$ p. $\frac{0}{0}$ par mois;

De combien sera cet escompte?

P. 459. — Quelqu'un qui a les effets suivans, désirerait les faire escompter.

Le premier, à 120 jours, est de 1.560 fr. 30 c., et l'escompte à $\frac{3}{4}$ par mois;

Le deuxième, à 65 jours, est de 1.800 fr., et l'escompte à $\frac{2}{3}$;

Le troisième, à 50 jours, est de 345 fr. 20 c., et l'escompte à $\frac{5}{8}$;

Le quatrième, à 125 jours, est de 9.400 fr., et l'escompte à $\frac{1}{2}$;

Le cinquième, à 72 jours, est de 645 fr., et l'escompte à 1 $\frac{3}{4}$.

On demandé quel sera le total de l'escompte pour les cinq billets.

PROBLÈMES

RELATIFS AUX TARES, ASSURANCES, ETC.

P. 460. — Combien devra-t-on diminuer sur 1.488 kil. poids brut, pour la tare, à raison de 8 kil. sur 100?

P. 461. — Le poids net d'une marchandise, après qu'on en a déduit la tare à raison de 8 kil. sur 100, est 1.368 kil., 96.

Quel est le poids de cette tare?

P. 462.— On a obtenu 119 kil. 04 de diminution pour la tare d'un certain nombre de kil., à raison de 8 kil. p. 100.

Quel était le poids brut?

P. 463. — Le poids net d'une certaine marchandise est 1.368. kil., 96.

La tare étant déduite à raison de 8 kil. sur 100, quel était le poids brut?

P. 464. — On a obtenu 119 kil. 04 pour la tare de certaines marchandises, à raison de 8 kil. p. 100.

Quel était le poids net?

P. 465. — A combien se réduiront 1.488 kil., poids brut, en diminuant la tare à raison de 8 kil. sur 100?

P. 466. — On a obtenu 119 kil. 04 de diminution pour la tare de 1.488, poids brut.

Quelle était la tare de 100 kil.?

P. 467. — Un marchand a acheté 4 balles de poivre, pesant ensemble 832 kil., à raison de 1 fr. 80 c. le kil., poids net.

On demande combien on doit payer, sachant que la tare est de 8 kil. par balle.

P. 468. — Combien devra-t-on payer pour 6 balles de riz, pesant ensemble 856 kil., le prix net de 100 kil. étant 58 fr. 50 c., et la tare $\frac{1}{8}$ du poids brut?

P. 469. — Une caisse de sucre candi pèse brut 175 kil., la tare est de 6 kil. sur 100, et il doit être payé 3. fr. 20 c. le kil., poids net.

Combien coûtera cette caisse?

P. 470. — On demande combien on devra payer pour la prime de 25.500 fr., assurés à 6 p. $\frac{0}{0}$; et combien on devrait payer pour la même somme, assurée à 1 $\frac{1}{4}$ p. 1.000.

P. 471. — Le montant d'une somme, après qu'on en a

déduit la prime d'assurance, à raison de 6 p. $\frac{0}{0}$, n'est plus que 23.970 fr.

Si l'assurance était calculée à $1\frac{1}{4}$ p. 1.000, elle s'éleverait à 25.468 fr. 12 $\frac{1}{2}$.

Quel est le montant de chaque prime ?

P. 472. — On a payé 1.530 fr. pour la prime d'une somme assurée à raison de 6 p. $\frac{0}{0}$.

Quelle était cette somme ?

On n'aurait payé que 31 fr., 875, si la prime eût été à $1\frac{1}{4}$ p. 1.000.

Déterminer aussi la somme, suivant cette dernière donnée.

P. 473. — On a assuré une certaine somme, à raison de 6 p. $\frac{0}{0}$, et en déduisant la prime de cette somme, il reste 23.970 fr.

Quelle est cette somme?

La prime étant à $1\frac{1}{4}$ p. 1.000, la prime déduite, il restera 25.468 fr., 125.

Déterminer aussi la somme, suivant cette dernière donnée.

P. 474. — A combien se réduirait une somme de 25.500 fr., en déduisant la prime d'assurance, à raison de 6 p. $\frac{0}{0}$.

A combien se réduirait la même somme, si la prime était à $1\frac{1}{4}$ p. 1.000.

P. 475. — On a payé 1.530 fr. pour la prime d'assurance d'une somme de 25.500 fr.

Quel est le taux p. $\frac{0}{0}$ de la prime?

Quel serait le taux, si la prime pour la même somme ne s'élevait qu'à 31 fr., 875?

P. 476. — Le droit de commission étant fixé à $1\frac{1}{2}$ p. $\frac{0}{0}$, combien devra-t-on toucher pour une vente de 3.450 fr. ?

P. 477. — Le montant d'une vente, après qu'on en a déduit la commission, à raison de 7 ½ p. %, n'est plus que 1960 fr.

A combien s'est élevée la somme payée pour cette commission ?

P. 478. — On a payé 1.000 fr., pour les frais de commission à 5 ⅔ p. %, sur le montant de la vente d'une certaine marchandise.

A combien est montée cette vente ?

P. 479. — On a eu ⅞ p. % de commission sur une certaine vente, et en déduisant le prix de la commission du montant de la vente, il est resté 237.900 fr.

A combien la vente s'est-elle élevée ?

P. 480. — On a payé 651 fr. de commission, à raison de 7 p. ½, pour une certaine vente.

Quel a été le produit net de la vente ?

P. 481. — A combien se réduira le montant d'une vente de 500.000 fr., en déduisant le prix de commission, à raison de 12 ½ p. % ?

P. 482. — On a payé 15.750 fr., pour la commission, sur une vente de 400.000 fr.

Quel était le taux p. % de la commission ?

P. 483. — La cargaison d'un navire est estimée 1.500.000 fr. ; pendant le voyage, il a eu pour 25.000 fr. d'avarie.

On demande combien doit payer pour sa part des avaries, un négociant qui a fait assurer pour 50.000 fr. de marchandises, et qui s'est engagé à rembourser aux assureurs 7 ½ p. % du montant des avaries ?

PROBLÈMES

RELATIFS AUX INTÉRÈTS PAR TEMPS.

P. 484. — Quatre associés ont mis dans le commerce une somme égale ; leur bénéfice a été de 105.000 fr. : le premier a laissé son argent 15 mois ; le deuxième 18 mois ; le troisième 2 ans, et le quatrième 27 mois.

Quel a été le bénéfice de chacun ?

P. 485. — Quatre associés, qui avaient mis successivement dans le commerce, et sans interruption, une même somme à différentes époques, ont eu, au bout de 7 ans, les bénéfices suivans, savoir : le premier, 18.750 fr. ; le deuxième, 22.500 fr. ; le troisième, 30.000 fr. , et le quatrième 33.750 fr.

On demande pendant combien de temps chaque mise est restée dans la société.

P. 486. — Trois associés ont fait un bénéfice de 980 fr.; le premier a mis 300 fr., qui sont restés six mois dans la société ; le deuxième en a mis 480, qui sont restés quatre mois ; et le troisième en a mis 240, qui sont restés neuf mois.

Quel est le bénéfice de chacun ?

P. 487. — Cinq commerçans se sont associés à diverses époques : le *premier* a fourni 25.000 fr. pendant *un* an ; le *deuxième*, 48.000 fr. pendant *quinze* mois ; le *troisième*, 64.000 fr. pendant *neuf* mois ; le *quatrième*, 35,000 fr. pendant *huit* mois ; enfin le *dernier*, 42.000 fr. qui n'ont été que *sept* mois dans la société. On demande la part de chacun sur un bénéfice total de 164.000 fr.

P. 488. — Trois personnes ont mis en société chacune une somme égale, et ont gagné 10.000 fr.

La somme de la première est restée 7 mois dans la société ;

Celle de la deuxième y est restée 6 mois ;

Et celle de la troisième y est restée un an.

Quel a été le bénéfice de chaque personne ?

P. 489. — Un capitaliste a fait une spéculation, dans laquelle il a mis 50.000 fr. ; deux mois après, voyant que ses fonds n'étaient pas suffisans, il s'associe avec un particulier, qui verse à la masse une autre somme ; le besoin d'argent augmentant à mesure que l'entreprise avançait, il s'associe successivement, et à deux mois de distance l'un de l'autre, deux autres particuliers qui versent à la masse chacun une somme, et il se trouve qu'au bout de 18 mois, les opérations terminées et l'association rompue, chacun se retire avec une part égale de bénéfice.

Combien ont-ils versé chacun ?

P. 490. — Un capitaliste a fait une spéculation dans laquelle il a mis 50.000 fr. ; mais ayant besoin de plus d'argent qu'il ne croyait, il s'associe, à différentes époques, trois particuliers, qui versent successivement les fonds suivans, savoir :

Le premier, 56.000 fr. ;
Le deuxième, 64.285 fr. $\frac{5}{7}$; -
Le troisième, 75.000 fr.

Après 18 mois, ils se séparent, et retirent chacun une portion égale du bénéfice.

Combien de mois la mise de chacun est-elle restée dans l'association ?

P. 491. — Un marchand qui a vendu pour 5.400 fr. de marchandises à 5 mois de crédit, a reçu par anticipation partie de la somme ; après 15 mois, il reçoit 1.800 fr., et de cette manière, l'intérêt de la somme dont on a anticipé le paiement, se trouve compensé.

A combien de mois de date le premier paiement s'est-il fait ?

P. 492. — Un particulier qui a acheté diverses marchandises, a donné en paiement quatre billets ; le premier, payable dans 4 mois, est de 5.500 fr. ; le deuxième, payable dans 5 mois $\frac{1}{2}$, est de 200 fr. ; le troisième, payable dans 8 mois, est de 3.000 fr. ; le quatrième, payable dans 6 mois, est de 1.500 fr.

On demande à combien de mois de date il devra faire un billet pour le total, afin qu'il y ait compensation pour les intérêts.

P. 493. — Un particulier a acheté pour 3.000 fr. de marchandises, et on lui a accordé un an de crédit ; le vendeur convient avec lui que si on lui donne des à-compte avant l'échéance, il ne fera pas d'escompte, mais qu'il reculera le paiement du reste de la dette, de manière à ce que cet escompte soit compensé par le temps.

Cette convention faite, le vendeur reçoit deux à-compte ; le premier de 1.200 fr., huit mois avant le terme, et le second de 600 fr., deux mois après le premier.

Dans combien de temps devra-t-il recevoir le reste ?

P. 494. — Quelqu'un a deux billets qu'il doit payer à la même personne ; l'un de 3.600 fr., l'autre de 1.800, et ils sont à cinq mois de date. Il offre de payer comptant celui de 3.600 fr., à condition qu'il retardera le paiement de celui de 1.800, de manière à ce que les intérêts seront compensés.

De combien de mois devra-t-il retarder le second paiement ?

P. 495. — Un particulier a emprunté d'un de ses amis, une somme de 3.973 fr., qu'il a gardée pendant quatre ans ; en la rendant à celui qui la lui avait prêtée, ce dernier lui emprunte à son tour une somme de 993 fr. 27 c.

Combien doit-il la garder de temps pour compenser les intérêts de la somme qu'il avait prêtée ?

P. 496. — Quelqu'un à qui l'on a prêté 500 fr., les a rendus un an après le terme convenu.

Combien celui qui les lui a prêtés doit-il garder de mois une somme de 600 fr., qu'à son tour il lui doit, et qu'il devrait lui rendre immédiatement ?

P. 497. — Quelqu'un, qui doit 400 fr. payables dans deux ans, et 2.100 fr. payables dans 8 ans, voudrait ne faire qu'un seul paiement.

Après combien d'années devra-t-il l'effectuer ?

P. 498. — Trois marchands qui s'étaient associés pour une certaine opération, ont gagné 10.000 fr.

Le premier a mis   3.000 fr. pour 10 mois ;
Le deuxième a mis   7.000 fr. ;
Le troisième a mis   800 fr.

On demande pendant combien de temps l'argent des deux derniers est resté dans l'association, sachant que les bénéfices ont été, savoir :

Pour le premier marchand,   5.000 fr. ;
Pour le deuxième marchand,   3.000 fr. ;
Pour le troisième marchand,   2.000 fr.

P. 499. — Trois personnes se sont réunies pour faire une spéculation :

Le premier a mis 2.000 fr., qui sont restés 12 mois dans la société ;

Le deuxième, 2.400 fr., qui sont restés pendant un temps inconnu ;

11

Le troisième a mis une certaine somme aussi inconnue, qui est restée 10 mois.

Le bénéfice a été partagé de manière que le premier a eu 600 fr., le deuxième 480 fr., et le troisième 300 fr.

On demande pendant combien de temps la mise de la deuxième personne est restée dans la société, et à combien monte la mise de la troisième.

P. 500. — Trois personnes ont gagné 1.900 fr. qu'elles se sont partagés, de manièreq ue la portion du premier était triple de celle du deuxième et quadruple de celle du troisième. Le premier a mis 800 fr. pour 12 mois ; le second et le troisième ont mis chacun une somme inconnue.

Celle du second n'est restée que 8 mois dans la société ;
Celle du troisième n'y est restée que quatre mois.

On demande à connaître les mises des deuxième et troisième, et les bénéfices des trois associés.

P. 501. — Quelqu'un qui doit 1.000 fr. payables dans 5 ans, convient de les payer en 5 paiemens égaux, et à des distances égales.

On demande combien il y aura d'intervalle de temps entre chaque paiement, afin qu'il y ait compensation pour les intérêts simples.

PROBLÈMES

RELATIFS AUX TROCS, ÉCHANGES, ETC.

P. 502. — Un marchand troque avec un de ses confrères 250 mètres de drap à 25 fr., contre du drap d'une autre qualité, qui vaut 31 fr. 25 c. le mètre.

Combien devra-t-on lui en donner.

P. 5o3. — **Deux marchands veulent faire un troc; le premier a 648 mètres de toile qui vaut 1 fr. 4o c. le mètre, en argent, et il veut en avoir 1 fr. 6o c. en troc; le deuxième a du vin qui vaut 84 fr. la pièce, en argent.**

On demande à quel prix ce dernier devra compter son vin, la pièce, pour compenser l'augmentation de la toile, et combien il devra donner en échange de 648 mètres.

P. 5o4. — **Un marchand qui a troqué du drap avec un de ses confrères, a reçu, en échange de celui qu'il a donné, 200 mètres de drap d'une autre qualité dont la valeur est de 31 fr. 25 c. le mètre.**

On demande quel était le prix du sien, sachant qu'il en a donné 25o mètres.

P. 5o5. — **Un marchand a de deux qualités de drap : la première lui coûte 36 fr. le mètre, et la deuxième 27 fr. Il en troque avec un de ses confrères, portion égale de chaque qualité, contre d'autre drap qui coûte 36 fr., et qui lui est compté 4o fr. le mètre ; alors il se trouve que le deuxième marchand gagne 90 fr. sur son marché.**

Sachant que le premier marchand a compté son drap 34 fr. le mètre, l'un dans l'autre, on demande combien il en a troqué de mètres, et combien il en a reçu en échange.

P. 5o6. — **Un marchand a troqué 64o bouteilles de rhum contre 48o bouteilles de liqueur; il change cette liqueur contre 36o bouteilles de vin étranger; enfin il change ce vin contre 800 bouteilles d'eau-de-vie qu'il revend 3 fr. la bouteille, et, de cette manière, il gagne 25 p. $\frac{o}{o}$ sur son marché.**

On demande à connaître le prix coûtant du rhum, de la liqueur, du vin et de l'eau-de-vie.

P. 507. — Un marchand troque du drap pour du casimir ; en comptant son drap à raison de 40 fr., le casimir, dont le prix est de 15 fr., ne lui revient qu'à 13 fr. 50 c.

Combien le drap lui avait-il coûté ?

P. 508. — Un marchand a du drap qui lui revient à 36 fr. le mètre ; en le troquant contre du casimir, dont la valeur est de 15 fr., il l'a évalué à 40 fr.

A combien le casimir lui revient-il le mètre ?

P. 509. — Un marchand a du drap qui lui coûte 36 fr. le mètre ; un de ses confrères lui propose de l'échanger contre du casimir qui revient à 15 fr.

A combien devra-t-il porter le prix de son drap, pour que le casimir ne lui revienne qu'à 13 fr. 50 c. ?

P. 510. — Deux marchands ont fait un troc : le premier a donné de la toile qui lui a coûté 3 fr. 60 c., et l'a comptée 4 fr. 82 c. $\frac{2}{9}$; le second a donné de la mousseline qui lui coûte 6 fr. 50 c., et l'a comptée 7 fr. 75 c.

A combien se monte le gain ou la perte du premier, qui a changé 450 mètres de toile ?

P. 511. — Un marchand a de la toile qui lui coûte 3 fr. 60 c. le mètre : un de ses confrères propose de la lui troquer contre de la mousseline qu'il veut lui passer à 7 fr. 75 c., et qui ne lui coûte que 6 fr. 50 c.

On demande à quel prix il devra compter sa toile, et combien il devra en donner de mètres, pour avoir 280 mètres de mousseline, et qu'elle lui revienne à 200 fr. au-dessous du prix coûtant.

P. 512. — Un marchand a du drap à 22 fr. le mètre, argent comptant, et il veut en avoir 24 fr. en échange; un de ses confrères a du vin à 80 fr. la feuillette, argent comptant.

On demande combien le dernier devra donner de pièces de vin pour 500 mètres de drap, et ne point perdre au change.

PROBLÈMES

RELATIFS AUX ALLIAGES, MÉLANGES, ETC.

P. 513. — Il y a 4 moulins dans une ville assiégée : le premier peut moudre chaque jour 3 sacs ; le deuxième, 5 ; le troisième, 7, et le quatrième 9.

Sachant qu'on veut faire moudre 648 sacs de grains, on demande combien de jours il faudra pour moudre le tout, et combien on devra distribuer de sacs à chaque moulin, en proportion de ce qu'il peut moudre.

P. 514. — Un marchand de vin détaillant a 50 litres de vin à 40 c. ; 25 à 60 c. ; 80 à 70 c., et 15 à 73 c. $\frac{1}{3}$.

En mêlant toutes ces qualités pour faire du vin à un seul prix, combien devra-t-il ajouter d'eau, pour gagner 12 c. par litre de mélange ?

P. 515. — On donne à un entrepreneur 2.700 fr. par semaine pour les ouvriers qu'il emploie, à raison de 3 fr. l'un dans l'autre par jour; lui, de son côté, en paie chaque jour 2 à 8 $^{liv\cdot}$, 50 à 4 $^{liv\cdot}$, 30 à 3 $^{liv\cdot}$, 25 à 20 $^{s\cdot}$, 28 à 15 $^{s\cdot}$, et 15 à 10 $^{s\cdot}$

On demande combien l'entrepreneur gagne par semaine, et combien il gagnerait sur chaque ouvrier, en supposant qu'ils fussent payés également, et qu'ils eussent reçu entre eux tous la même somme. (Une semaine égale 6 jours de travail.)

P. 516. — Quelqu'un a acheté 25 pièces de toile, contenant chacune 22 mètres, à raison de 2 fr. 25 c. le mètre, l'une dans l'autre. Il en a vendu 8 pièces à 4 fr. 50 c. le mètre, 5 pièces à 3 fr. 80 c., 7 pièces à 2 fr. 95 c., et 5 pièces à 1 fr. 20 c.

Combien a-t-il gagné par mètre?

P. 517. — Un marchand de vin a quatre qualités de vin dans sa cave, et il se trouve qu'il ne vend communément que du vin à 16 $^{s.}$; c'est pourquoi de toutes ces qualités il en veut faire une seule, en les mêlant ensemble ; mais avant il veut faire un mélange de 280 litres, avec les deux qualités supérieures, pour emplir une pièce et faire du vin qui lui reviendrait à 17 $^{s.}$ $\frac{1}{2}$.

On veut connaître combien de litres il faudra mettre des deux premières qualités pour faire la pièce de 280 litres, et à combien reviendra chaque litre du dernier mélange, sachant que le marchand a dans sa cave 350 litres de vin à 19 $^{s.}$ le litre, 450 à 15 $^{s.}$, 500 à 13 $^{s.}$, et 640 à 12 $^{s.}$

P. 518. — Un entrepreneur emploie 4 ouvriers pour faire 220 toises d'ouvrage : le premier fait 3 toises $\frac{1}{2}$ par jour ; le deuxième 4 toises ; le troisième 4 toises $\frac{1}{4}$, et le quatrième 4 toises $\frac{1}{4}$.

Combien de jours seront-ils pour faire la totalité?

P. 519. — On désire avoir, pour une expérience, de l'eau de mer ; cent livres doivent contenir 6 livres de sel, et il se trouve que les cent livres qu'on a prises à cet effet en contiennent 9 livres.

Combien faudra-t-il ajouter d'eau douce pour la mettre au point convenable ?

P. 520. — Chez un traiteur, on sert à table d'hôte, à raison de 40 s. par tête pour les hommes, et 35 s. pour les femmes ; il y avait un jour 25 personnes, tant hommes que femmes, et l'hôte reçut 49 fr.

On demande combien il y avait d'hommes et de femmes.

P. 521. — Une pipe, contenant 450 bouteilles d'eau-de-vie, a été emplie par le mélange de deux qualités différentes : l'une coûtait 3 fr., l'autre 2 fr., et la pipe revient à 1.080 fr.

Combien contenait-elle de bouteilles de chaque sorte ?

P. 522. — On a payé à un détachement de 350 hommes, une somme de 950 fr. ; les sous-officiers et caporaux ont eu chacun 4 fr., et les soldats 2 fr. 50 c.

Combien y avait-il de soldats ?

P. 523. — On a payé 22.800 fr. pour gratifications à 77 officiers, tant capitaines que lieutenans ; les capitaines ayant reçu 400 fr., et les lieutenans 150 fr., on demande combien il y en avait de chaque grade.

P. 524. — Un particulier a deux qualités de vin : la première à 75 c. le litre ; la seconde à 50 c. : il veut emplir un tonneau de 200 litres, de telle manière que le litre du mélange lui revienne à 60 c.

Combien doit-il prendre de chaque qualité ?

P. 525. — Quelqu'un a placé 25.000 fr., portion à 5 p. $\frac{o}{o}$, portion à 7, et ils lui produisent 1.550 fr. de rente.

Quel est le montant de chacune des deux sommes placées ?

P. 526. — Un orfèvre a deux lingots, contenant de l'or et de l'argent : le premier, sur 100 grammes, en contient 95 d'or et 5 d'argent ; le second, sur 100 grammes, en contient 85 d'or, et 15 d'argent. Il désire faire un troisième lingot, qui contienne, sur 100 grammes, 90 grammes d'or, et 10 d'argent.

On demande ce qu'il doit prendre des deux premiers lingots.

P. 527. — Un orfèvre a deux espèces d'or ; l'une à 18 karats, et l'autre à 22. Il voudrait en composer une espèce à 21 karats.

Combien devra-t-il prendre de chacune des deux premières espèces ?

P. 528. — Un orfèvre achète deux lingots contenant un alliage d'or et d'argent ; le premier contient 3 onces d'or et 5 onces d'argent, et il le paie 318 $^{\text{liv.}}$; le second contient 5 onces d'or et 7 onces d'argent, et il le paie 522 $^{\text{liv.}}$

A combien revient chaque once d'or et chaque once d'argent ?

P. 529. — Un marchand a deux espèces de thé ; la première lui revient à 14 fr., et l'autre à 18 fr. le kil. ; il fournit à un de ses correspondans une caisse de 100 kil., et reçoit pour son paiement 1.932 fr.

On demande combien il y en avait de chaque espèce, sachant qu'il a gagné 15 p. 100 sur son marché.

P. 530. — En faisant couler alternativement dans un vase qui contient 66 litres, deux fontaines, dont l'une fournit 6 et l'autre 4 litres par minute, on l'a empli en 16 minutes.

Pendant combien de minutes chacune de ces deux fontaines a-t-elle coulé?

P. 531. — Un homme charitable fait tous les lundis l'aumône à un certain nombre de pauvres, et il dépense à cet effet une somme telle, que s'il leur donnait 6 liards à chacun, il lui manquerait 15 s. ; mais il ne leur en donne que 5, et il lui reste 2 s. $\frac{1}{2}$.

On demande à connaître le nombre des pauvres, le montant de la somme donnée, et combien cet homme avait.

P. 532.— Une jeune personne veut acheter des oranges ; en en prenant 24 il lui resterait 15 s. , et en en prenant 30, il lui en manquerait 21.

On demande combien coûtent les oranges, et combien cette jeune personne avait d'argent.

P. 533. — Plusieurs jeunes personnes, en se promenant, achètent d'un jardinier tous les fruits d'un poirier pour 3 fr. 50 c. ; les poires cueillies, elles se les partagent également, et veulent, d'abord, en prendre chacune 20 : il se trouve qu'à ce compte, il y en aurait une d'entre elles qui n'en aurait pas, c'est pourquoi elles en prennent chacune 18 ; alors il en reste 10, qu'elles laissent aux enfans du jardinier.

Combien y avait-il de poires, combien avaient-elles coûté pièce, et combien y avait-il de jeunes personnes?

P. 534. — 17 individus, hommes, femmes et enfans, trouvent en voyageant un pommier, sur lequel il y avait 17 pommes : les hommes en prennent chacun trois, les femmes chacune une moitié, et les enfans chacun un quart.

On demande combien il y avait d'hommes, combien il y avait de femmes, et combien il y avait d'enfans.

P. 535. — Une société composée de 18 personnes, hommes, femmes et enfans, aperçoivent en se promenant un pommier chargé de fruits ; sans s'inquiéter à qui il appartient, le plus leste monte dessus, cueille tous les fruits, et les autres les ramassent. Lorsque l'arbre est dépouillé, on trouve qu'il y a 76 pommes : les hommes en prennent chacun 6, les femmes chacune 4, et les enfans chacun 2.

On demande quel était le nombre d'hommes, de femmes et d'enfans, sachant qu'il y avait une fois plus de femmes que d'enfans.

P. 536. — Deux tonneaux contiennent une certaine quantité de litres de vin ; le vin du premier vaut 1 fr. 20 c. le litre, et celui du second vaut 1 fr.

En retirant 72 litres du premier tonneau pour les mettre dans le second, et 72 du second pour les mettre dans le premier, le vin des deux tonneaux revient à 1 fr. 8 c.

Combien y a-t-il de litres dans chaque ?

P. 537. — Un marchand a du café à 40^s, 36^s, 28^s, 21^s et 15^s la livre ; il veut en faire un mélange de 300 livres, qui revienne à 24^s la livre.

Combien doit-il en prendre de chaque qualité ?

P. 538. — Un marchand a du vin qui lui revient à 14^s la bouteille.

Combien devra-t-il ajouter d'eau pour que chaque bouteille de mélange lui revienne à 11^s ?

P. 539. — Dans quelle proportion faudrait-il mêler du vin à 25^s la bouteille, et du vin à 19^s, pour avoir un mélange qui revienne à 21^s ?

P. 540. — Un berger, interrogé sur le nombre de ses

moutons, répondit : Si mon maître me donnait chaque mois 5 c. $\frac{1}{7}$ par mouton, j'aurais, au bout de l'année, de quoi payer mes dépenses, et il me resterait, chaque mois, 1 fr. 20 c.; mais il ne me donne que 5 c., et alors il me manque 60 centimes.

Combien avait-il de moutons? Combien dépensait-il par an?

P. 541. — Dans une partie de plaisir que firent 18 personnes, tant hommes que femmes, on fit pour 130 fr. 50 c. de dépense; les femmes payèrent chacune 4 fr. 50 c, de moins que les hommes ; et si elles eussent dépensé autant, la dépense aurait monté à 171 fr.

Combien y avait-il d'hommes? Combien y avait-il de femmes? Combien ont-ils dépensé chacun?

P. 542. — Un marchand a acheté deux barriques d'eau-de-vie, contenant chacune 125 bouteilles. Elles lui coûtent 500 fr. les deux, et l'une lui coûte 125 fr. de plus que l'autre ; il trouve à en vendre immédiatement 180 bouteilles à 3 fr.

Combien doit-il mêler ensemble de bouteilles de la plus forte et de la plus faible, pour faire un mélange qui lui donne 75 c. de bénéfice sur chaque bouteille qu'il vendra?

P. 543. — Un particulier a un billet de 504 liv. 12 s. à toucher ; celui qui lui en acquitte le montant lui donne des pièces de 3 liv. et des pièces de 24 s., et il se trouve qu'il a 203 pièces.

Combien en a-t-il eu de chaque?

P. 544. — Un détaillant a de deux sortes d'eaux-de-vie ; la première qualité lui coûte 3 fr. 90 c. la bouteille : on ne sait pas ce que lui coûte la seconde; mais en vendant 7 bouteilles de la première, il doit en vendre 10 de la seconde pour avoir la même somme.

Il a mêlé ensemble deux barriques; celle de la première qualité contient $\frac{1}{4}$ de plus que celle de la seconde.

On demande à quel prix il devra vendre ce mélange la bouteille, pour gagner $\frac{1}{6}$ du prix coûtant.

P. 545. — Un marchand a acheté deux tonneaux de vin : le premier lui coûte 237 fr. 50 c., et le second 200 fr.

On demande à combien lui reviendrait chaque litre, s'il mêlait ensemble les deux qualités, sachant que chaque tonneau contient la même quantité, et qu'un litre de première qualité coûte 15 c. de plus qu'un de la seconde.

P. 546. — Un mélange est composé de 90 pintes de vin et de 10 pintes d'eau. On demande combien il faut ajouter de vin pour que 75 pintes du nouveau mélange contiennent 3 pintes d'eau.

P. 547. — Pour fabriquer une certaine quantité de poudre à canon, on a mis : en salpêtre la moitié du poids total plus 6 livres; en soufre, un tiers du même poids moins 5 livres; et en charbon, un quart moins trois livres.

Combien a-t-on mis de livres de chaque espèce?

P. 548. — Un marchand veut faire 40 pipes d'eau-de-vie à 20 degrés, en mêlant des esprits à 30 degrés avec des eaux-de-vie à 19 degrés, et en opérant le mélange pièce par pièce. Comment doit-il opérer ce mélange, en supposant qu'il ait en eaux-de-vie à 19 degrés, savoir :

10 pipes contenant 31 velt.
10 — — 32
10 — — 50
10 — — 54

P. 549. — Un marchand a des esprits à 33 degrés; il voudrait, en les mêlant avec de l'eau pure, obtenir des eaux-de-vie à 21 degrés.

Comment devra-t-il opérer ce mélange?

P. 550. — Deux sources, coulant uniformément, ont fourni 90 muids d'eau, la première en coulant pendant trois jours, la seconde en coulant pendant cinq.

Les mêmes sources ont fourni 64 muids en coulant, savoir : la première pendant deux jours, et la seconde pendant quatre.

Combien chaque source fournit-elle d'eau par jour ?

P. 551. — Dans un mélange de deux sortes de vins, on mit la moitié du tout, plus 25 litres, de la première qualité, et $\frac{1}{3}$, moins 5 litres, de celui de la deuxième qualité.

Combien y avait-il de litres de chaque qualité ?

P. 552. — Quelqu'un étant à la campagne pour 85 jours, loue un domestique pour ce temps, et convient de lui donner 1 fr. 90 c. par jour, lorsqu'il ne le nourrira pas, et de ne lui donner que 1 fr. 20 c., lorsqu'il le nourrira. A l'époque du paiement, le domestique reçoit 122 fr. 30 c.

Combien a-t-il été nourri de jours ?

P. 553. — Un fabricant convient avec un ouvrier de lui donner 5 fr. chaque jour qu'il travaillera, mais à condition que chaque jour qu'il manquera, il lui retiendra sur son paiement le quart d'une journée.

Après 25 jours, l'ouvrier demande son compte, et il se trouve qu'il ne lui revient rien.

Combien avait-il travaillé de jours ?

P. 554. — Le père et le fils travaillent ensemble chez un particulier ; pendant un mois, le père fait 24 journées, le fils en fait 18, et ils reçoivent 174 fr. pour leur paiement. Ils y retournent une autre fois, et, pendant un mois, le père fait encore 24 journées, le fils n'en fait que 15, et ils reçoivent 165 fr. pour leur paiement.

Combien gagnaient-ils chacun par jour ?

P. 555. — Dans un pays où le gibier est à bon marché, on en a 3o pièces pour 3o ˢ· : un lièvre coûte 2 ˢ· $\frac{1}{2}$; 4 perdrix coûtent 7 ˢ·, et deux cailles coûtent 1 ˢ·

On demande combien on a eu de chaque sorte pour cette somme.

P. 556. — Une première personne possède un certain capital qu'elle fait valoir à un certain intérêt.

Une deuxième personne, qui possède 10.000 fr. de plus que la première, et qui fait valoir son bien de 1 p. $\frac{0}{0}$ plus avantageusement qu'elle, a un revenu plus grand de 800 fr.

Une troisième personne, qui possède 15.000 fr. de plus que la première, et qui fait valoir son bien de 2 p. $\frac{0}{0}$ plus avantageusement qu'elle, a un revenu plus grand de 1.500 fr.

On demande les biens des trois personnes, et les divers taux d'intérêts.

P. 557. — Une personne possède un capital de 3o.ooo fr., qu'elle fait valoir à un certain intérêt ; mais elle doit 20.000 fr., dont elle paie un autre intérêt : l'intérêt qu'elle retire surpasse de 800 fr. celui qu'elle paie.

Une seconde personne possède 55.ooo fr., qu'elle fait valoir au second taux d'intérêt ; mais elle doit une somme de 24.ooo fr., dont elle paie l'intérêt au premier taux : ce qu'elle retire surpasse de 31o fr. ce qu'elle paie.

Quels sont les deux taux ?

P. 558. — La somme de deux nombres est 20, et en ajoutant 3 fois le plus petit à 5 fois le plus grand, on obtient 84.

Quels sont ces nombres ?

P. 559. — On demande de partager 6o en deux parties

telles, qu'un dixième de la plus petite, retranché d'un dixième de la plus grande, donne 4 pour reste.

P. 560. — On propose de diviser 47 en deux parties, et de manière qu'en divisant la plus petite par 3 et la plus grande par 5, les deux quotiens fassent 11.

Quelles seront ces parties?

P. 561. — On veut diviser 100 en deux parties, telles que $\frac{2}{3}$ de la première, plus $\frac{1}{6}$ de la seconde fassent 30.

Quelles seront ces parties ?

P. 562. — On demande de trouver deux nombres tels, que si on ajoute 11 au premier, sa somme soit quadruple du second, et que l'addition du nombre 11 au second donne une somme triple du premier.

Quels sont ces nombres?

P. 563. — Deux amis ont été en emplette : la dépense du premier, plus les $\frac{2}{5}$ de celle du second, font 116 fr., ainsi que la dépense du second, plus les $\frac{3}{4}$ de celle du premier.

Quelle somme avaient-ils chacun ?

P. 564. — Un colonel a choisi trois bataillons : l'un est de Suisses, l'autre est de Souabes et l'autre de Saxons.

Il veut donner un assaut avec une partie de ces troupes, et il promet une récompense de 901 écus, sur le pied suivant, que chaque soldat du bataillon qui montera à l'assaut recevra un écu, et que le reste de l'argent sera distribué également aux deux autres bataillons.

De cette manière, si les Suisses donnent l'assaut, les Souabes et les Saxons recevront chacun $\frac{1}{2}$ écu.

Si ce sont les Souabes, les Suisses et les Saxons recevront chacun $\frac{2}{3}$ d'écu.

Et si ce sont les Saxons, les Suisses et les Souabes recevront chacun $\frac{1}{4}$ d'écu.

D'après ces données, on demande combien il y a d'hommes dans chaque bataillon.

P. 565. — Quatre jeunes gens ont entre eux 59 ans : trois fois l'âge du premier, plus les âges réunis des 3 autres, font un total de 83 ans; trois fois l'âge du premier, plus quatre fois l'âge du second, plus les âges réunis des 2 autres font un total de 128 ans; et cinq fois l'âge du troisième, plus les âges réunis des 3 autres, font un total de 115 ans.

Quel est l'âge de chacun ?

P. 566. — On a acheté trois chevaux qui ont été soldés de manière que le prix du premier, plus la moitié du prix du deuxième et du troisième, font 25 louis; le prix du deuxième, plus le tiers du prix des deux autres, font 26 louis; le prix du troisième, plus la moitié du prix des deux autres, font 29 louis.

Quel est le prix de chaque cheval ?

P. 567. — Le testament d'un oncle porte que chacun de ses neveux aura 12.000 fr., et chacune de ses nièces 9.000 fr., sur la somme de 120.000 fr. qu'il leur laisse après sa mort.

Par cette disposition, il ne reste rien de cette somme. Si, au contraire, chaque nièce eût eu 12.000 fr. et chaque neveu 9.000 fr., il serait resté 9.000 fr.

Trouver le nombre des neveux et celui des nièces.

P. 568. — On a acheté 17 mesures de blé et 15 mesures d'orge pour 162 fr.

Combien a coûté la mesure de chaque qualité ?

P. 569. — Quelqu'un a acheté du vin de deux qualités : 15 bouteilles de la première qualité, et 12 de la seconde, lui ont coûté 96 fr.; 10 de la première, et 15 de la seconde, lui ont coûté 85 fr.

Combien a-t-il payé chaque bouteille?

P. 570. — Un commissionnaire qui a porté des vases de deux grandeurs, savoir : 34 petits et 18 grands, aurait reçu pour son paiement 192 fr. ; mais ayant cassé tous les grands, on lui retient, sur le prix des petits, ce qu'on lui aurait payé pour les grands, s'il ne les eût pas cassés; et de cette manière, il ne reçoit que 12 fr.

Combien payait-on pour chaque?

P. 571. — Un fermier a vendu une première fois, 30 setiers de froment et 40 d'orge;

Une deuxième fois, il a vendu 50 setiers de froment et 30 d'orge.

Pour la première vente, il a reçu 270 fr.; pour la seconde, il en a reçu 340.

On demande quel est le prix de chaque espèce de grains?

P. 572. — On a acheté séparément les charges de trois voitures de grains :

La première, qui contenait 30 mesures de seigle, 20 mesures d'orge et 10 mesures de froment, a coûté 230 fr.;

La deuxième, qui contenait 15 mesures de seigle, 6 mesures d'orge et 12 mesures de froment, a coûté 138 fr. ;

La troisième, qui contenait 10 mesures de seigle, 5 mesures d'orge et 4 mesures de froment, a coûté 75 fr.

On demande à combien revient chaque mesure de grain, suivant sa qualité.

P. 573. — Un homme qui s'est chargé de transporter des vases en porcelaine, de trois grandeurs, a fait ce marché, qu'il paiera autant pour chaque vase qu'il cassera, qu'il recevra pour ceux rendus en bon état.

On lui donne d'abord *deux* petits vases, *quatre* moyens et *neuf* grands ; il casse les moyens, rend tous les autres, et reçoit 28 fr.

On lui donne ensuite *sept* petits vases, *trois* moyens et *cinq* grands. Cette fois, il rend les petits et les moyens ; mais il casse les *cinq* grands ; et il reçoit 3 fr.

Enfin, on lui remet *neuf* petits vases, *dix* moyens et *onze* grands ; il *casse* les derniers, rend les autres, et ne reçoit que 4 fr.

On demande ce qu'on a payé pour le transport d'un vase de chaque grandeur.

—◆—

PROBLÈMES

RELATIFS AUX ÉVALUATIONS, CHANGES, ETC.

P. 574. — Un homme a 5 pieds 7 pouces 4 lignes.

Quelle est sa taille en mètres ? (Une toise de 6 pieds vaut 1 mètre, 949.)

P. 575. — Le prix de la toise d'un certain ouvrage est 27 liv.

Combien devra-t-on payer en francs, le mètre d'un même ouvrage ? (1 toise vaut 1 mètre, 949 ; 80 liv. valent 81 fr.)

P. 576. — Sachant que 39 toises valent 76 mètres.

On demande combien 54 toises 4 pieds 6 pouces font de mètres. (1 toise = 6 pieds ; 1 pied = 12 pouces.)

P. 577. — Sachant que 81 liv. valent 80 fr.
On demande d'évaluer en francs 5.457 liv. 16s. 8d.

P. 578. — Combien faut-il de deniers pour faire
567 fr. ? (80 fr. valent 81 liv.)

P. 579. — Combien 1.074 fr. 50 c. font-ils de livres,
sous et deniers? (80 fr. valent 81 liv.)

P. 580. — Sachant qu'un stère de bois vaut 16 fr., et
qu'une corde est égale à 3 stères, 8391.
On demande combien on devra payer pour 6 cordes $\frac{1}{2}$ du
même bois.

P. 581. — Sachant qu'une corde de bois vaut 60 fr., et
qu'elle équivaut à 3 stères, 8391.
On demande combien on devra payer pour 15 stères du
même bois.

P. 582. — Sachant qu'un litre de vin vaut 75 c., et
qu'une pinte est égale à o litre, 9313.
On demande combien on devra payer pour 125 pintes
du même vin.

P. 583. — Sachant qu'une pinte de vin de Paris vaut
o lit., 9313, et qu'elle coûte 90 c.
On demande combien on devra payer 250 litres du
même vin.

P. 584.—On demande combien il faudrait d'écheveaux
de fil pour faire le tour de la terre, qui a 9.000 lieues de
circonférence, et combien la quantité d'écheveaux nécessaires pèserait en kil., sachant :
1o. Qu'une lieue est égale à 444 mètres, 4444;
2o. Qu'un écheveau de fil, qui pèse 1 once $\frac{1}{2}$, a 50 mètres
de longueur, et qu'une livre de 16 onces est égale à o kil.
48951.

P. 585. — Quelqu'un a acheté une pièce de drap, contenant 35 aunes, pour 840 fr., et en la revendant, il a gagné sur chaque aune la cinquième partie de ce que lui aurait coûté un mètre.

Sachant que 69 aunes équivalent à 82 mètres, on demande combien il a vendu le tout.

P. 586. — Le change entre Paris et Hambourg étant à 25 $\frac{9}{10}$ sous lubs pour 3 fr.

On demande combien on devra toucher en francs pour 545 $\frac{1}{2}$ marcs de banque. (1 marc vaut 16^s· lubs.)

P. 587. — Le change entre Paris et Hambourg étant 185 fr. 25 c. pour 100 marcs de banque.

On demande combien on devra toucher en francs, pour 545 $\frac{1}{2}$ marcs de banque.

P. 588. — Le change entre Paris et Londres étant à 24 fr. 16 c. pour une livre sterling.

Combien doit-on recevoir en francs pour 548^{liv} 10^s· st. (1 ^{liv}· vaut 20^s·)

P. 589. — Le change entre Venise et Paris étant à 58 ducats $\frac{1}{2}$ pour 300 fr. de France.

On demande combien on devra recevoir, argent de France, pour 548 ducats $\frac{1}{4}$.

P. 590. — Sachant que 15 pieds de Londres valent 16 pieds de Paris.

On demande combien 720 pieds de Londres font de pieds de Paris.

P. 591. — Un marchand a acheté à Paris 4.500 mètres de mousseline; en la vendant dans un autre pays 11 ^{liv}· l'aune, il gagne 5.728 fr. 39 c. $\frac{41}{81}$.

On demande combien il a payé chaque mètre, et combien il a gagné par aune, en livres, sachant qu'une aune vaut 1 mètre 20 centimètres, et que 80 fr. valent 81 liv.

P. 592. — Un officier de cavalerie, étant à Naples, cède à un de ses camarades un cheval qui lui a coûté 1.000 liv., argent de France.

Mais comme il en reçoit le montant en ducats du pays, on demande combien il devra recevoir pour l'équivalent de son déboursé, sachant que 3 liv. de France font 54 d. de Hollande, que 90 d. de Hollande font 3 liv. de Gênes, que 60 liv. de Gênes font 84 liv. de Piémont, que 20 liv. de Piémont font 1 liv. sterling, et que 40 liv. sterling font 230 ducats de Naples.

P. 593. — Deux aunes de Paris font une aune de Livourne; 25 aunes de Livourne font 106 aunes de Genève, 53 aunes de Genève font 15 aunes de Rouen, 5 aunes de Rouen font 7 varros de Cadix, et 14 varros de Cadix font 15 aunes d'Autriche.

On demande combien 500 aunes de drap, mesure d'Autriche, font d'aunes de Paris, et quelle somme a été donnée, argent de France, pour chaque aune de Paris, sachant qu'une aune de Vienne a coûté 10 florins, et qu'un florin vaut 52 s. de France.

P. 594. — Un négociant français, établi à Turin, a fait venir 1.550 liv. pesant d'une certaine marchandise, qui lui revient à 175 liv. le quintal.

On demande combien il faudra qu'il la vende la livre de Piémont, argent du pays, pour gagner 1.162 liv. 10 s. de France sur son marché. (3 liv. de France égalent 54 s. de Piémont; 100 liv., poids, égalent 132 liv. $\frac{1}{3}$ de Piémont.)

P. 595. — Quelqu'un qui a 1.200 louis de 24$^{liv.}$ à placer, veut acheter à Paris des rentes au cours de 80 fr.

Comme il veut s'établir à Naples, on demande combien il aura de revenu en ducats du pays, sachant que 81$^{liv.}$ valent 80 fr.; et qu'un ducat vaut 4 fr. 40 c.

P. 596. — Sachant que 100 aunes d'Amsterdam valent 81 varros $\frac{40}{100}$ de Cadix, que 100 aunes de Paris valent 140 varros $\frac{11}{100}$, et que l'aune de Paris vaut 1 mèt., 18845.

On demande combien l'aune d'Amsterdam vaut de mètres.

P. 597. — Sachant que 51 fanegas $\frac{88}{100}$, mesure d'Espagne, valent 1 last d'Amsterdam; que 1 last contient 147:120 pouces cubes; que l'hectolitre contient 2 pieds cubes, $\frac{947}{1900}$, et que le pied cube contient 1.728 pouces cubes.

On demande combien un fanegas contient d'hectolitres.

P. 598. — Sachant que 1 liv., poids de Russie, vaut 8.512 as, poids d'Amsterdam; que 10 as valent 9 grains français; que 18 grains, 827 valent 1 gramme, et 1.000 grammes 1 kil.

On demande combien un kil. vaut de livres de Russie.

P. 599. — Sachant que 3 fr. valent 54 deniers de gros : que 12 deniers de gros valent 1 sou de gros; que 36 sous de gros valent 1 liv. sterl.; que 1 liv. sterl. vaut 240 den. sterl., et que 40 den. sterl. valent 1 ducat d'Espagne.

On demande combien on aura de ducats d'Espagne pour 12.000 fr.

P. 600. — Le change entre Amsterdam et Cadix est à 90 deniers de gros pour 1 ducat.

1 florin vaut 40 deniers de gros.

« ducat vaut 375 maravedis.

34 maravedis valent 1 réal.

8 réaux valent 1 piastre.

4 piastres valent 1 pistole.

Et le change entre la France et l'Espagne est 15 fr. pour une pistole.

D'après ces données, on demande combien 1.088 florins de Hollande valent, argent de France.

P. 601. — Un marchand a acheté 50 pintes de vin à 75 c., 60 pintes à 37, et 80 pintes à 28.

Il voudrait mélanger ce vin, et gagner 9 p. $\frac{2}{8}$ sur son marché. La vente doit être faite en litres, et payée en livres tournois.

On demande quel sera le prix du litre de mélange; sachant qu'une pinte vaut o litre, 9313, et que 80 fr. valent 81 ^{liv}.

P. 602. — Un marchand a acheté 150 aunes de drap, pour lesquelles il a donné un billet de 600 livres, payable dans 5 mois : le taux de l'intérêt étant 11 p. $\frac{o}{o}$, il voudrait gagner 15 p. $\frac{o}{o}$.

On demande combien il devra vendre en francs le mètre de drap, sachant qu'un mètre vaut 3 pieds, 0784; que l'aune vaut 3 pieds, 6585, et que 81 liv. valent 80 fr.

PROBLÈMES

RELATIFS AUX PROGRESSIONS PAR DIFFÉ-RENCE.

P. 603. — Un particulier doit une certaine somme, et il convient de s'acquitter en 15 mois, en payant 12 fr. le premier mois, 15 fr. le deuxième, et ainsi de suite jusqu'au quinzième mois.

De combien sera son dernier paiement?

P. 604. — Quelqu'un a payé une somme qu'il devait, en 15 paiemens qu'il a augmentés successivement d'une même somme : le premier paiement a été de 12 fr., et le dernier de 54.

De combien chaque paiement a-t-il été augmenté?

P. 605. — De deux courriers qui partent ensemble, le premier fait 3 lieues par heure de plus que le second.

On demande combien de lieues le premier aura fait de plus que le second, après 14 heures de marche.

P. 606. — Quelqu'un s'est acquitté d'une dette en 15 mois, de mois en mois : chaque mois il a augmenté d'une somme égale.

On veut connaître cette somme, sachant qu'au premier paiement il a donné 12 fr. et au dernier 54.

P. 607. — Quelqu'un s'est acquitté d'une dette en quinze paiemens, de mois en mois : chaque mois il a augmenté de 3 fr., et son dernier paiement a été de 54 fr.

De combien a été le premier?

P. 608. — Un particulier s'est acquitté d'une certaine somme en plusieurs paiemens de mois en mois ; son premier paiement a été de 12 fr., le deuxième de 15, et ainsi de suite jusqu'au dernier qui a été de 54 fr.

Combien a-t-il été de mois pour payer?

P. 609. — Quelqu'un s'est acquitté d'une somme qu'il devait en 14 paiemens, de mois en mois. Le premier paiement a été de 12 fr., le deuxième de 15, et ainsi de suite jusqu'au dernier qui a été de 51 fr.

Combien devait-il?

P. 610. — Quelqu'un s'est acquitté d'une certaine somme en 15 paiemens. Le premier a été de 12 fr., et les autres ont été augmentés successivement de 3 fr. jusqu'au dernier.

Combien devait-il?

P. 611. — Quelqu'un s'est acquitté d'une dette de 495 fr. en 15 paiemens ; la différence entre chaque paiement a été successivement de 3 fr.

Combien a-t-il donné pour le premier et pour le dernier paiement?

P. 612. — Quelqu'un qui devait une certaine somme s'est acquitté en 15 paiemens ; le dernier a été de 54 fr., et la différence successive entre chaque paiement a été de 3 fr.

Combien devait-il?

P. 613. — Quelqu'un a payé 495 fr. en 15 fois ; il a augmenté chaque paiement successif d'une même somme, et le premier paiement a été de 12 fr.

On veut connaître la différence entre chaque paiement, et le montant du dernier paiement.

P. 614. — Quelqu'un a payé 495 fr. en 15 paiemens ; le dernier a été de 54 fr.

De combien a été le premier, et quelle est la différence égale et successive entre chaque paiement?

P. 615. — Quelqu'un qui devait 495 fr. s'est acquitté en plusieurs paiemens ; chaque paiement a été augmenté d'une somme égale : le premier a été de 12 fr., et le dernier de 54.

On demande en combien de paiemens il s'est acquitté, et quelle a été la différence entre chaque paiement.

P. 616. — Au moyen d'un certain nombre de paiemens qui ont augmenté successivement de 3 fr., on s'est acquitté d'une certaine somme. On veut connaître cette somme et le nombre des paiemens, sachant d'ailleurs que le premier paiement a été de 12 fr. et le dernier de 54 fr.

P. 617. — On s'est acquitté de 495 fr. au moyen de 15 paiemens qui ont augmenté successivement de 3 fr.

A combien se sont élevés le premier et le dernier paiement?

P. 618. — On s'est acquitté d'un certain capital, au moyen d'un certain nombre de paiemens qui ont augmenté successivement de 3 fr.

Le premier paiement a été de 12 fr., et le dernier de 54 fr.

Combien a-t-on fait de paiemens?

P. 619. — Combien devrait-on réclamer pour une rente de 50 fr. qui n'aurait pas été payée depuis 7 ans, en calculant l'intérêt simple à 5 p. $\frac{0}{0}$.

P. 620. — A combien monterait, après 7 ans, une rente annuelle de 100 fr. qui aurait dû être payée par trimestre, l'intérêt simple étant calculé à $4\frac{1}{2}$ p. $\frac{0}{0}$?

P. 621. — A combien monterait, après 7 ans, le produit d'une annuité de 250 fr. qui aurait dû être payée tous les 6 mois.

L'intérêt simple est calculé à 6 p. $\frac{0}{0}$.

P. 622. — Quelqu'un qui doit payer une annuité de 50 fr. pendant 7 ans, voudrait s'en acquitter sur-le-champ.

On demande combien il devra payer, en calculant l'intérêt simple à raison de 5 p. $\frac{0}{0}$.

P. 623. — Quelqu'un a emprunté une somme de 298 fr. 15 c. dont il voudrait s'acquitter en 7 paiemens égaux effectués à la fin de chaque année, en calculant les intérêts simples à raison de 5 p. $\frac{0}{0}$.
De combien devra être chaque paiement?

P. 624. — Combien devra-t-on payer à la fin de chaque année, pendant 15 ans, pour s'acquitter d'une somme de 16.049 fr. 13 c. qu'on recevrait immédiatement, et dont on calculerait l'intérêt simple à raison de 7 $\frac{3}{4}$ p. $\frac{0}{0}$.

P. 625. — Deux courriers partent en même temps de Paris et de Lyon pour se rendre à Madrid. Celui qui part de Paris marche cinq fois plus vite.
On demande à quelle distance ils se rencontreront ; on suppose d'ailleurs que la distance de Paris à Lyon est de 100 lieues.

P. 626. — Deux courriers partent en même temps de deux villes distantes l'une de l'autre de 60 lieues : celui qui part de la première ville va 12 fois plus vite que l'autre.
Combien devra-t-il faire de lieues pour le rattraper?

P. 627. — Une montre marquant midi, et l'aiguille des minutes se trouvant sur celle des heures, on demande sur quel point du cadran se fera la première rencontre des aiguilles.

P. 628. — Une montre marquant six heures, l'aiguille des minutes est sur 12, et celle des heures sur 6.

On demande à quel point du cadran elles se rencontreront.

P. 629. — Les deux aiguilles d'une montre sont sur midi.

On demande combien de fois elles se rencontreront depuis midi jusqu'à minuit, et à quelle heure se fera chaque rencontre.

P. 630. — L'aiguille des heures, celle des minutes et celle des secondes sont sur midi.

Sachant qu'il leur faut 12 heures pour se réunir une autre fois, on demande combien de fois elles se rencontreront deux à deux pendant cet intervalle de temps.

P. 631. — Quelqu'un à qui l'on demandait quelle heure il était, répondit : les deux aiguilles sont au même point entre 5 et 6 heures.

Quelle était l'heure précise ?

P. 632. — Un chat guette une souris éloignée de 24 pieds ; il s'en approche en tapinois, ne faisant que 5 pieds par quart d'heure et la souris s'éloignant de 3 pieds dans le même temps.

On demande après combien d'heures il l'attrapera.

P. 633. — Un lévrier poursuit un lièvre qui a 82 sauts d'avance sur lui. Pendant que le lévrier fait 9 sauts, le lièvre en fait 13, et 3 sauts du lévrier en valent cinq du lièvre.

Combien le lévrier doit-il faire de sauts pour attraper le lièvre.

P. 634. — On a expédié un courrier de Paris pour

porter des ordres à Toulouse : ce courrier doit faire trois lieues par heure.

Dix-huit heures après, des circonstances imprévues exigent d'autres ordres, et on expédie un second courrier qui doit rattraper le premier pour lui donner de nouvelles instructions.

On demande à combien de lieues de Paris ils se rencontreront, sachant que le second ne sera que 12 minutes pour faire une lieue.

P. 635. — Un entrepreneur prend deux ouvriers à la journée. Il donne au premier 7 fr. par jour, au second, 2 fr. 50 c. le premier jour, 3 fr. le deuxième, en augmentant toujours de 50 c.

Après combien de jours recevront-ils chacun la même somme ?

P. 636 — Deux personnes viennent l'une au-devant de l'autre ; la première fait 10 lieues par jour, la seconde fait 5 lieues le premier jour, et chaque jour elle augmente sa marche d'une lieue.

Après combien de jours ces deux personnes auront-elles fait autant de chemin l'une que l'autre ?

P. 637. — Deux courriers partent de la même ville à la même heure. Le premier fera 12 lieues par jour, le second n'en fera que 5 le premier jour, 7 le deuxième, 9 le troisième, et ainsi de suite, en augmentant de deux lieues par jour.

On demande après combien de jours il rattrapera le premier.

P. 638. — Un voleur fait 10 lieues par jour ; la maréchaussée le poursuit, mais elle ne peut faire que 5 lieues le premier jour, 7 le second, 9 le troisième, etc.

On demande après combien de jours le voleur sera atteint.

P. 639. — Un propriétaire a fait planter une file de 150 arbres éloignés les uns des autres de 4 toises ; il a employé un homme qui a mis au pied de chaque une brouettée de terreau qu'il a été chercher à une distance de 20 toises du premier arbre.

On demande combien de jours cet homme a été pour terminer cette opération, sachant qu'il a travaillé 8 heures par jour, et que, l'un dans l'autre, il a fait une lieue par heure. (Une lieue est de 2.280 toises 2 pieds, et une toise de 6 pieds.)

P. 640. — Quelqu'un s'est acquitté de 495 fr. en un certain nombre de paiemens qui ont successivement augmenté de 3 fr. : le premier paiement a été de 12 fr.

A combien monte le dernier paiement?

Quel a été leur nombre?

P. 641. — Quelqu'un qui devait 495 fr. s'en est acquitté en un certain nombre de paiemens qui ont successivement augmenté de 3 fr., le dernier paiement ayant été de 54 fr.

On demande de combien a été le premier et combien on en a fait

PROBLÈMES

DONT LES SOLUTIONS SE DÉDUISENT DE LA THÉORIE DES INÉGALITÉS ET DES DIFFÉRENCES.

P. 642. — Deux marchands ont fait une association ; le premier a mis 9.000 fr. et le second 6.000 fr.

Combien faudra-t-il que le second rende au premier, pour que le total des fonds restant le même, ils soient intéressés chacun pour moitié ?

P. 643. — Deux marchands ont fait une association dans laquelle ils ont mis chacun 7.500 fr.

Combien le second devra-t-il recevoir du premier, pour que, sans rien changer au total de la mise, il soit intéressé pour 3.000 fr. de plus ?

P. 644. — Deux associés ont mis dans le commerce une somme, et le premier a mis 2.500 fr. de plus que le second. Après un certain temps, le second augmente sa mise de 1.800 fr., et le premier diminue la sienne de 1.000 fr.

On demande à connaître la différence qui existe entre les deux mises après cette opération.

P. 645. — Deux associés ont mis dans le commerce une somme que l'on ne connaît pas : après un certain temps, le second, qui a mis la plus faible somme, augmente sa mise de 1.800 fr., et le premier diminue la sienne de 1.000 fr. ; alors il se trouve que la différence entre les deux mises est 1.700 fr.

Quelle était la première différence ?

P. 646. — Deux négocians ont mis, l'un 15.000 fr., et l'autre 12.000 fr. dans le commerce.

Combien faudrait-il qu'ils missent chacun de plus, pour que la différence d'une mise à l'autre fût trois fois plus forte?

P. 647. — Deux marchands ont fait un fonds de 30.000 fr. sur lequel le premier a mis 18.000 fr.

Combien devront-ils retirer chacun pour que la différence d'une somme à l'autre soit diminuée de moitié ?

P. 648. — Deux marchands ont fait une association; l'un a mis 15.500 fr. de plus que l'autre; et, sans rien changer au total de leur mise, s'ils eussent mis autant l'un que l'autre, ils auraient mis chacun 37.250 fr.

Quelle est la mise de chacun ?

P. 649. — La somme de deux nombres est 2.458, et leur différence est 154.

Quels sont ces deux nombres?

P. 650. — On demande de trouver deux nombres dont la différence soit 7, et la somme 33.

P. 651. — Le père et le fils ont 54 ans à eux deux; le père a 22 ans de plus que le fils.

Quel est l'âge de chacun?

P. 652. — Une maison composée de deux étages a 35 pieds de haut; le premier étage est de 4 pieds plus élevé que le second.

Quelle est la hauteur de chaque étage?

P. 653. — Deux nombres sont tels qu'en ajoutant 150 au plus petit, ils sont égaux, et leur somme est 2.400.

Quels sont ces nombres ?

P. 654. — La somme et la différence de deux nombres sont 150 et 100.

Quel est leur quotient ?

P. 655. — Le total de deux nombres est 2.588, et, pour les rendre égaux, il faudrait joindre 178 au plus petit.

Quels sont ces nombres?

P. 656. — Si j'avais encore autant de billes que j'en ai, et 8 de plus, j'en aurais 94.

Combien en ai-je?

P. 657. — Deux joueurs ont fait une partie; le premier, qui gagne 10 fr. au second, se trouve avoir 6 fr. de plus que lui, et ils ont 40 fr. à eux deux.

Combien avaient-ils chacun avant de jouer?

P. 658. — La différence de deux nombres est 10, et leur quotient est 3.

Quels sont ces nombres?

P. 659. — Si j'avais 56 noisettes de plus, j'en aurais 3 fois autant que j'en ai.

Combien en ai-je?

P. 660. — Le total de deux nombres est 4.545, et l'un est quatre fois plus fort que l'autre.

Quels sont ces nombres?

P. 661. — Si l'on me donnait 10 fr., j'aurais autant que mon camarade ; si l'on m'en donnait 20, j'aurais moitié plus que lui.

Combien avons-nous chacun ?

P. 662. — La somme de deux nombres est 16; $\frac{1}{3}$ du plus grand joint au plus petit les rend égaux.

Quels sont ces nombres?

P. 663. — On veut partager 5 en deux parties, telles que le quotient de la plus grande par la plus petite soit aussi 5.

Quelles seront ces deux parties?

P. 664. — On veut partager 108 en deux parties, et de manière que le quotient de la plus grande par la plus petite soit 11.

Quelles seront ces parties?

P. 665. — En divisant l'un par l'autre deux nombres dont la somme est 5.939, le quotient est 12 et le reste 11.

Quels sont ces deux nombres?

P. 666. — On demande de trouver deux nombres tels, que le plus petit étant retranché du plus grand, il reste 4, et que le quotient du plus grand par le plus petit soit aussi 4.

Quels seront ces nombres?

P. 667. — La somme de deux nombres est 5.760, et leur différence est égale au tiers du plus grand.

Quels sont ces nombres?

P. 668. — Un marchand a acheté 30 mètres de drap blanc, et 40 mètres de drap noir pour 660 fr.; un mètre de drap noir coûte le double d'un mètre de drap blanc.

Quel est le prix de chaque sorte?

P. 669. — Dans une loterie contenant 100.000 billets, la moitié du nombre des lots ajoutée au tiers des billets blancs faisait 35.000.

Combien y avait-il de lots dans cette loterie?

P. 670. — Deux tonneaux pleins contiennent la même quantité de liqueur : après avoir retiré 34 litres de l'un et 80 de l'autre, l'un contient le double de l'autre.

Combien contenaient-ils de litres étant pleins ?

P. 671. — La cinquième partie de la somme que j'ai est égale à cette même somme diminuée de 20.

Quelle somme ai-je ?

P. 672. — La sixième partie de 9 fois la somme que j'ai étant divisée par 3 et multipliée par 6, donne un produit tel, qu'en le divisant par 15, le quotient est égal à 30.

Quelle somme ai-je ?

P. 673. — Le tiers d'une somme multiplié par 4 et augmenté de 24, est égal au double de cette même somme augmenté de 6.

Quelle est cette somme ?

P. 674. — Le triple d'un nombre retranché de 20 et augmenté de 8, est égal à 60, moins 7 fois ce même nombre.

Quel est ce nombre ?

P. 675. — La somme que j'ai, multipliée par 5 et augmentée de 50, égale cette même somme, multipliée par 4 et augmentée de 60.

Quelle somme ai-je ?

P. 676. — La somme que j'ai, multipliée par 3 et diminuée de 5, donne un résultat égal à 23, moins cette même somme.

Quelle somme ai-je ?

P. 677. — La somme que j'ai, multipliée par 8, augmentée de 9 et quintuplée, donne un produit égal à 63 fois cette même somme, moins un.

Quelle somme ai-je ?

P. 678. — La somme que j'ai, augmentée de 4, divisée par 11, et retranchée de 5, donne un reste égal à cette même somme diminuée de 3.

Quelle est cette somme?

P. 679. — Quel est le nombre qui, après avoir été diminué de 1.470 et multiplié par 7, donne un produit égal à 1.715?

P. 680. — La somme de deux nombres est 180, et leur quotient est 11.

Quels sont ces nombres?

P. 681. — La somme de deux nombres est 21, et le plus petit est égal au neuvième de leur produit.

Quels sont ces nombres?

P. 682. — La somme de deux nombres est 48, et en ajoutant à la sixième partie du plus grand le quart du plus petit, on obtient le quart du plus grand.

Quels sont ces nombres?

P. 683. — La somme de deux nombres est 100 ; $\frac{1}{4}$ de l'un moins $\frac{1}{7}$ de l'autre donne 11 pour reste.

Quels sont ces nombres?

P. 684. — La somme de deux nombres est 392 ; en retirant $\frac{1}{5}$ du premier pour le joindre au second, ces deux nombres sont égaux.

Quels sont ces nombres?

P. 685. — La somme de deux nombres est 150, et $\frac{1}{3}$ du premier, plus $\frac{1}{5}$ du second font 32 $\frac{1}{7}$.

Quels sont ces nombres?

P. 686. — La somme de deux nombres est 17, et en multipliant leur produit par le double du plus petit de ces nombres, pour le diviser par la moitié du plus grand, le quotient est égal à 20 fois le plus petit.

Quels sont ces nombres?

P. 687. — La différence de deux nombres est 10, et $\frac{1}{6}$ de l'un plus $\frac{1}{4}$ de l'autre est aussi 10.

Quels sont ces nombres?

P. 688. — La différence de deux nombres est 20, et $\frac{1}{7}$ de l'un est égal à $\frac{1}{7}$ de l'autre.

Quels sont ces nombres?

P. 689. — Le produit de deux nombres est 120; si le plus petit était augmenté de 4, le produit serait 108.

Quels sont ces nombres?

P. 690. — Le produit de deux nombres est 144, et le sixième de ce produit est égal à 3 fois le plus petit.

Quels sont ces nombres?

P. 691. — Quelqu'un, en sortant du jeu, dit : jai gagné un nombre de louis égal aux $\frac{1}{3}$ de ceux que j'avais; la moitié de mon gain, multipliée par la cinquième partie du total de ceux que j'ai maintenant, donne un produit égal au quadruple de ce même gain.

Combien avait-il? Combien a-t-il gagné?

P. 692. — Trois personnes ont dépensé une certaine somme : la première et la deuxième ont dépensé 13 fr.; la première et la troisième en ont dépensé 14; la seconde et la troisième en ont dépensé 15.

Quelle est la dépense de chaque personne en particulier?

P. 693. — Trois personnes ont gagné en société 6.280 fr.
Les deux premières ont mis 7.320 fr. ;
La seconde et la troisième ont mis 9.760 fr. ;

La première et la troisième ont mis 8.040 fr.

On veut déterminer le gain de chaque associé.

P. 694. — Trois frères vont au jeu, et y perdent leur argent : les pertes de l'aîné et du cadet montent à 10 fr. ; celles de l'aîné et du jeune montent à 9 fr., et celles du cadet et du jeune montent à 11 fr.

On veut connaître la perte de chacun.

P. 695. — Trois personnes ont entre elles un certain nombre d'écus.

La première et la troisième ont 10 fr. de plus que la deuxième.

La deuxième et la troisième en ont 14 de plus que la première.

La première et la deuxième en ont 6 de plus que la troisième.

Combien ont-elles d'écus chacune ?

P. 696. — Cinq jeunes gens se sont cotisés pour faire un pique-nique : le premier et le deuxième ont mis 14 fr. ; le deuxième et le troisième ont mis 12 fr. ; le troisième et le quatrième ont mis 15 fr. ; le quatrième et le cinquième ont mis 14 fr., et enfin le premier et le cinquième ont mis 15 fr.

Combien ont-ils mis chacun ?

P. 697. — Six personnes étant en partie de plaisir, ont dépensé chacune une somme qu'on veut connaître, sachant que les dépenses des première et deuxième montent à 27 fr. ; celles des deuxième et troisième à 25 fr. ; celles des troisième et quatrième à 32 fr. ; celles des quatrième et cinquième à 33 fr. ; celles des cinquième et sixième à 40 fr., et qu'enfin celles des deuxième et sixième montent à 38 fr.

P. 698. — Trois voyageurs ont dépensé une certaine

somme d'argent : le premier et le deuxième ont dépensé 2 fr. de plus que le troisième; le premier et le troisième en ont dépensé 6 de plus que le deuxième, et le deuxième et le troisième en ont dépensé 10 de plus que le premier.

Quelle est la dépense de chacun?

P. 699. — J'ai fait trois paquets dont la somme totale est 48 fr. : le premier moins le second est égal à $\frac{1}{3}$ du troisième; le second moins le troisième est égal à $\frac{1}{4}$ du premier; le premier moins le troisième est égal à la moitié du second.

Combien y a-t-il dans chaque paquet?

P. 700. — Trois ouvriers se sont réunis pour travailler à un même ouvrage : le premier et le second ont gagné 24 liv. en 6 jours; le premier et le troisième ont gagné 32 liv. 8 s. en 9 jours, et enfin le deuxième et le troisième 48 liv. en 15 jours.

Combien ont-ils gagné chacun par jour?

P. 701. — Quatre personnes ont entre elles 48 fr.

On veut connaître ce qu'elles ont chacune, sachant que si la quatrième avait 6 fr. de plus, et la deuxième 6 fr. de moins, elles auraient toutes les quatre la même somme.

P. 702. — Deux marchands se sont associés pour fournir une certaine somme qu'ils veulent faire valoir : si le premier eût mis 25 fr. de moins, et le second 150 fr. de plus, ils auraient un fonds de 1.250 fr., et auraient mis autant l'un que l'autre.

Combien avaient-ils mis chacun?

P. 703. — Quatre personnes se sont partagé une somme de 594 fr., de manière que si la première n'eût eu que la moitié, la deuxième $\frac{1}{4}$, la troisième $\frac{1}{7}$, la quatrième $\frac{1}{9}$ de ce qu'elles ont eu réellement, elles auraient eu chacune la même somme.

Quelle est la part de chacune?

P. 704. — Quatre personnes se sont partagé une somme, de manière que si la première n'eût eu que la moitié, la deuxième $\frac{1}{3}$, la troisième $\frac{1}{4}$ et la quatrième $\frac{1}{6}$ de ce qu'elles ont eu réellement chacune, elles auraient eu toutes les quatre la même somme, et elles auraient eu 88 fr. de moins entre elles.

On demande quelle somme elles ont partagée, et combien elles ont eu chacune.

P. 705. — Trois frères ont acheté une propriété de 50.000 fr.; il manque au premier pour la payer, à lui seul, $\frac{1}{2}$ de l'argent qu'a le deuxième; il manque à celui-ci $\frac{1}{3}$ de l'argent qu'a le premier, et si le troisième joignait à l'argent qu'il a $\frac{1}{4}$ de l'argent du premier, il la paierait en entier.

Combien ont-ils chacun?

P. 706. — Deux amis ont été en emplette. Si, outre ce qu'a dépensé le premier, il eût dépensé les $\frac{1}{3}$ de ce qu'a dépensé le second, et si, outre ce qu'a dépensé le second, il eût dépensé les $\frac{3}{4}$ de ce qu'a dépensé le premier, ils auraient dépensé chacun 116 fr.

Quelle somme avaient-ils chacun?

P. 707. — Une marchande a 240 oranges distribuées dans 6 corbeilles; si elle augmentait celles de la première de $\frac{1}{7}$, si elle quadruplait celles de la deuxième, si elle ôtait la moitié de celles de la troisième, si elle ôtait $\frac{1}{7}$ de celles de la quatrième, et si elle ajoutait 25 oranges à celles de la sixième, il y en aurait un nombre égal dans toutes.

Combien y en avait-il réellement dans chaque corbeille?

P. 708. — On demande de partager 90 en quatre parties

telles, que la première, augmentée de 5, la seconde, diminuée de 4, la troisième, multipliée par 3, la quatrième, divisée par 2, donnent le même résultat.

— P. 709. — Six bourses contiennent 381 louis.
En doublant le contenu de la première,
En divisant celui de la deuxième par 2,
En ajoutant 15 à celui de la troisième,
En divisant celui de la quatrième par 3,
En retranchant 11 de celui de la cinquième,
Et en multipliant celui de la sixième par 5,
Elles contiendraient toutes un nombre égal de louis.
Combien y en avait-il dans chaque bourse?

— P. 710. — Deux personnes se sont partagé une somme de 30 fr., de manière que si la première eût touché 60 fr. et la seconde 20 fr. en sus, la première aurait eu trois fois autant que la seconde.

P. 711. — Quatre amis ont fait une mise de 30 fr. à la loterie : si le premier eût mis moitié plus qu'il n'a mis, il aurait mis autant que les trois autres. La mise du premier, multipliée par celle du deuxième, celle du deuxième multipliée par celle du troisième, donnent les deux produits 48 et 24.
Quelle est la mise de chacun?

P. 712. — On demandait à quelqu'un combien il avait gagné au jeu, il répondit : le nombre de louis que j'ai gagné est égal à la moitié de ce même nombre multiplié par son quart.
Combien a-t-il gagné de louis?

P. 713. — Quelqu'un, interrogé sur l'argent qu'il avait, répondit : $\frac{1}{7}$ de l'argent que j'ai surpasse de 35 fr. les $\frac{1}{10}$ de la même somme.
Combien avait-il?

P. 714. — Quelqu'un, en sortant du jeu, dit : il me reste cinq fois autant de louis que j'en ai perdu, et ceux que j'ai perdus, multipliés par la moitié de ce qui me reste, donnent un produit égal à trois fois ce reste.

On demande combien il a perdu, et combien il lui reste.

P. 715. — On demande à quelqu'un qui sort du jeu, combien il lui reste de louis, il répond : j'en ai trois fois autant que j'en ai perdu.

On lui demande combien il en a perdu, il répond : le nombre de ceux que j'ai perdus, multiplié par $\frac{1}{7}$ de ceux qui me restent, est égal à ceux que j'avais avant de jouer.

Combien a-t-il perdu? Et combien lui reste-t-il?

P. 716. — La somme que j'ai, multipliée par 4, donne un produit égal à cette même somme, augmentée de 4 et multipliée par 3.

Quelle somme ai-je ?

P. 717. — Un nombre est tel, qu'en retranchant 10 de sa septième partie, le triple du reste est 24.

Quel est ce nombre?

P. 718. — On demande de trouver un nombre tel, qu'en ajoutant 18 à son sextuple, pour diviser la somme par 9, le quotient soit 20.

P. 719. — Si on ajoutait 10 à quatre fois le triple de six fois la somme que j'ai, j'aurais 730 fr.

Quelle somme ai-je?

P. 720. — On demandait à un joueur combien il avait de louis, il répondit : le quotient de 5 fois leur nombre, divisé par 7, étant multiplié par 13, donne un produit égal à 65.

Combien en avait-il ?

P. 721. — La septième partie d'un nombre, multipliée par 3, augmentée de 4, et divisée par 13, donne 4 pour quotient.

Quel est ce nombre?

P. 722. — Un nombre est tel, qu'après y avoir ajouté sa moitié et en avoir retranché son tiers, le reste est égal à quatre fois ce nombre, moins 17.

P. 723. — Après avoir multiplié une somme par 2, l'avoir divisée par 4, et l'avoir multipliée par 12, la troisième partie du reste est égale à 48.

Quelle est cette somme?

P. 724. — Un nombre, augmenté d'un et divisé par 2, plus ce même nombre, augmenté de 2 et divisé par 3, est égal au même nombre, augmenté de 3, divisé par 4 et retranché de 16.

Quel est ce nombre?

P. 725. — Un nombre est tel, qu'en multipliant son tiers par son quart, le produit est double de ce même nombre.

Quel est-il?

P. 726. — Un nombre, multiplié par 5 et diminué de 16, est égal au triple de ce nombre, augmenté de 12.

Quel est ce nombre?

P. 727. — Un certain nombre, diminué de 30, est égal au triple de ce même nombre, diminué de 100.

Quel est ce nombre?

P. 728. — Deux sommes sont telles, qu'en les ajoutant, la plus forte est augmentée d'un septième, et en retranchant l'une de l'autre, on a 18 pour reste.

Quelles sont ces sommes?

P. 729. — Deux nombres sont tels, que le plus petit est $\frac{1}{3}$ du plus grand, et si on retranche le plus petit de 16 et le plus grand de 30, les restes sont égaux.

Quels sont ces nombres?

P. 730. — Le cinquième d'un nombre est égal au huitième d'un autre nombre, et, pour les rendre égaux, il faudrait retirer $4\frac{1}{2}$ du plus grand pour les joindre au plus petit.

Quels sont ces nombres?

P. 731. — Un père dit à son fils : voici deux bourses ; $\frac{1}{3}$ de ce que contient l'une est égal aux $\frac{4}{5}$ de ce que contient l'autre. Devine ce qu'il y a dans chaque, et je te donne 21 fr., qui sont l'excédant de l'une sur l'autre.

Combien y avait-il dans chaque bourse?

P. 732. — Un père dit à son fils : $\frac{1}{3}$ des louis que j'ai dans la main égale $\frac{1}{8}$ de ceux que j'ai dans ma bourse, et $\frac{1}{10}$ plus 2 de ceux que j'ai dans ma bourse, égalent $\frac{1}{11}$ de ceux que j'ai, tant dans ma bourse que dans ma main.

Trouve combien il y a de louis dans ma bourse et dans ma main, et je t'en donne un.

P. 733. — Quel est le nombre qui, étant multiplié par 4, donne un produit égal à trois fois ce même nombre, augmenté de 4?

P. 734. — Quel est le nombre qui, étant divisé par 4, donne un quotient tel que, si on en retranche 9, le reste est égal à 20?

P. 735. — Un père donne pour étrennes à ses trois enfans, une bourse, un portefeuille et une bonbonnière. La bourse coûte 6 $^{\text{liv.}}$, la bourse et la bonbonnière coûtent le double du portefeuille, et la bonbonnière avec le portefeuille coûtent trois fois autant que la bourse.

Combien chaque objet a-t-il coûté?

P. 736. — Quelqu'un qui fait la description d'un poisson qu'il a vu, dit que sa tête a 9 pouces de long, que sa queue est aussi longue que sa tête et la moitié de son corps, et que son corps est aussi long que sa tête et sa queue réunies.

Quelle était la longueur de ce poisson?

P. 737. — Quelqu'un a deux gobelets, avec un seul couvercle : le premier pèse 12 onces, et avec le couvercle, il pèse deux fois plus que le deuxième, qui, lorsqu'il est couvert, pèse trois fois plus que le premier.

Quel est le poids du deuxième gobelet et du couvercle?

P. 738. — Un particulier a deux vases et un couvercle d'argent du prix de 30 fr. Le couvercle, mis sur le premier vase, le fait valoir autant que le second; mais, mis sur le second, il le fait valoir le triple du premier.

Quel est le prix de chaque vase?

P. 739. — Un marchand a fait vœu de donner 6 fr. aux pauvres, chaque fois qu'il gagnerait 70 fr. 50 c.; en vendant pour 96 fr., il gagne 5 fr. 50 c. Dans le cours d'une année, il a donné 143 fr. aux pauvres.

Combien a-t-il reçu?

P. 740. — Deux ouvriers qui gagnent 3 liv. par jour chacun, ont travaillé pendant 50 jours.

Le premier, qui dépense 6 s. de moins par jour que le second, a épargné, pendant les 50 jours, deux fois autant que ce dernier et la dépense de deux jours en sus.

Combien ont-ils dépensé chacun par jour?

P. 741. — Un marchand de vin a acheté d'un de ses confrères un certain nombre de pièces de vins, pour lesquelles il fait un billet de 2.500 fr. Quelques jours après, il en reprend quatre autres pièces, pour lesquelles il fait un autre billet ; mais des vins de même qualité lui étant arrivés, et celui de qui il avait acheté le premier en ayant besoin, il lui en envoya 18 pièces, au même prix qu'il avait payé les autres ; alors il reçoit pour paiement ses deux billets et 1.000 fr. en argent.

Quel était le prix de chaque pièce ?

P. 742. — Deux marchands ont fait un fonds de 10.625 fr. ; la mise du second est égale au quart de celle du premier.

De quelle somme égale devront-ils augmenter chacun leur mise, pour que celle du second devienne égale au tiers de celle du premier ?

P. 743. — Deux marchands ont fait venir, l'un 80 kil. pesant d'une certaine marchandise, pour les droits desquels il a donné 4 kil. de cette même marchandise, et on lui a rendu 4 fr.

L'autre en a fait venir 190 kil., pour les droits desquels il en a donné 31 kil. et 4 fr.

On demande le prix de chaque kil., et combien chaque marchand aurait donné pour les droits, s'il les eût acquittés en argent.

P. 744. — Deux marchands font venir, l'un 64, et l'autre 20 tonneaux de vin de même qualité d'Orléans à Paris ; mais n'ayant pas d'argent pour payer les droits, et le percepteur ayant besoin de vin, il convient avec eux de prendre en paiement du vin au prix de facture.

Cet arrangement fait, il reçoit du premier 5 tonneaux et 40 fr. ; il n'en reçoit que 2 du deuxième, et il lui rend les 40 fr. que l'autre lui a donnés.

On demande combien le vin coûtait le tonneau, et combien on a payé de droits d'entrée pour chaque.

P. 745. — Un marchand a acheté des moutons de différentes espèces, et il a dépensé pour le tout 1.210 fr. Ceux de la première espèce, qui formaient $\frac{1}{7}$ de la totalité, lui coûtèrent 18 fr.; ceux de la seconde, qui en formaient $\frac{1}{4}$, lui coûtèrent 20 fr., et chacun de ceux restant lui coûtèrent 22 fr.

On demande combien il en a acheté.

P. 746. — Un particulier a acheté 2 pièces de vin pour 450 fr. La somme, qu'il a donnée pour payer la première, multipliée par le prix de la seconde, et divisée par la différence des deux prix, est égale à cette même somme.

Combien a-t-il payé chaque pièce?

P. 747. — Quelqu'un disait : si on ajoutait 30 fr. à ce que j'ai, j'aurais autant au-dessus de 85 fr. que maintenant j'ai au-dessous.

Combien avait-il?

P. 748. — Un nombre est autant au-dessous de 15 que son double est au-dessous de 27.

Quel est ce nombre?

P. 749. — Quelqu'un a acheté un cheval, et le nombre de louis qu'il l'a payé est autant au-dessus de 18 que leur nombre quadruplé est au-dessus de 90.

Combien l'a-t-il payé?

P. 750. — On propose de déterminer combien de louis contient une bourse, sachant que l'excès de leur quintuple, sur 30, est égal à l'excès du double de ces mêmes louis, sur 6.

P. 751. — Le père et le fils ont 70 ans : l'âge du père, multiplié par 3, est égal à celui du fils multiplié par 7.

Quel est l'âge de chacun?

P. 752. — On propose de diviser 75 en deux parties, telles que trois fois la plus grande surpasse 7 fois la plus petite de 15.

Quelles seront ces parties?

P. 753. — On demande de partager 32 en deux parties, telles que, si on divise la plus petite par 6 et la plus grande par 5, la somme des deux quotiens soit 6.

Quelles seront ces parties?

P. 754. — On propose de diviser 30 en deux parties, telles que la première, augmentée de 60, soit égale à trois fois la seconde augmentée de 20.

Quelles seront ces parties?

P. 755. — On veut partager 70 en deux parties, et de manière qu'une fois la plus grande, augmentée de 25, soit égale à trois fois la plus petite augmentée de 5.

Quelles seront ces parties?

P. 756. — On veut partager 55 en deux parties, telles que la première, augmentée de 50, soit égale à trois fois la deuxième diminuée de 5.

Quelles seront ces parties?

P. 757. — On demande de trouver un nombre tel, qu'en le divisant en trois ou quatre parties égales, les produits soient les mêmes dans les deux cas.

Quel sera ce nombre?

P. 758. — Deux tonneaux contiennent ensemble 495 bouteilles ; en retirant $\frac{1}{3}$ du premier et $\frac{1}{5}$ du second, ils contiennent autant l'un que l'autre.

Combien y a-t-il de bouteilles dans chaque?

P. 759. — De deux tonneaux, le premier contient $\frac{1}{5}$ de plus que le second; et en retirant $\frac{1}{7}$ du premier et 45 bouteilles du second, ils contiennent autant l'un que l'autre.

Combien y a-t-il de bouteilles dans chaque?

P. 760. — Deux tonneaux contiennent chacun un même nombre de bouteilles; en retirant 150 bouteilles de l'un et 50 bouteilles de l'autre, le second contient moitié en sus du premier.

Combien y avait-il de bouteilles dans chaque tonneau?

P. 761. — En joignant ce que je dois à ce qui m'est dû, on a 750 fr. pour somme, et ma créance surpasse ma dette d'un septième de cette même dette.

Combien dois-je? Combien m'est-il dû?

P. 762. — Si on me payait ce qui m'est dû, je m'acquitterais de ce que je dois, et il me resterait une somme égale au cinquième de ce qui m'est dû.

Ma dette et ma créance montent ensemble à 750 fr.

Combien dois-je? Combien m'est-il dû?

— P. 763. — Deux frères conviennent de faire un cadeau à leur mère, et l'aîné consent à payer le double de la dépense. Dans cette intention, ils mettent à part une somme de 1.272 fr., dont l'aîné a fourni les $\frac{1}{4}$; et comme il se trouve qu'ils n'ont pas assez pour acheter ce qu'ils désirent, ils conviennent d'augmenter cette somme, chaque mois, de 63 fr. 60 c. qu'on leur donne pour leurs menus plaisirs, et d'attendre que l'aîné n'ait plus que moitié en sus de son frère.

On demande combien ils devront attendre encore, et combien ils auront mis chacun à la masse.

P. 764. — On demandait à une jeune personne qui

14

venait d'acheter des oranges, combien elle les avait payées ; elle répondit : j'en ai d'abord acheté 12, et j'ai dû donner, pour les payer, un écu de 3 ^{liv.}, plus une certaine somme ; mais réfléchissant que je n'en aurais pas assez, j'en ai pris 8 autres, pour lesquelles j'ai donné un deuxième écu de 3 ^{liv.}, et la marchande m'a rendu la somme que j'avais ajoutée au premier.

On veut connaître le prix d'une orange et la somme ajoutée d'abord, et rendue ensuite.

P. 765. — Une femme revenait du marché avec un panier de pommes ; elle rencontre une de ses commères qui lui demande combien elle en a, et combien elles lui coûtent pièce ; elle lui répondit : 10 me coûtent autant au-dessus de 12 $_s$., que 12 au-dessus de 15 ^{s}. ; et si elles me coûtaient $\frac{1}{3}$ de moins, j'en aurais eu 50 de plus pour l'argent que j'ai donné.

Combien cette femme avait-elle acheté de pommes ?

P. 766. — Une jeune personne regardait avec plaisir deux volières dans lesquelles il y avait beaucoup d'oiseaux ; et, voulant connaître leur nombre, elle essaya de les compter, ce qui était difficile, en raison de leur déplacement continuel ; cependant elle dit qu'elle croyait qu'il y en avait 60 dans l'une des deux qu'elle désigna. Vous vous trompez de beaucoup, répondit la personne à qui elles appartenaient, il n'y en a pas 60 ; mais dans l'autre volière, qui en contient trois fois autant, leur nombre est autant au-dessus de 60, que le nombre contenu dans celle-ci est au-dessous.

Combien y en avait-il dans chaque volière ?

P. 767. — Quelqu'un qui doit une certaine somme, offre en paiement un secrétaire ou une bibliothèque : la valeur de ces deu objets est de 1.000 fr.

S'il donne la bibliothèque, il devra ajouter 100 fr.

S'il donne le secrétaire, on devra au contraire lui rendre 100 fr.

Quelle est la dette? Quelle est la valeur de chaque meuble?

P. 768. — Quelqu'un prend un domestique pour un an, et il lui promet 120 fr. et un cheval.

Mécontent de ses services, il le congédie après six mois, et lui donne pour paiement 15 fr. et le cheval.

De quel prix était le cheval?

P. 769. — Un marchand a acheté deux pièces de drap de deux qualités différentes, et chaque pièce lui coûte 840 fr. Un mètre de la première qualité coûte $\frac{2}{7}$ de plus qu'un de la seconde, et la pièce contient 6 mètres $\frac{2}{3}$ de moins.

Combien y a-t-il de mètres dans chaque pièce?

P. 770.—Un marchand a acheté un certain nombre de mètres de drap, pour 2.000 fr. ; s'il l'eût payé $\frac{1}{6}$ du prix de moins par mètre, il en aurait eu 12 mètres $\frac{1}{2}$ de plus qu'il n'en a eu.

Combien en a-t-il acheté de mètres? Combien l'a-t-il payé?

P. 771. — Deux associés ont fait un fonds pour le faire valoir. Le sixième de la mise du premier surpasse de 20 fr. les $\frac{2}{3}$ de celle du second.

Le résultat de leurs opérations leur a donné un bénéfice de 2.560 fr., qui font le tiers de leur mise.

Quelle était la mise de chacun? (*Voir* le P. suivant.)

P. 772. — Deux associés ont fait un fonds de 7.680 fr. pour le faire valoir ; $\frac{1}{6}$ de la mise du premier surpasse de 20 fr. les $\frac{2}{3}$ de celle du second.

Quelle est la mise de chacun?

14..

P. 773. — Deux marchands ont fait un fonds : le premier a mis cinq fois autant que le deuxième. Ayant besoin de plus d'argent qu'ils ne croyaient, ils augmentent chacun leur mise de 1.263 fr., et alors il se trouve que la mise du premier n'est plus que double de celle du second.

Combien avaient-ils mis chacun d'abord ?

P. 774. — Un marchand forain, dans une petite tournée qu'il fait, dépense 8 fr. le premier jour, et vend des marchandises pour autant d'argent qu'il lui en reste ; le second jour, il dépense 10 fr., et ne vend rien ; le troisième jour, il dépense 6 fr., et vend des marchandises pour la moitié de l'argent qui lui reste, ses dépenses payées. Alors il se trouve avoir la même somme qu'au commencement de son voyage.

Combien avait-il ?

P. 775. — Deux personnes ont un revenu égal : la première épargne $\frac{1}{5}$ du sien, la seconde dépense 600 fr. de plus que la première, et, au bout de 3 ans, il se trouve que la seconde s'est endettée de 1.000 fr.

Quels étaient la dépense et le revenu de chacune ?

P. 776. — Si j'avais 30 fr. de plus, je paierais mes dettes ; 20 fr. de moins, je n'en paierais que $\frac{1}{7}$.
Combien ai-je ? Combien dois-je ?

P. 777. — Un propriétaire disait : si je vends le vin de ma récolte 150 fr. la pièce, j'achèterai une maison, et j'aurai 1.500 fr. de reste ; mais si je ne le vends que 140 fr., au lieu d'avoir 1.500 fr. de reste, il faudra que je les ajoute.

On demande combien ce propriétaire avait de pièces de vin, et quel était le prix de la maison.

P. 778. — Un tuteur a acheté pour son pupille une propriété de 352.000 fr., qu'il a soldée en 6 paiemens, d'année en année. Au bout d'un certain temps, son pupille étant devenu majeur, il veut lui rendre les comptes détaillés et annuels de sa gestion ; mais les reçus des divers paiemens, formant une liasse, se trouvent égarés, et, comme il tenait beaucoup à rendre ses comptes par année, il tâche de se rappeler les sommes qu'il a données. Il se souvient seulement que les deuxième, troisième et quatrième paiemens ont été augmentés successivement d'une même somme, comparativement au premier ; que la différence du premier au quatrième était de 15.000 fr. ; que les deuxième et troisième paiemens réunis montaient à 95.000 fr., et qu'enfin le sixième paiement était double du cinquième. Sur ces données, il trouve le montant de chaque paiement, et rend ses comptes comme il le désirait.

Quelle était la somme successive de chaque paiement ?

P. 779. — Une personne, ayant des jetons dans les deux mains, en prend un de la droite pour l'ajouter à ceux de la gauche, et par là, il s'en trouve autant dans une main que dans l'autre.

Si cette personne eût fait passer deux jetons de la gauche dans la droite, cette dernière main en eût contenu le double de ce qui serait resté dans l'autre.

D'après ces données, on demande combien il y avait d'abord dans chaque main.

P. 780. — Deux nombres sont tels, que si on retranche 1 du plus petit, pour le joindre au plus grand, ce dernier est cinq fois plus fort que le premier. Si, au contraire, on retire 14 du plus grand, pour les joindre au plus petit, ce dernier est le double du premier.

Quels sont ces nombres ?

P. 781. — Le frère et la sœur ont chacun un certain nombre d'oranges ; si le frère en donnait une à la sœur, ils en auraient autant l'un que l'autre ; si la sœur, au contraire, en donnait une au frère, ce dernier en aurait une fois plus qu'elle.

Combien en ont-ils chacun ?

P. 782. — Deux amis ont fait une partie : le premier gagne d'abord 5 fr. au second, alors il se trouve avoir autant d'argent que lui ; mais ensuite le second regagne ce qu'il a perdu et 5 fr. de plus, et il a 5 fois autant d'argent que son camarade.

Combien avaient-ils chacun ?

P. 783. — Deux joueurs se mettent au jeu avec une certaine somme ; ils conviennent de jouer jusqu'à ce qu'ils aient 25 fr. de perte.

La somme qu'ils ont chacun est telle, que si le second gagne, ils auront autant d'argent l'un que l'autre ; si, au contraire, c'est le premier, il aura 5 fois autant d'argent qu'il en restera à son adversaire.

Quelle était la somme de chacun ?

P. 784. — Si je donne un tonneau de vin à mon voisin, il en aura 6 fois autant que moi.

S'il m'en donne 7, j'en aurai les $\frac{1}{4}$ de ce qui lui restera.

Combien avons-nous de tonneaux chacun ?

P. 785. — Deux amis se mettent au jeu avec autant d'argent l'un que l'autre : le premier gagne d'abord 20 fr. au second ; mais ensuite il perd la moitié de tout ce qu'il a, et il ne lui reste plus que la moitié de ce qu'a le deuxième.

Combien avaient-ils chacun ?

P. 786. — Deux joueurs font ensemble une partie : le premier a 54 fr. et le second 41.

En quittant le jeu, le premier a quatre fois autant d'argent que son camarade.

Combien le second a-t-il perdu?

P. 787. — Deux amis vont au jeu, ayant autant d'argent l'un que l'autre : il se trouve qu'en quittant la partie, le premier, qui a perdu 12 fr., a quatre fois autant d'argent que le second, qui en a perdu 57.

Combien avaient-ils chacun, en commençant et en quittant la partie?

P. 788. — Deux joueurs font une partie ; ils ont ensemble une somme de 96 fr. La partie terminée, ils comptent leur argent : l'un des deux, qui gagne 40 fr., a trois fois autant d'argent que son camarade, qui, en se mettant au jeu, en avait le double de lui.

Quelles sommes avaient-ils chacun, en se mettant au jeu et en le quittant?

P. 789. — Trois joueurs se mettent au jeu avec une somme de 90 fr., et ils font deux parties.

A la première, le premier gagne 13 fr. à chacun des deux autres ; à la seconde, les deux autres lui gagnent chacun 19 fr. ; alors l'argent du premier est diminué d'un tiers, celui du deuxième est augmenté d'un cinquième, et celui du troisième est augmenté d'un quart.

Combien avaient-ils chacun avant et après avoir joué?

P. 790. — Deux personnes dînent ensemble : l'une fournit 5 plats et l'autre 3 ; une troisième personne, qui est admise à leur dîner, à condition qu'elle paiera sa part en argent, donne 8 fr. pour son écot.

Combien revient-il à chacune des deux premières, en raison des plats qu'elles ont fournis.

— P. 791. — Cinq amis se sont réunis pour dîner et payer la dépense en commun.

Le premier a avancé les $\frac{3}{20}$ de la dépense, le deuxième en a avancé $\frac{1}{5}$, le troisième $\frac{1}{4}$, le quatrième $\frac{2}{5}$, le cinquième n'a fait aucune avance, et, en réglant le compte, il se trouve que le premier doit ajouter 4 fr. à l'avance qu'il a faite, pour solder son écot.

On propose d'établir le compte de chacun.

P. 792. — Le frère et la sœur ont ensemble une somme de 75 fr., sur laquelle ils dépensent 35 fr., et il se trouve que le frère dépense la moitié, et la sœur le tiers de ce qu'ils avaient.

Combien avaient-ils chacun?

P. 793. — Un fils a 45 ans de moins que son père, qui a quatre fois son âge.

Quel est l'âge de chacun?

P. 794. — Un père a six fois autant d'âge que son fils, et la somme des deux âges est 91.

Quel est l'âge du fils? Quel est l'âge du père?

P. 795. — Le père et le fils ont 80 ans, et si l'âge du fils était doublé, il aurait 10 ans de plus que son père.

Quel âge ont-ils chacun?

P. 796. — Un père a 20 ans de plus que son fils : si l'âge du fils était doublé, il aurait 10 ans de plus que son père.

Quel est l'âge de chacun?

P. 797. — Un père a le double de l'âge de son fils; s'il avait 15 ans de moins, et le fils 4 ans de plus, ils auraient chacun le même âge.

Quel est leur âge?

P. 798. — On demandait à deux frères quel était leur âge : l'aîné répondit : il y a sept ans, j'avais trois fois l'âge de mon frère; dans 7 ans, j'en aurai le double.

Quel âge ont-ils chacun?

P. 799. — Un père a le triple de l'âge de son fils; dans 8 ans, il n'en aura que le double.

Quel est l'âge de chacun?

P. 800.—Un père a le triple de l'âge de son fils, et ils ont 44 ans à eux deux.

Dans combien d'années l'âge du père ne sera-t-il que double de celui de son fils?

P. 801. — Deux frères ont ensemble 48 ans, et trois fois l'âge de l'aîné donne une somme égale à 5 fois celui du jeune.

Quel âge ont-ils chacun?

P. 802. — On demandait à une dame qui était avec ses deux demoiselles, quel âge elles avaient; elle répondit : nous avons 38 ans à nous trois; j'ai 10 ans de plus que leurs deux âges réunis, et l'aînée a 2 ans de plus que la cadette.

Quel était l'âge de chacune?

P. 803. — Le père et le fils ont 60 ans à eux deux : si on retranche 18 ans de l'âge du père pour les joindre à celui du fils, ils auront chacun le même âge.

Quel âge ont-ils chacun?

P. 804. — Trois frères ont entre eux 60 ans : l'aîné et le cadet ont 30 ans de plus que le jeune, et le cadet a 18 ans de moins que l'aîné et le jeune ensemble.

Quel est l'âge de chacun?

P. 805. — Un père, interrogé sur l'âge de son fils et de sa fille, répondit : ma fille a le triple de l'âge qu'elle avait quand mon fils avait son âge actuel, et quand elle aura atteint l'âge que mon fils a maintenant, ils auront 60 ans à eux deux. (*Voir* le P. 808.)

Quel est l'âge de chacun ?

P. 806. — Deux frères ont ensemble 44 ans : si on ajoutait à l'âge du jeune $\frac{1}{7}$ de l'âge de l'aîné, son âge serait autant au-dessus de l'âge de son frère qu'il est au-dessous.

Quel est l'âge de chacun ?

P. 807. — On demande à deux frères qui étudient l'arithmétique, quel âge ils ont chacun ; l'aîné répond : la somme de nos âges est 32, et en divisant l'âge de mon frère par leur différence, le quotient est $3\frac{1}{2}$.

Quel est l'âge de chacun ?

P. 808. — Un père, interrogé sur l'âge de son fils et de sa fille, répondit : ma fille a cinq fois l'âge qu'elle avait quand mon fils avait son âge actuel ; et quand elle aura atteint l'âge que mon fils a maintenant, ils auront 88 ans à eux deux.

Quel est l'âge de chacun ?

P. 809. — Un père, interrogé sur l'âge de son fils, répondit : si du double de l'âge qu'il a maintenant, vous retranchez le triple de celui qu'il avait il y a six ans, vous aurez son âge actuel.

Quel était l'âge demandé ?

P. 810. — Quelqu'un à qui on demandait quelle heure il était, répondit : le nombre d'heures qui doit encore s'écouler pour aller à minuit, est égal aux $\frac{4}{5}$ de l'heure qu'il est maintenant.

Quelle heure était-il?

P. 811. — Une personne, interrogée sur l'heure, répondit : il est plus de midi, et 4 fois les $\frac{3}{8}$ des heures qui doivent s'écouler d'ici à minuit, surpassent 12 heures, autant que la moitié de l'heure que vous demandez est surpassée par 4.

Quelle était l'heure?

P. 812. — Quelqu'un à qui on demandait le quantième du mois et l'heure du jour, répondit :

Si, au tiers des jours qui sont déjà écoulés sur le mois, vous ajoutez la moitié de ceux qui restent, vous aurez le quantième; et si vous prenez les $\frac{5}{7}$ du nombre d'heures qui s'écouleraient d'ici à minuit, vous aurez un nombre qui surpassera 4 de la même quantité dont le nombre d'heures écoulé depuis midi est surpassé par 10.

On demande la date du mois et l'heure du jour. (On suppose le mois de 30 jours.)

P. 813. — Un propriétaire qui désire acheter une maison de 43.500 fr., veut vendre 300 pièces de vin de sa récolte, pour la payer. Un particulier lui offre de chaque pièce un prix tel, qu'il devra joindre à ce qu'il recevra le dixième de cette même somme, plus 600 fr., pour payer la maison; mais ce propriétaire ne veut vendre son vin qu'à condition que le produit paiera l'achat, et qu'il lui restera en outre le trentième de la somme qu'il aura reçue.

On demande combien on lui a offert de chaque pièce de vin, combien il en veut, et combien il lui en resterait, suivant ses conditions.

P. 814. — Un domestique ivrogne, convaincu d'avoir

tiré par 3 fois d'un tonneau qui contenait 360 litres, 6 litres de vin, et de l'avoir rempli chaque fois avec de l'eau, est renvoyé, et son maître veut lui retenir sur ses gages le vin qu'il lui a pris.

On demande combien il devra lui retenir, en estimant le vin 1 fr. 20 c. le litre.

P. 815. — Un homme, n'ayant que des héritiers collatéraux ascendans, fit le testament suivant : ma succession sera divisée en deux portions inégales : la ligne masculine aura $\frac{1}{4}$ de plus que la ligne féminine.

Les donations par moi faites à mes héritiers, seront rapportées en totalité, pour former la masse générale.

Par le résultat du partage, chaque héritier a eu pour sa part (en déduisant ce qu'il a rapporté) la même somme que si la division par ligne eût été égale.

On sait que la succession a été augmentée de $\frac{1}{4}$ par les rapports; que chaque héritier de la ligne masculine a eu pour sa part, dans la totalité, 7.314 fr. $\frac{2}{7}$, et que chaque héritier de la ligne féminine a eu 3.840 fr.

On demande à connaître la masse de la succession, celle des rapports par chaque ligne, combien chaque héritier a rapporté, et combien il y en avait dans chaque ligne, sachant que leur nombre était au-dessous de 20.

Ce problème étant assez difficultueux, on l'a séparé en autant de questions qu'il y a de conditions dans l'énoncé : c'est pourquoi on devra résoudre les 4 problèmes suivans, qui donneront la solution de celui-ci.

P. 816. — Un homme exige, par son testament, que ses deux lignes collatérales d'héritiers rapportent chacune à la masse les donations qu'il leur a faites, et qu'elles partagent cette masse de manière à ce que la première ligne en ait $\frac{1}{4}$ de plus que la deuxième.

Chacun des héritiers de la première ligne a eu 7.314 fr. $\frac{2}{7}$, et chacun de ceux de la deuxième 3.840.

En déduisant de sa part la somme qu'il a rapportée, chaque héritier aurait la même somme que si la succession eût été partagée également entre chaque ligne.

On veut connaître combien alors chacun aurait reçu.

P. 817. — Deux lignes collatérales ont hérité, par portion égale, d'une certaine somme. Chacun des héritiers de la première ligne a reçu 6.400 fr., et chacun de ceux de la seconde en a reçu 4.480.

Combien y avait-il d'héritiers dans chaque ligne, sachant que leur nombre était au-dessous de 20?

P. 818. — Deux lignes collatérales ont hérité, par portion égale; 7 héritiers, qui composaient la première ligne, ont eu chacun 6.400 fr.; et 10, qui composaient la seconde, en ont eu chacun 4.480.

On demande quel était le montant de la succession, et combien chaque ligne a touché, sachant que chaque héritier a rapporté les donations qui lui avaient été faites, et que ces rapports ont augmenté la succession de $\frac{1}{4}$.

P. 819. — Deux lignes d'héritiers collatéraux, 7 d'une part et 10 de l'autre, ont touché chacun, savoir:

Les premiers, 7.314 fr. $\frac{2}{7}$, et les seconds, 3.840 fr.

Pour avoir ces sommes, chacun d'eux avait rapporté à la masse les donations qui lui avaient été faites précédemment par le défunt.

Si chaque ligne n'eût rien rapporté, en partageant également, elles auraient eu chacune 35.840 fr.

Combien chaque héritier a-t-il rapporté?

PROBLÈMES

RELATIFS AUX RÉPARTITIONS DE FONDS, SOCIÉTÉS, ETC.

P. 820. — Quatre jeunes personnes, Sophie, Émilie, Victoire et Louise, ont une certaine quantité d'oranges à elles quatre. Si Sophie et Émilie en avaient l'une 8, et l'autre 2, de celles de Victoire, elles en auraient autant l'une que l'autre, et Louise en aurait 14; ce qui ferait la huitième partie, plus 7, de la totalité.

Combien en ont-elles chacune?

P. 821. — Quatre jeunes personnes se partagent entre elles un panier contenant 108 pommes; la première en prend ce qu'elle veut, la deuxième en prend le double de la première, la troisième le double de la deuxième, la quatrième prend le reste, et en a autant à elle seule que la première et la troisième en ont à elles deux.

Combien ces jeunes personnes ont-elles de pommes chacune?

P. 822. — On demande à une jeune personne, qui est dans une pension, quel est le nombre de ses compagnes, elle répond : je ne le connais point au juste, mais je sais que nous avons 4 classes; que, dans la première, il y a $\frac{1}{10}$ des pensionnaires; que, dans la deuxième dont je fais partie, il y en a 10; que, dans la troisième, il y a un nombre que je ne connais pas; qu'enfin, dans la quatrième, il y en a 14, et que cette classe est aussi nombreuse à elle seule que la première et la deuxième réunies.

Combien y a-t-il de pensionnaires dans chaque classe?

P. 823. — Trois oncles assemblés pour faire l'établissement d'une pauvre nièce, forment une bourse commune de 144 louis; le premier donne ce qu'il peut, le deuxième donne le triple du premier, et le troisième autant que les deux autres.

Combien ont-ils donné chacun?

P. 824. — On veut partager 7.800 fr. entre trois personnes, de manière que la seconde ait autant que la première, et que la troisième ait autant que les deux autres.

Combien auront-elles chacune?

P. 825. — Trois personnes ont acheté une maison 27.000 fr.

Sachant que la deuxième a payé le double de la première, et la troisième le triple de la deuxième, on demande la somme donnée par chacune.

P. 826. — Quatre villages ont été imposés par un général, à une taxe extraordinaire de 97.514 fr. 10 c., et ils doivent payer en proportion du nombre de leurs habitans; dans le premier, il y en a 280; dans le deuxième, 160; dans le troisième, 450; dans le quatrième, 856.

On demande quelle somme paiera chaque village.

P. 827. — Quatre négocians ont fait une mise de fonds de 36.000 fr.

En partageant les bénéfices proportionnellement à leur mise, le premier a eu 3.000 fr., le deuxième 3.500 fr., le troisième 2.600 fr. et le quatrième 2.900 fr.

On demande quelle avait été la mise de chacun.

P. 828. — Trois marchands se sont associés; le *premier* a mis 75.000 fr., le *second* 54.000 fr., et le *troisième* 240.000 fr. Le bénéfice résultant de leur société est de 144.000 fr.

On demande ce qui revient à chacun en proportion de sa mise.

P. 829. — Trois libraires ont entrepris l'édition d'un livre qu'ils ont tiré à 1.200 exemplaires, et dont la dépense s'est élevée à 10.800 fr.

Le premier est intéressé pour 3.600 fr.
Le deuxième,   5.400 fr.
Le troisième,   1.800 fr.

On demande combien chacun des libraires aura d'exemplaires, en raison de sa mise.

P. 830. — Trois libraires ont entrepris l'édition d'un livre qu'ils ont tiré à 1.200 exemplaires, et dont la dépense s'est élevée à 10.800 fr.; l'édition terminée, ils se la partagent proportionnellement à leur mise de fonds, et de manière que le premier prend 400 exemplaires, le deuxième 600, et le troisième 200.

Combien avaient-ils mis chacun?

P. 831. — Une compagnie de cent hommes reçoit une gratification de 100 fr.; le sergent-major a 12 fr. 15 c., les sergens 5 fr., les caporaux 2 fr. 50 c., et les soldats se partagent le reste.

On demande le nombre des sergens, caporaux et soldats, et combien les derniers ont reçu chacun, sachant que les caporaux ont reçu autant que les sergens, qui ont eu la cinquième partie de la gratification.

P. 832. — 56 ouvriers d'une part, et 64 de l'autre, ont défriché une pièce de terre de 456 arpens.

On demande combien d'arpens les ouvriers de chaque troupe en ont défriché, et combien chaque arpent a été payé, sachant que la deuxième troupe a reçu en paiement 106 $^{\text{liv.}}$ 8 $^{\text{s.}}$ de plus que la première.

P. 833. — Huit capitaines, 10 lieutenans et 16 sous-lieutenans de cavalerie, ont loué une prairie pour mettre leurs chevaux au vert. Les capitaines en avaient chacun 4, les lieutenans chacun 3 ; et les sous-lieutenans chacun 2, qui y sont restés pendant 38 jours.

On demande combien ils ont dû payer chacun, sachant que le loyer était de 1.128 fr. par mois.

P. 834. — Trois marchands ont fait une association pour un chargement de grains.

La mise du premier est de 360 tonneaux.
Celle du deuxième de   200.
Celle du troisième de   160.

Dans la traversée, le mauvais temps force à jeter une partie de la cargaison à la mer, et il se trouve qu'on a jeté 150 tonneaux du premier marchand, 90 du deuxième, et 30 du troisième.

On demande comment ils devront régler leurs comptes, pour que chacun supporte la perte suivant son chargement.

P. 835. — Un débiteur laisse à 5 créanciers 180 fr., pour 540 fr. qu'il leur doit ; il doit au premier 180 fr., au second 90 fr., au troisième 45 fr., au quatrième 108 fr., au cinquième 117 fr.

On demande la part de chaque créancier dans la somme laissée.

P. 836. — Un homme devait à quatre personnes :
A la première, il devait 2.454 fr. 25 c.
A la deuxième,   5.860 fr. 75 c.
A la troisième,   3.000 fr. 25 c.
Et à la quatrième, autant qu'aux trois premières ; il vient à mourir, et il se trouve que la succession ne monte qu'à 18.104 fr. 40 c.

On demande combien chacun recevra en raison de sa dette.

P. 837. — Trois marchands ont mis en commun 15.200 fr. ; ils ont eu un bénéfice de 1.900 fr., qu'ils se sont partagé de manière que le premier a eu, relativement à sa mise, 1.200 fr., et le second 400 fr.

On demande à connaître le bénéfice du troisième, et la mise de chacun.

P. 838. — Deux marchands, qui avaient mis 1.000 fr. en société, ont gagné 3.250 fr. ; le gain du premier surpasse de 650 fr. celui du second.

Quels sont les mises et les gains de chaque marchand ?

P. 839. — Deux marchands ont mis en société 800 fr., qui leur ont rapporté 150 fr. de bénéfice ; le premier a retiré, mise et bénéfice, 570 fr.

Quelle est la mise de chacun, et quel est le bénéfice du second ?

P. 840. — Deux associés ont mis dans le commerce 45.648 fr. ; le premier a mis 12.600 fr. de plus que le second : au bout d'un certain temps, ils se retirent avec un bénéfice égal à la moitié de leur mise.

Combien reviendra-t-il à chacun, mise et bénéfice ?

P. 841. — Deux associés avaient mis chacun une somme dans le commerce, pour la faire valoir ; après un certain temps, ils se retirent avec un bénéfice égal à la moitié de leur mise. La part du premier, qui avait mis 12.600 fr. de plus que le second, monte à 43.686 fr.

Combien avaient-ils mis chacun ?

P. 842. — Deux associés, qui avaient mis dans le commerce une somme de 45.648 fr., se séparent au bout d'un certain temps, avec un bénéfice égal à la moitié de leur mise. Le premier a eu pour sa part 43.686 fr.

Combien avait-il mis de plus que l'autre?

P. 843. — Deux associés ont fait une entreprise; le premier a mis 25.640 fr., le second 22.400 fr. Le premier a eu 648 fr. de bénéfice de plus que le second.

Combien ont-ils gagné chacun, et combien leur mise leur a-t-elle rapporté?

P. 844. — Quelqu'un à qui on demandait pour combien il était intéressé dans une entreprise, répondit : en mettant 50.000 fr., j'en aurais gagné 4.625; mais mon bénéfice n'est que de 3.552 fr.

Combien a-t-il gagné p. $\frac{0}{0}$, et combien a-t-il mis?

P. 845. — Un particulier, interrogé sur le bénéfice qu'il avait fait dans une entreprise où il était intéressé, répondit : en mettant 480.000 fr., j'aurais gagné 88.560; mais je n'ai mis que 120.000 fr.

Quel a été son bénéfice?

P. 846. — Trois frères héritent de leur père, qui leur laisse à partager une certaine somme, à condition que le plus jeune n'aura que 2.000 fr., et que les autres se partageront le reste également.

On demande combien ils auront chacun, sachant que, si les deux aînés prenaient sur leur part, pour le joindre à celle de leur jeune frère, le neuvième de la totalité, ils auraient tous les trois la même somme.

P. 847. — Un père en mourant laisse à ses trois fils une certaine somme, à condition qu'ils la partageront de manière à ce que les deux aînés aient, en sus de ce qu'ils auraient en partageant également, chacun 100 louis de plus que le plus jeune, qui alors se trouvera n'avoir que le quart de la totalité

Combien auront-ils chacun ?

P. 848. — Un père en mourant laisse à ses trois fils une certaine somme, et il ordonne par son testament qu'elle soit partagée de manière à ce que les deux aînés aient chacun 7.200 fr. de plus que le plus jeune, qui alors se trouvera n'avoir que le quart de la totalité.

Combien auront-ils chacun ?

P. 849. — Un homme en mourant laisse sa femme, 3 fils et 2 filles, avec une somme de 26.494 fr. 50 c., qu'ils doivent se partager de manière que la mère reçoive le double d'un fils, et un fils le triple d'une fille.

Combien ont-ils eu chacun ?

P. 850. — Deux marchands ont fait une association dans laquelle ils ont mis 3.018 fr. ; la mise de chacun est telle, que le second devrait ajouter à sa mise les $\frac{1}{5}$ de cette même mise, et 138 fr., pour mettre autant que le premier.

Combien ont-ils mis chacun ?

P. 851. — Trois marchands ont fait une spéculation qui après un certain temps, leur a rapporté 12.648 fr. de bénéfice ; le premier a mis 19.660 fr., et le deuxième 22.500 fr.

On veut savoir combien a dû mettre le troisième, qui a eu 4.216 fr. pour sa part de bénéfice, et connaître le bénéfice de chacun des deux autres.

P. 852. — Trois marchands ont fait une spéculation qui leur a rapporté, au bout d'un certain temps, un total de 64.000 fr., mises et bénéfices.

On veut connaître le total de la mise, et combien ils

doivent retirer chacun, sachant que le premier a fait 20.000 fr., le deuxième $\frac{1}{3}$, et le troisième $\frac{1}{4}$ de la mise.

P. 853. — Trois marchands ont fait un fonds de 31.500 fr., qui leur a rapporté un bénéfice de 1.575 fr. ; ils se sont partagé cette somme en proportion de leur mise, et de manière que le deuxième en a autant que le premier, plus 55 fr., et que le troisième en a autant que les deux autres ensemble.

On demande combien ils avaient mis chacun, et combien ils ont retiré.

P. 854. — De trois associés, le premier a mis 10.800 fr., le second 3.600 ; on ne sait pas combien a mis le troisième, mais on sait que, sur le bénéfice montant à 15.200 fr., il a eu pour sa part 2.400 fr.

On demande combien chacun des deux premiers a retiré, et combien le troisième a mis.

P. 855. — On a employé en deux fois, pour le transport d'une partie de coton, 5 voitures : la première était chargée à 1.250 liv., la deuxième à 2.000 liv., la troisième à 1.800 liv., la quatrième à 2.500 liv., et la cinquième à 3.000 liv. Les 3 premières, composant le premier envoi, ont fait 250 lieues, et les deux autres n'en ont fait que 170. L'entrepreneur a reçu, pour ce transport, 40 fr. par quintal et pour 100 lieues.

On demande combien il a donné à chaque voiturier, en raison de sa charge et du chemin qu'il a fait, sachant que, en gagnant sur le premier envoi $\frac{1}{10}$ de ce qu'il a reçu, il a gagné 65 fr. de plus que sur le deuxième.

P. 856. — 50 ouvriers ont gagné ensemble une somme de 1.927 fr. 20 c. ; 20 ont travaillé pendant 15 jours, 12 pendant 18 jours, et le reste pendant 20.

Combien doivent-ils recevoir, et combien gagnent-ils par jour chacun, sachant que le prix de la journée est égal pour tous ?

P. 857. — Trois compagnies d'ouvriers ont fait ensemble 860 toises d'ouvrage, qui leur ont été payées à raison de 6 fr.

On demande à connaître le gain de chaque compagnie, sachant que dans la première il y avait 60 hommes, dans la deuxième 40, et dans la troisième 50.

P. 858. — Deux troupes composées de 70 ouvriers ont fait 1.920 toises d'ouvrage en 8 jours ; ceux de la première troupe ont fait chacun 4 toises d'ouvrage par jour, et ceux de la seconde n'en ont fait que 3.

On demande combien il y avait d'ouvriers dans chaque troupe.

P. 859. — De trois ouvriers qui travaillent au même ouvrage, le premier peut en faire 6 mètres en 3 jours, le deuxième peut en faire 12 mètres en 4 jours, et le troisième peut en faire 20 mètres en 5 jours.

Il arrive qu'en 15 jours les trois ouvriers réunis ont fait 135 mètres.

- Sachant que chaque mètre est payé 12 fr., on demande combien chaque ouvrier doit recevoir.

P. 860. — Un premier ouvrier ferait un ouvrage en 6 jours de 12 heures ; un deuxième ouvrier le ferait en 4 jours de 9 heures ; un troisième le ferait en 3 jours de 8 heures.

En travaillant tous ensemble, ils ont été 12 heures pour faire ce même ouvrage.

Sachant que le prix s'est élevé à 288 fr., on demande combien chaque ouvrier a dû recevoir pour son paiement.

P. 861. — Quatre ouvriers ont fait un certain ouvrage en 57 jours, en travaillant l'un après l'autre. Le premier gagnait 3 fr. par jour, le deuxième en gagnait 4, le troisième 5, et le quatrième 6. Ils ont reçu tous les quatre la même somme pour leur paiement.

On demande combien ils ont gagné, et combien ils ont travaillé de jours chacun.

P. 862. — Quatre ouvriers ont fait un certain ouvrage en travaillant l'un après l'autre. Le premier a travaillé 20 jours, le deuxième 15, le troisième 12, le quatrième 10, et ils ont touché chacun une somme égale.

Combien ont-ils gagné chacun par jour, sachant qu'entre eux tous ils gagnent 18 fr. ?

P. 863. — Quatre ouvriers ont fait un certain ouvrage : le premier a travaillé 18 jours, et il gagne ordinairement 6 fr. par jour ; le second a travaillé 6 jours, et ordinairement il gagne 3 fr. par jour ; le troisième a travaillé 4 jours, et ordinairement il gagne 2 fr. par jour ; enfin, le quatrième a travaillé 12 jours, et ordinairement il gagne 8 fr. par jour.

L'ouvrage fait, on l'a estimé 700 fr. D'après cela, on demande combien il revient à chaque ouvrier, à proportion du temps qu'il a employé, et du gain qu'il fait ordinairement.

P. 864. — Un particulier a acheté une voiture, un cheval et un harnais, pour 1.260 fr.

Le cheval coûte deux fois le prix du harnais, et la voiture deux fois le prix du cheval et du harnais.

On demande de déterminer la valeur de chaque objet.

P. 865. — Quelqu'un a acheté un cheval, un jardin et une maison : le tout lui coûte 10.000 fr. ; le jardin coûte 4 fois plus que le cheval, et la maison 5 fois plus que le jardin.

Quel est le prix de chaque objet?

P. 866. — Deux personnes se sont partagé 120 fr. de manière que, lorsque la première a eu 3 fr., la seconde en a eu 4.

Combien ont-elles eu chacune?

P. 867. — Deux courriers partent en même temps de Paris et de Strasbourg, pour aller à la rencontre l'un de l'autre : la distance de ces deux villes est de 120 lieues.

On demande à quelle distance de Paris ces courriers se rencontreront, sachant que le premier fait 3 lieues par heure, et le second 4.

P. 868. — Deux courriers partent en même temps de Paris et de Strasbourg pour aller à la rencontre l'un de l'autre ; l'un fait une lieue par heure de plus que l'autre, et ils se rencontrent après 17 heures $\frac{1}{7}$ de marche.

On demande combien ils avaient fait de lieues chacun, sachant que la distance de Paris à Strasbourg est de 120 lieues.

P. 869. — Quelqu'un qui devait 500 fr. a donné trois à-compte; mais il ne se ressouvient point du montant de ces à-compte. Il sait seulement que le deuxième est double du premier, que le troisième est double du deuxième, et que la dixième partie du carré du premier est égale à une fois et demie le troisième.

D'après ces données, on demande combien il doit encore.

P. 870. — Quelqu'un a acheté 18 cravates, dont 4 de batiste, 6 de percale, et 8 de couleur.

Une cravate de percale coûte 3 fr. de plus qu'une de couleur, et 2 fr. de moins qu'une de batiste.

On demande combien elles ont coûté chaque, sachant que, si la totalité eût coûté 16 fr. de plus, elles reviendraient à 5 fr. l'une dans l'autre.

P. 871. — Trois négocians ont perdu 2.400 fr. en société. Cette perte devant être répartie à proportion des mises, et la mise du premier négociant étant égale à la somme des deux autres, pendant que celle du second est double de celle du troisième, on demande quelle doit être la perte de chacun.

P. 872. — Quatre particuliers ont fait une mise à la loterie, et ils ont gagné un lot de 35.640 fr. On ne connaît pas la mise de chacun, mais on sait que le troisième a mis trois fois autant que le premier, qui a mis le double du deuxième, et que le quatrième a mis le tiers de ce qu'ont mis les trois autres ensemble.

Combien ont-ils dû retirer chacun, proportionnellement à leur mise.

P. 873. — Un père a six fils, dont chacun a 4 ans de plus que son frère puîné, et l'aîné est trois fois plus âgé que le jeune.

Quel âge ont-ils chacun ?

P. 874. — Dans une succession de 111.891 fr., il y a douze héritiers qui composent trois classes, et qui partagent suivant leur degré de parenté. La première prend les $\frac{7}{8}$ des $\frac{6}{7}$ des $\frac{5}{6}$ des $\frac{4}{5}$ du total ; la deuxième en prend $\frac{1}{3}$, et la troisième prend le reste.

On demande combien chaque héritier a reçu, et combien il y en a dans chaque classe, sachant qu'ils ont eu chacun une même somme.

P. 875. — Six personnes se partagent une certaine somme ; la première en prend la moitié, la deuxième en prend moitié moins que la première, la troisième en prend moitié moins que la deuxième, et ainsi de suite jusqu'à la sixième, qui prend pour sa part 540 fr. qui restaient.

On demande combien elles ont eu chacune, et de combien était la somme totale.

P. 876. — Un homme, en mourant, laisse une certaine somme; par son testament, il veut que, de trois héritiers qu'il a, le premier ait $\frac{1}{2}$, le deuxième $\frac{1}{3}$, et le troisième $\frac{1}{4}$ de la somme; mais il arrive que, les deux premiers ayant pris suivant l'intention du testateur, il manque au troisième 9.999 fr. $\frac{1}{6}$ pour compléter sa part; après bien des contestations, les héritiers conviennent de supporter cette différence, suivant la proportion établie par le défunt.

A combien montait l'héritage? Combien ont-ils eu chacun?

P. 877. — Trois héritiers se partagent une somme; le premier a $\frac{1}{3}$ de la totalité, le second a les $\frac{2}{3}$ de ce qu'a eu le premier, le troisième $\frac{1}{4}$ de ce qu'ont eu les deux premiers, et le reste sert à payer les frais.

Sachant que les parts réunies des trois héritiers montaient à 7.525 fr., on demande à combien montaient les frais, et combien a eu chaque héritier.

P. 878. — Trois particuliers ont acheté une propriété, dans laquelle ils ont été obligés de faire des réparations considérables.

Tous frais faits, elle leur revient à 295.000 fr. Chacun d'eux est intéressé dans le prix total, ainsi qu'il suit : le premier pour les $\frac{4}{5}$, le deuxième pour les $\frac{2}{3}$, et le troisième pour $\frac{1}{2}$ de ce qu'ils l'ont payée primitivement.

On demande combien elle a été payée, et pour combien on y a fait de réparations.

P. 879. — Dans une partie de plaisir que firent 18 personnes, moitié hommes et moitié femmes, on fit pour

130 fr. 50 c. de dépense; et les hommes payèrent chacun 4 fr. 50 c. de plus que les femmes.

On demande de combien fut la dépense de chacun.

P. 880. — Une société, dans laquelle il y avait moitié plus de femmes que d'hommes, a dépensé, dans une partie de plaisir, une certaine somme. Les femmes ont payé 3 fr.; et, si la dépense eût été divisée également, chaque individu aurait payé 3 fr. 80 c.

On demande combien les hommes ont payé de plus que les femmes, et de combien d'individus la société était composée, sachant que les hommes ont payé, sur la totalité, 6 fr. de plus que les femmes.

P. 881. — Vingt personnes, hommes et femmes, mangent à une table d'hôte. Ils dépensent 48 fr. par jour; les hommes dépensent autant que les femmes, et un homme paie 1 fr. de plus qu'une femme.

Combien y a-t-il d'hommes? Combien y a-t-il de femmes, et combien ont-ils dépensé chacun?

P. 882. — On a partagé une somme de 1.830 fr. entre 15 hommes, 17 femmes et 8 enfans.

La part d'une femme, qui était trois fois plus forte que celle d'un enfant, était égale aux $\frac{15}{21}$ de celle d'un homme.

Combien les hommes, les femmes et les enfans ont-ils eu chacun?

P. 883. — On demande de diviser 60 en trois parties telles, que la première excède la seconde de 8 et la troisième de 16.

P. 884. — On veut partager le nombre 69.960 entre 5 personnes, de manière que *la seconde* ait *trois fois* autant que *la première*, et 540 fr. de plus; que *la troisième* ait *la moitié* de la première et *le tiers* de la seconde, moins 120 f.; que *la quatrième* ait le double de la troisième, et 360 fr. de plus; et qu'enfin *la cinquième* ait autant que la première et la quatrième.

Combien reviendra-t-il à chacun?

P. 885. — Trois personnes, A, B et C, font un fonds de 76 louis; B fournit autant que A, et 10 louis de plus, et C fournit autant que A et B.

Quelle a été la mise de chacun?

P. 886. — Trois personnes, A, B, C, ont fourni 276 fr.; on ne sait pas ce qu'a fourni A, mais on sait que B a fourni deux fois autant et 12 fr. de plus, et que C a fourni trois fois autant que B et 12 fr. de plus.

Quelle a été la mise de chaque personne?

P. 887. — Deux individus ont gagné 2.000 fr. en société; le second a mis deux fois autant que le premier, et 80 fr. en sus.

Sachant que le premier a retiré 500 fr., on demande combien ils ont mis chacun.

P. 888. — Une succession de 150.000 fr. a été partagée de la manière suivante entre six héritiers : le premier a eu une somme qu'on ne connaît pas; le deuxième a eu quatre fois autant que le premier, et 1.500 fr. en sus; le troisième a eu moitié moins que le premier, et 850 fr. en sus; le quatrième a eu $\frac{1}{4}$ de ce qu'a eu le deuxième, et 120 fr. de moins; le cinquième a eu autant que le premier et le quatrième, et le sixième a eu autant que le premier et le troisième, et 6.000 fr. 25 c. en sus.

Combien ont-ils eu chacun?

P. 889. — Plusieurs associés ont fait une entreprise : le

premier a fait les $\frac{1}{9}$ des fonds, le deuxième a mis 2.000 fr. de moins que le premier, le troisième 2.000 fr. de moins que le deuxième, et ainsi de suite jusqu'au dernier.

Si les mises eussent été toutes égales à la plus forte, leur total eût été augmenté de $\frac{1}{3}$, et alors le bénéfice eût égalé les $\frac{3}{4}$ de la mise.

On demande combien il y a d'associés, combien ils ont mis chacun, et combien ils ont eu de bénéfice.

P. 890. — Un mur comportant 1.600 toises a été fait par *quatre* ouvriers.

Le *second* en a fait les $\frac{2}{3}$ de la quantité faite par *le premier*, et 45 toises en sus ; *le troisième* les $\frac{1}{4}$ de la même quantité, et 25 toises en sus ; et *le quatrième* les $\frac{4}{5}$ de la même quantité, et 14 toises de moins.

On demande ce que chacun en a fait.

P. 891. — Trois marchands se sont associés dans leur commerce ; *le second* a mis les $\frac{2}{3}$ de la somme du *premier*, moins 300 fr. ; *le troisième* $\frac{1}{4}$ de la somme du premier, plus 200 fr.

Sachant que leur mise totale s'élève à 25.000 fr., on demande quelle est la mise de chacun.

P. 892. — Sur une certaine quantité d'oranges que 4 personnes se sont partagées, la première en a pris la moitié moins 6, la deuxième a pris $\frac{1}{3}$ du reste moins 2, la troisième a pris $\frac{1}{4}$ du reste moins 1, et la quatrième en a pris 13 qui restaient.

On demande combien il y avait d'oranges, et combien chacune des 3 premières personnes en ont eu.

P. 893. — Six particuliers se partagent une somme composée d'une première mise et du gain qu'ils ont fait étant de société au jeu. Il se trouve qu'en prenant chacun proportionnellement à sa mise, le premier prend la moitié de cette somme moins 10.500 fr., le deuxième en prend $\frac{1}{3}$ moins 15.000 fr., le troisième en prend les $\frac{1}{4}$ moins 17.800 fr., le quatrième en prend $\frac{1}{8}$ juste, le cinquième en prend $\frac{1}{4}$ moins 3.800 fr., et le sixième prend pour sa part 1.100 f. qui restaient.

On demande combien ils ont mis, et combien ils ont eu chacun de bénéfice, sachant que s'ils eussent gagné 6.000 fr. de plus, ils auraient doublé leur mise.

P. 894. — On veut partager 600 f. entre 3 personnes, de manière que la seconde ait les $\frac{1}{5}$ de la première plus 50 f., et que la troisième ait les $\frac{1}{4}$ de la seconde, moins 40 fr.

Combien aura chaque personne ?

P. 895. La somme de 4 nombres est 403.

La différence du second au premier est 10, celle du troisième à deux fois le second est 12, celle du quatrième à trois fois le troisième est 15.

Quels sont ces 4 nombres?

P. 896. — Deux personnes ont mis en société, l'une 1.200, et l'autre 1.800 fr.

Ils ont pris un commis qui doit avoir 10 p. $\frac{0}{0}$ des bénéfices.

Il arrive que ce commis a touché 10.000 fr. pour sa part.

Combien chacune de ces deux personnes a-t-elle retiré de bénéfice ?

P. 897. — Quatre associés se sont réunis pour faire une entreprise, et ils ont mis, pour surveiller les opérations, un commis à qui ils ont donné 4 p. $\frac{0}{0}$ de traitement, sur le total du gain qu'ils ont fait.

Pendant 4 ans qu'a duré l'association, ils ont gagné communément 1.500 fr. par mois.

On demande combien ils ont dû retirer chacun, en se séparant, sachant que le premier a donné 3.500 fr., le deuxième 30.000, le troisième 32,900, le quatrième 25.500 fr., et qu'enfin le commis a donné aussi 14.840 fr. dont il doit, comme les autres, retirer le profit proportionnellement à sa mise.

P. 898. — Deux particuliers se sont associés pour une opération; le premier doit mettre 14.500 fr., le second n'en doit mettre que 2.500 ; mais, en raison de son industrie et des peines qu'il se donnera, il aura la moitié des bénéfices. Il arrive que le second ne met que 2.000. fr.

Combien devra-t-il avoir des bénéfices, qui se montent à 4.350 fr. ?

P. 899. — Alexandre et le philosophe Callisthène raisonnaient ensemble sur leur âge et sur ceux de Clitus et d'Ephestion. J'ai *deux* ans de plus qu'Ephestion, dit le conquérant ; Clitus en a autant que nous deux, et *quatre* années de plus, et la somme de nos trois âges est 96.

On demande l'âge d'Alexandre, de Clitus et d'Ephestion.

P. 900. — On demandait à 3 sœurs réunies leur âge ; la plus jeune répondit : ma sœur aînée a 4 ans de plus que ma sœur cadette, qui a 6 ans de plus que moi, qui dans 16 mois aurai juste le nombre d'années que mes 2 sœurs ont de plus que moi maintenant.

Quel était l'âge de chacune ?

P. 901. — Un testament est ainsi conçu : Mes dix neveux auront chacun une portion égale de mon bien ; mes cinq cousins, mes trois domestiques et ma garde, auront, savoir : chacun des premiers $\frac{1}{4}$, chacun des seconds $\frac{1}{5}$, et la dernière $\frac{1}{4}$ de ce que touchera un de mes petits neveux.

Sachant que la succession est de 49.500 fr., on demande à connaître la part de chaque héritier.

P. 902. — Une personne en mourant laisse 550 ducats à partager entre cinq nièces, trois neveux et deux cousins.

Ses dispositions testamentaires sont telles, que les cinq nièces se partageront également une portion de la succession, et que les trois neveux et les deux cousins se partageront, les premiers $\frac{1}{2}$, et les derniers $\frac{1}{3}$ de ce qu'auront eu les cinq nièces.

On veut connaître la part de chaque héritier.

P. 903. — Une somme de 32.724 fr. doit être partagée entre six personnes, et de manière que la première ait $\frac{1}{3}$, la seconde $\frac{1}{4}$, la troisième $\frac{1}{5}$, la quatrième $\frac{1}{6}$ de cette somme, et que le reste soit partagé également entre la cinquième et la sixième.

Combien auront-elles chacune ?

P. 904. — Jean, par son testament, lègue à trois de ses neveux une somme de 25.000 fr., à condition que le partage s'en fera de manière à ce que l'aîné ait $\frac{1}{3}$, le cadet $\frac{1}{4}$, et le troisième les $\frac{2}{5}$ de sa fortune.

On demande quelle est la fortune de Jean, et quelle doit être la part de chacun de ses neveux.

P. 905. — Un particulier s'associe pour trois ans avec un de ses amis, qui fournit autant de fonds que lui, pour élever une fabrique. La première année, ils perdent les $\frac{2}{7}$ de leur somme, plus 10.000 fr. ; ils continuent avec le reste de leurs fonds. A la fin de la deuxième année, ce reste est doublé, plus 6.000 fr. ; ce qui leur fait une somme de 186.000 fr., qu'ils laissent encore ; enfin, le compte de l'année leur présente un bénéfice net de 108.500 fr. ; et, comme l'association est rompue, on évalue les ustensiles de la fabrique à 5.500 fr., dont la moitié doit être remboursée par celui qui garde l'établissement.

On demande quelle somme ce particulier avait mise, et quel était son gain ou sa perte, en quittant l'association.

P. 906. — Quatre marchands ont acheté 3oo tonneaux de vin, à raison de 23o fr. le tonneau, et on leur a diminué 1 p. %, en raison de ce qu'ils ont payé comptant.

Le premier prend $\frac{2}{3}$ du marché, le deuxième $\frac{1}{6}$, le troisième $\frac{1}{8}$, et le quatrième prend le reste.

Combien chacun doit-il payer ?

P. 907. — Deux particuliers, qui avaient fait un fonds pour le faire valoir dans le commerce, en mettant chacun une somme différente, ont intéressé à leur opération un troisième associé, à condition qu'on ne changera rien au total des fonds, et qu'il remboursera à chacun d'eux une somme telle que les trois mises seront égales.

D'après les conditions, le premier reçoit 3.ooo fr., en outre de ce qu'il avait mis, de plus que le deuxième ; le deuxième reçoit $\frac{1}{4}$ de ce qu'il avait mis. De cette manière, et suivant les conditions exigées, chacun est intéressé pour la même somme.

Combien les deux premiers avaient-ils mis d'abord ?

P. 908. — Trois marchands se sont associés pour acheter 1.200 pièces de vin, à raison de 92 fr. 5o c. la pièce ; les frais de transport, de droits, etc., ont augmenté leur dépense totale de 15 p. %, et ils ont cédé leur marché à une autre compagnie, pour 15o.ooo fr.

On demande combien chaque marchand a gagné, sachant que la mise du premier, quadruplée, est égale aux $\frac{2}{3}$ de la mise du deuxième, qui a mis le double du troisième.

P. 909. — Quatre marchands font une spéculation, et

16

mettent ensemble une certaine somme; leurs affaires terminées, ils font leurs comptes, et il se trouve qu'ils ont triplé leur mise; c'est pourquoi ils la retirent, font avec 13.296 fr. 90 c. qui leur restent une nouvelle spéculation, qui leur rapporte un gain tel, que, s'ils eussent gagné 54 fr. 60 c. de moins, ce gain eût égalé la première mise qu'ils avaient faite. Alors ils partagent leurs fonds de manière que le premier prend $\frac{1}{4}$ de la totalité, le deuxième $\frac{1}{3}$ de ce qu'a laissé le premier, le troisième prend $\frac{1}{2}$ de ce qu'a laissé le deuxième, et le quatrième prend le restant.

On demande combien ils ont mis et combien ils ont retiré chacun.

P. 910. — On veut partager 640 fr. entre 3 personnes, de manière que la seconde ait le quadruple de la première, et la troisième deux fois et $\frac{1}{3}$ autant que les deux autres ensemble.

Combien aura chaque personne ?

P. 911. — Une somme de 840 fr. a été partagée entre 3 personnes, de manière que la seconde a eu les $\frac{2}{3}$ de la part de la première, et que la troisième a eu les $\frac{4}{7}$ des parts des deux autres.

Combien a eu chaque personne ?

P. 912. — Un homme en mourant laisse sa femme enceinte, et pour héritage une somme qu'on ne connaît pas. Ses dispositions testamentaires sont telles que, si elle accouche d'un fils, il aura les $\frac{3}{5}$ de l'héritage, et la mère le reste; et qu'au contraire, si elle accouche d'une fille, ce sera la mère qui aura les $\frac{3}{5}$ et la fille le reste.

Il arrive que cette femme accouche d'un fils et d'une fille.

On demande quelle sera la part de chacun, sachant que, si la mère fût accouchée d'un fils seulement, elle aurait eu 30.400 fr.

P. 913. — Un père en mourant laisse sa femme enceinte d'un premier enfant; il ordonne par son testament que, si elle accouche d'un fils, il aura $\frac{3}{5}$ et la mère $\frac{2}{5}$ de son bien; et que, si elle accouche d'une fille, la mère aura les $\frac{3}{4}$ et la fille $\frac{1}{4}$. Il arrive qu'elle accouche d'un garçon et d'une fille..

On demande, dans ce cas, de quelle manière on devra partager la succession, pour remplir l'intention du testateur.

P. 914. — Les dispositions testamentaires d'un père de famille sont telles, que le premier de ses enfans doit prendre sur tous ses biens 1.000 fr. et la septième partie du reste, le deuxième 2.000 fr. et la septième partie du reste, et ainsi de suite, en augmentant de 1.000 fr. pour chaque enfant, jusqu'au dernier, qui aura le dernier reste.

Ces dispositions remplies, il se trouve que chaque enfant a la même somme.

Combien y avait-il d'enfans? Combien ont-ils eu chacun? Quel était le bien du défunt ?

P. 915. — Un père de famille laisse en mourant une certaine somme à partager entre ses enfans, avec cette condition que le premier prendra sur la totalité 1.000 fr. et la dixième partie du restant, le deuxième 2.000 fr. et la dixième partie du restant, et ainsi de suite, en augmentant chaque fois la somme à prélever de 1.000 fr., jusqu'au dernier, qui aura pour sa part ce qui restera.

Les intentions du défunt remplies, il se trouve que tous les enfans ont une part égale.

On demande à combien montait l'héritage, combien chaque enfant a eu, et combien il y en avait.

16..

PROBLÈMES

RELATIFS AUX PROPORTIONS ET AUX RAPPORTS.

P. 916.—En un certain temps, 12 hommes ont dépensé 36 fr.

Combien dépenseraient 69 hommes dans le même temps?

P. 917. — Un fantassin et un cavalier sont en permission dans la même ville ; ils doivent faire 120 lieues pour rejoindre leur garnison à une époque fixée ; le premier fera la route à pied, et fera cinq lieues par jour ; le second. fera la route à cheval, et fera huit lieues par jour.

Combien de jours devra-t-il partir après le premier, pour arriver à la même époque?

P. 918. — Un militaire en semestre avait calculé qu'en faisant 6 lieues par jour, il rejoindrait son corps en 18 jours ; mais, retenu plus long-temps qu'il ne croyait, il se trouve qu'en partant, il n'a plus que 12 jours pour faire sa route.

Combien devra-t-il faire de lieues par jour?

P. 919. — En vendant pour 4.155 fr., un marchand a gagné 554 fr.

Pour combien devra-t-il vendre, afin de gagner 320 f.?

P. 920. — Sur 2.400 fr. de vente, un marchand a gagné 320 fr.

Combien gagnera-t-il sur une vente de 4.155 fr.?

P. 921. — Pour 540 fr., on a eu 12 mètres de drap.

Combien faudra-t-il donner pour en avoir 28 mètres?

P. 922. — Pour 540 fr., on a eu 12 mètres de drap. Combien de mètres en aura-t-on pour 2.295 fr. ?

P. 923. — Un tonneau de vin, contenant 280 bouteilles, a été payé 266 fr.; un autre de même qualité, mais plus petit, n'a été payé que 237 fr. 50 c.
Combien ce dernier contenait-il de bouteilles ?

P. 924. — Un tonneau de vin, contenant 280 bouteilles, a été payé 266 fr.
Combien devra-t-on payer un autre tonneau qui ne contiendra que 250 bouteilles du même vin ?

P. 925. — Un domestique a 292 fr. de gages.
Combien lui revient-il pour 125 jours ?

P. 926. — Un bâton de 8 pieds donne 7 pieds d'ombre; une tour dont on ne connaît pas la hauteur, en donne, au même moment, 203.
Quelle est la hauteur de cette tour ?

P. 927. — Un navire a parcouru, avec un même vent, 275 lieues en 3 jours.
Toutes autres circonstances restant les mêmes, on demande en combien de jours il parcourrait 1.925 lieues.

P. 928. — Un convoi de vivres peut parcourir une certaine route en 18 jours, en marchant chaque jour pendant 5 heures; mais on voudrait le faire arriver en 8 jours.
On demande combien, dans ce cas, on devra marcher d'heures par jour.

P. 929. — On a dépensé 240 fr. en 3 mois.
Combien dépensera-t-on en 3 ans ?

P. 930. — 15 soldats, en détachement, ont touché, pour 17 jours de solde, 63 fr. 75 c.

Le détachement ayant été porté à 23 hommes, on demande combien on devra leur donner pour 13 jours de solde.

P. 931. — On a donné à un détachement de 15 hommes, pour 17 jours de solde, 63 fr. 75 c.

Un autre, pour 13 jours, a reçu 74 fr. 75 c.

Combien y avait-il d'hommes dans le dernier détachement ?

P. 932. — En supposant que $543^{liv.}\ 13^{s.}\ 9$ ont produit $46^{liv.}\ 6^{s.}\ 4^{d.}$.

On demande ce que doivent produire, à proportion, $2.875^{liv.}\ 10^{s.}\ 6^{d.}$.

P. 933. — On a payé une somme de $743^{liv.}\ 15^{s.}\ 8^{d.}$, pour prix de 43 toises 5 pieds 4 pouces d'ouvrage.

On demande combien il faudra payer, sur le même pied, 77 toises 3 pieds 8 pouces.

P. 934. — Deux marchands ont laissé dans le commerce, pendant le même temps, savoir: le premier, 6.637 fr. 05 c., qui lui ont rapporté 948 fr. 15 c., et le second, 2.960 fr. 51 c., qui lui ont rapporté 503 fr.

On demande lequel des deux a eu le plus de profit, en raison de l'argent qu'il a mis.

P. 935. — 13 officiers ont payé 390 fr., pour 15 jours qu'ils ont mangé dans une pension.

7 de leurs camarades se joignent à eux, et ils mangent ensemble pendant 17 jours, après lesquels ils reçoivent l'ordre de partir.

Combien devront-ils payer pour ces 17 jours, et combien ont-ils payé par jour chacun ?

P. 936. — 15 personnes ont dépensé, pour 7 jours de pension, chez un traiteur, une somme de 210 fr.

Un certain nombre de personnes, aux mêmes conditions que les premières, ont dépensé 340 fr. en 17 jours.

Combien étaient-elles ?

P. 937. — Il faut un jour pour faire les $\frac{3}{8}$ d'un ouvrage. Combien faudra-t-il de temps pour faire le tout ?

P. 938. — En 9 jours, on a gagné 29 fr. 25 c.

Combien gagnera-t-on en 1 an 5 mois 17 jours?

P. 939. — Lorsqu'un tonneau de vin contient 260 litres, il en faut 27 pour distribuer à une division.

Si chaque tonneau ne contenait que 180 litres, combien en faudrait-il pour faire la même distribution ?

P. 940. — Lorsque le blé vaut 45 fr. la mesure, on paie le pain 25 c. la livre.

Quel prix doit-on le payer, à proportion, lorsque la même mesure vaut 41 fr. 40 c. ?

P. 941. — Lorsque le blé vaut 26 liv. 3 s. la mesure, un pain de 6 s. pèse 18 onces.

Combien devra-t-il peser, lorsque la mesure de blé ne vaudra que 16 liv. ?

P. 942. — Lorsque les fagots coûtent 36 fr. le cent, on en a 40 pour une certaine somme.

Combien en aurait-on pour la même somme, s'ils coûtaient 45 fr. le cent ?

P. 943. — Un particulier a acheté 1.485 fagots; il n'en a payé que 1.375.

Combien devrait-il en recevoir, pour n'en payer que 25?

P. 944. — Lorsque le blé valait 22 liv. 10 s. le setier, les boulangers vendaient le pain 11 s. les 4 livres; maintenant il vaut 33 $^{\text{liv.}}$ 15 $^{\text{s.}}$, et le Gouvernement a fixé le prix du pain à 4 $^{\text{s.}}$ la livre.

On demande quelle différence il y a par pain, en perte ou en gain pour les boulangers, proportionnellement aux anciens prix.

P. 945. — Lorsque le blé valait 22 $^{\text{liv.}}$ 10$^{\text{s.}}$ le setier, les boulangers vendaient le pain 11 $^{\text{s.}}$ les 4 livres : le blé vient à augmenter, et arrive à un tel prix, que les boulangers, en vendant le pain 16 $^{\text{s.}}$ les 4 livres, gagnent par pain 6 $^{\text{d.}}$ de moins qu'ils ne gagnaient, proportionnellement au premier prix.

A quel prix est monté le blé?

P. 946. — Quelqu'un a placé une somme qui, en 11 mois, lui a rapporté 429 fr.

Après combien de temps lui rapportera-t-elle 1.053 fr.?

P. 947. — Un certain ouvrage a été fait en 15 jours, par 28 ouvriers.

Combien faudrait-il de jours à 9 ouvriers pour faire le même ouvrage?

P. 948. — Un certain ouvrage a été fait en 15 jours, par 18 ouvriers.

Combien faudrait-il d'ouvriers pour faire le même ouvrage en 9 jours?

P. 949. — Avec 1.350 fr., on paie 75 ouvriers qui ont travaillé pendant une semaine.

Combien en paierait-on avec 1.836 fr.?

P. 950. — En 18 jours, 25 hommes ont fait 1.350 toises d'ouvrage.

Combien 17 hommes en feraient-ils en 50 jours?

P. 951. — En 17 jours, un ouvrier a fait 51 toises d'ouvrage; en 59 jours, deux autres en ont fait 472.

Combien chacun des deux derniers en a-t-il fait de plus ou de moins, chaque jour, que le premier?

P. 952. — En 18 jours, 25 hommes ont fait 1.350 toises d'ouvrage.

Combien faudrait-il de jours à 17 hommes pour faire 2.550 toises du même ouvrage?

P. 953. — 30 hommes ont fait 150 mètres d'ouvrage en un certain temps.

Combien faudrait-il d'hommes pour faire 485 mètres du même ouvrage dans le même temps?

P. 954. — En un certain temps, 40 ouvriers ont fait 268 toises d'ouvrage.

On demande combien 60 ouvriers de même force feraient du même ouvrage dans le même temps.

P. 955. — Neuf ouvriers, en travaillant 10 heures par jour pendant 15 jours, ont fait 1.350 mètres d'un certain ouvrage.

Combien 17 ouvriers, qui travailleraient 8 heures par jour pendant 19 jours, feraient-ils de mètres, à proportion?

P. 956. — En travaillant 9 heures par jour pendant 10 jours, 25 ouvriers ont fait 450 mètres d'étoffe.

Combien 45 ouvriers seraient-ils de jours pour faire le même ouvrage, en travaillant 5 heures par jour?

P. 957. — Un ouvrier a reçu, pour 15 journées de travail, à 7 heures par jour, une somme de 210 fr.

Combien devra-t-on lui payer, à proportion, pour 19

autres jours, pendant lesquels il n'aura travaillé que 5 heures?

P. 958. — 3o ouvriers, en travaillant pendant 5 jours, et 8 heures par jour, ont fait 45 toises d'ouvrage.

Combien 25 ouvriers en feraient-ils de toises, en travaillant 10 heures par jour pendant 20 jours?

P. 959. — Un courrier qui est parti de Paris pour aller à Madrid, est resté 15 jours en route, en courant 14 heures par jour; il a mis 21 jours pour revenir.

Combien a-t-il couru d'heures par jour en revenant?

P. 960. — Un courrier, marchant 15 heures par jour, a fait 375 lieues en 20 jours.

Combien devra-t-il marcher d'heures par jour, pour faire 400 lieues en 40 jours, en supposant qu'il marche uniformément.

P. 961. — La dépense nécessaire à l'approvisionnement d'un fort, pour une garnison de 5oo hommes, monterait à 12.5oo fr.

A combien faudrait-il porter cette dépense, si la garnison était augmentée de 329 hommes?

P. 962. — La dépense nécessaire à l'approvisionnement des vivres d'un fort, pour une garnison de 829 hommes, monterait à 20.725 fr.

A combien s'élèverait cette dépense, si la garnison était diminuée de 171 hommes?

P. 963. — En donnant chaque jour 10ˢ· aux soldats qui sont dans un fort, on aurait des fonds pour 22 jours; mais, n'ayant pas la certitude d'être payé exactement, on veut que ces fonds durent 6o jours.

Combien, dans ce cas, chaque soldat aura-t-il par jour?

P. 964. — Une garnison de 1.250 hommes est renfermée dans un fort, et on calcule qu'en donnant 18 onces de pain par jour à chaque homme, on aura de la farine pour 150 jours; mais le général augmente cette garnison d'un nombre d'hommes tel, qu'en donnant la même quantité de pain à chaque homme, il n'y aura plus de farine que pour 125 jours.

De combien d'hommes cette garnison a-t-elle été augmentée?

P. 965. — Une garnison est renfermée dans un fort, et on calcule qu'en donnant 18 onces de pain par jour et par homme, on aura de la farine pour 150 jours; mais le général porte cette garnison à 1.500 hommes; alors, en donnant à chaque homme la même quantité de pain, il n'y a plus de farine que pour 125 jours.

On demande de combien d'hommes la première garnison était composée, et combien chaque homme aurait eu de pain par jour, si, malgré l'augmentation de la garnison, la farine eût dû suffire pour le même temps.

P. 966. — Il y a dans un fort une garnison de 1.500 hommes, qui ont du pain pour 7 mois, à 18 onces par jour.

Combien faudrait-il en faire sortir, pour que les vivres pussent durer 15 mois, en ne donnant que 14 onces chaque jour?

P. 967. — 6.000 hommes sont en garnison dans une ville de guerre, et ils ont du pain pour six mois, en donnant chaque jour une ration de 18 onces à chaque homme.

En augmentant cette garnison de 1.200 hommes, de combien d'onces devrait être chaque ration, pour que la même quantité de pain durât 10 mois?

P. 968. — 3.500 hommes, en garnison dans une ville de guerre, ont du pain pour 3 mois, en donnant 24 onces de pain par jour à chaque homme.

Le général réduit la garnison à 2.100 hommes, et veut faire durer les vivres 10 mois.

A combien d'onces devra-t-on réduire chaque ration?

P. 969.— Il y a assez de vivres dans une ville de guerre pour alimenter, pendant trois mois, une garnison de 1.200 hommes.

On demande à combien d'hommes il faut réduire cette garnison, sachant qu'on doit être 10 mois sans recevoir d'autres vivres.

P. 970. — Avec 500 fr., on a gagné 25 fr. en un an.
Combien faudrait-il de temps pour gagner 30 fr. avec 480 fr.?

P. 971. — Quelqu'un a placé 2.540 fr., qui lui ont rapporté 126 fr. en 6 mois.

Après combien de temps cette somme lui rapportera-t-elle 409 fr. 50 c.?

P. 972. — 1.500 fr., pendant 300 jours, ont produit 104 fr. $\frac{1}{6}$.
Combien produiraient 3.000 fr. pendant 1.500 jours?

P. 973. — A raison de 6 $\frac{1}{4}$ p. $\frac{0}{0}$, un capital a produit, pendant un certain temps, 1.548 fr. $\frac{1}{4}$.
Combien produirait-il dans le même temps, à raison de 5 p. $\frac{0}{0}$?

P. 974. — Une somme placée à raison de 5 p. $\frac{0}{0}$, a produit, en un an, 140 fr.
A quel taux faudrait-il placer la même somme, pour qu'elle rapportât 175 fr. dans le même temps?

P. 975. — Quelqu'un a placé un capital de 900 fr., qui lui a rapporté 144 fr. d'intérêt en quatre ans.

En plaçant 9.450 fr. au même taux, combien devra-t-il attendre de temps pour avoir 1.764 fr. d'intérêt simple?

P. 976. — On a placé une somme qui, en 15 mois, a rapporté 2.400 fr.

Combien de temps faudrait-il placer une somme 3 fois plus forte, pour qu'elle rapportât 6.400 fr., étant placée au même intérêt?

P. 977. — 30.000 fr., pendant 27 mois, ont rapporté 3.375 fr.

Une autre somme, placée au même taux, a rapporté, en 15 mois, 2.500 fr.

Quelle était cette somme?

P. 978. — En trois mois, on a gagné 10 fr. avec 900 fr.

Combien serait-on de mois, à proportion, pour gagner 132 fr. avec 3.564 fr.

P. 979. — Une somme de 7.400 fr. a rapporté, pendant 27 mois, 832 fr. 50 c. -

On demande combien 8.500 fr., placés au même taux, rapporteraient pendant 45 mois.

P. 980. — Un capital de 6.000 fr. a produit une certaine somme d'intérêts pendant 42 jours.

On demande en combien de jours un autre capital de 36.000 fr. produirait la même somme d'intérêts?

P. 981. — En 7 mois, on a gagné 256 fr. avec 1.792 fr.

Combien, à proportion, faudrait-il de mois, pour doubler son capital?

P. 982. — Un particulier, pour une somme qu'il a placée à 5 p. $\frac{•}{0}$, a reçu 500 fr. d'intérêt.

A quel taux aurait-il dû placer la même somme, pour
qu'elle lui rapportât 750 fr. dans le même temps ?

P. 983. — Un drap de $\frac{5}{6}$ de large, revient au fabricant
à 37 fr. l'aune.

Combien lui reviendrait l'aune de même qualité qui
n'aurait que $\frac{5}{8}$ de large?

P. 984. — 43 aunes de toile, à $\frac{5}{6}$ de large, ont coûté
258 fr.

Combien coûteraient 56 aunes de même qualité qui
n'aurait que $\frac{1}{4}$ de large?

P. 985. — 8 livres de fil donnent 26 aunes $\frac{2}{3}$ de toile
qui a $\frac{7}{8}$ de largeur.

Combien faudrait-il de livres du même fil pour faire 99
aunes de toile qui aurait $\frac{5}{4}$ de large?

P. 986. — On a employé, pour la tenture d'une salle,
56 aunes d'étoffe à $\frac{5}{4}$ de large, on voudrait la remplacer
par une autre qui aurait $\frac{7}{8}$.

Combien faudrait-il d'aunes de la nouvelle étoffe?

P. 987. — Un fabricant est convenu de fournir à un
régiment 2.135 aunes de drap à $\frac{9}{8}$ de largeur ; au moment
de livrer, le drap qu'il fournit n'a que $\frac{5}{8}$.

Combien devra-t-il en donner en sus, pour compenser
sur la longueur ce qui manque en largeur ?

P. 988. On veut doubler 40 aunes de drap à $\frac{5}{4}$ de largeur, avec de la toile qui a $\frac{2}{3}$.

Combien faudra-t-il d'aunes de toile?

P. 989. — On a employé 350 aunes de drap de $\frac{1}{4}$ de
large, pour faire une certaine quantité d'habits.

Le drap n'ayant que $\frac{2}{3}$, combien en faudrait-il d'aunes pour faire la même quantité ?

P. 990. — Il faudrait 1.500 aunes de drap pour habiller un bataillon, si le drap avait $\frac{5}{4}$ de large ; mais il arrive qu'à la livraison, le drap se trouvant moins large, le fournisseur en a donné 1.666 aunes $\frac{2}{3}$.

Quelle était la largeur du dernier drap ?

P. 991. — On était convenu de recevoir 56 aunes de drap à $\frac{5}{8}$; au moment de livrer, le drap se trouvant plus large, la compensation s'est établie en donnant 40 aunes au lieu de 56.

Quelle était la largeur du dernier drap ?

P. 992. — Un tailleur, avec 396 aunes de drap, a fait un certain nombre d'habits.

Si ce drap avait eu une aune $\frac{1}{8}$ de large, il n'en aurait fallu que 352 aunes.

Combien le drap qu'il a employé avait-il de largeur ?

P. 993. — On a payé 975 liv. pour 13 aunes de drap à $\frac{5}{8}$ de largeur ; 7 aunes de drap de même qualité, mais qui a $\frac{7}{8}$, ont été payées 840 liv.

De combien le dernier a-t-il été augmenté ou diminué par aune, proportionnellement au premier prix ?

P. 994. — On a payé 4 fr. 50 c. pour transporter 8 quintaux de marchandises à 6 lieues.

A combien de lieues transporterait-on 16 quintaux pour 15 fr. ?

P. 995. — Pour 7 francs, on a fait porter 3.150 liv. pesant à 15 lieues.

Combien de livres ferait-on porter à 45 lieues pour 10 fr. ?

P. 996. — Un marchand a payé 60 fr. pour le transport de 18 tonneaux à 30 lieues.

Combien devra-t-il payer, aux mêmes conditions, pour le transport de 9 tonneaux semblables, à 20 lieues ?

P. 997. — On a payé 16 fr. $\frac{1}{2}$, pour transporter 8 quintaux $\frac{3}{4}$ de marchandises à 20 lieues.

Combien de quintaux pourra-t-on, à proportion, faire transporter à 30 lieues ?

P. 998. — On a payé une certaine somme, pour le transport de 12 quintaux à 37 lieues $\frac{1}{2}$.

A quelle distance transporterait-on 27 quintaux pour la même somme ?

P. 999. — On a payé une certaine somme pour le transport de 27 quintaux à 16 lieues $\frac{2}{3}$.

Combien, pour la même somme, transporterait-on de quintaux à 37 lieues $\frac{1}{2}$?

P. 1000. — Un voiturier a chargé 30 quintaux, qu'il doit transporter à 40 lieues, pour 6 fr. $\frac{1}{3}$ par quintal ; après avoir fait 15 lieues, le mauvais chemin l'oblige à en décharger 7 $\frac{1}{3}$; 10 lieues plus loin, on lui en recharge 12, qu'il transporte avec le reste à la destination.

Combien lui reviendra-t-il, suivant les conventions ?

P. 1001. — Le transport de 65 milliers de marchandises a coûté, pour une route de 150 lieues, une somme qu'on ne connaît pas ; mais on voudrait savoir à combien de lieues on voiturerait, pour la même somme, 50 milliers de la même marchandise.

P. 1002. — On a transporté, à 195 lieues, 50 milliers de marchandises, pour une somme qu'on ne connaît pas.

On demande néanmoins combien on transporterait de marchandises pour le même prix, en n'allant qu'à 150 lieues.

P. 1003. — Une muraille a 30 pieds de longueur, 20 pieds de hauteur, et 3 pieds d'épaisseur.

Une autre a 40 pieds de longueur, 10 pieds de hauteur, 2 pieds d'épaisseur, et les deux ont coûté 1.000 fr.

Combien ont-elles coûté chaque ?

P. 1004. — Quatre ouvriers, qui ont travaillé au même ouvrage, ont reçu, savoir : le premier 63 fr. , le deuxième 50 fr. 40 c. , le troisième 35 fr. , et le quatrième 27 fr.

Sachant que ces ouvriers ont travaillé autant de temps l'un que l'autre, on demande quelle portion de la toise chacun des trois derniers a faite, tandis que le premier en a fait une.

P. 1005. — Deux troupes d'ouvriers ont reçu chacune une même somme ; chaque ouvrier de la première troupe a reçu 112 fr. , et chaque ouvrier de la seconde 144 fr.

On demande combien il y a d'ouvriers dans chaque troupe, sachant qu'ils ne sont pas 18 en tout.

P. 1006. — Une troupe d'ouvriers a fait 2.250 toises d'ouvrage en 15 jours, en travaillant 9 heures ; une autre troupe en a fait 3.420 toises en 27 jours, en travaillant 6 heures.

On demande à connaître le nombre des ouvriers de chaque troupe, sachant qu'ils sont 748 en tout.

P. 1007. — Un maître de pension a dépensé en 16 jours, et pour 132 pensionnaires, une somme de 3.168 fr. , qui a servi à leur nourriture et à diverses autres dépenses journalières.

17

Le nombre de ces pensionnaires étant diminué, il est arrivé qu'en 72 jours, la dépense proportionnelle s'est élevée à 9.504 fr.

Combien est-il sorti de pensionnaires?

P. 1008. — Un maître de pension, qui a 132 pensionnaires, a dépensé, en 16 jours, pour leur nourriture et autres dépenses, 3.168 fr.

Son pensionnat étant réduit à 88 pensionnaires, combien devrait-il, à proportion, être de jours pour dépenser 9.504 fr. ?

P. 1009. — Un maître de pension qui avait 132 pensionnaires, a dépensé en 16 jours, pour leur nourriture et autres dépenses, 3.168 fr.

Ses pensionnaires étant réduits à 88, combien doit-il, à proportion, dépenser pendant 72 jours?

P. 1010. — Pour courir 72 postes, en employant 6 chevaux, un particulier a donné, pour le paiement des chevaux seulement, une somme de 756 fr.

Dans un autre voyage, il a employé 12 chevaux, et n'a couru que 50 postes.

Combien a-t-il dû donner pour ce dernier voyage ?

P. 1011. — Un entrepreneur a promis de terminer certains travaux en 15 jours, à condition qu'on lui fournira 90 ouvriers ; mais, au moment de se mettre à l'ouvrage, on ne peut lui en donner que 50.

On demande combien il lui faudra de jours de plus pour faire tout l'ouvrage.

P. 1012. — Un entrepreneur est convenu avec un propriétaire de lui faire bâtir un pavillon, et il doit être terminé au bout de 6 semaines.

A cet effet, il y met 50 ouvriers qui, d'après son calcul, feront l'ouvrage au temps convenu ; 15 jours après, il lui survient des affaires pressantes qui exigent sa présence, c'est pourquoi voulant que l'ouvrage soit terminé plus tôt, dès le lendemain, il augmente le nombre des ouvriers, et le pavillon se trouve terminé 12 jours avant le temps convenu.

Combien y avait-il d'ouvriers en dernier lieu ?

P. 1013. — Un entrepreneur a employé 60 ouvriers, qui lui ont fait en 12 jours, et travaillant 8 heures par jour, un fossé qui avait 10 toises de longueur, 5 pieds de largeur et 7 pieds de profondeur.

Obligé de s'absenter pendant 15 jours, il emmène avec lui 10 des ouvriers, et dit aux autres de commencer un autre fossé, de 4 pieds de profondeur sur 6 de largeur, et de ne travailler que 6 heures par jour.

On demande combien le deuxième fossé devait avoir de longueur au retour de l'entrepreneur.

P. 1014. — 15 ouvriers, en 18 jours, en travaillant 7 heures par jour, ont fait, 1°. 8 aunes d'étoffe à $\frac{3}{4}$ de large ; 2°. 10 aunes à $\frac{2}{3}$; 3°. 9 aunes à $\frac{5}{4}$.

On demande, toutes autres circonstances restant les mêmes, combien 9 ouvriers, en travaillant 10 heures par jour pendant 14 jours, feraient d'aunes d'une étoffe semblable qui aurait $\frac{5}{6}$ de largeur.

P. 1015. — Un entrepreneur a employé 60 ouvriers pendant 12 jours ; ils lui ont fait, en travaillant 8 heures par jour, un fossé qui avait 10 toises de longueur, 5 pieds de largeur et 7 pieds de profondeur.

Obligé de s'absenter pendant 15 jours, il emmène avec lui 10 de ses ouvriers, et dit aux autres de commencer un autre fossé, qui ne devra avoir que 4 pieds de largeur sur

17..

6 de profondeur, et qu'il en paiera le montant à son retour.

Les ouvriers, n'étant pas surveillés pendant son absence, travaillèrent beaucoup moins, et, à son retour, il se trouva que le fossé n'avait que 11 toises 2 pieds 4 pouces $\frac{5}{16}$ de longueur. Croyant qu'on ne s'apercevrait pas de leur paresse, ils allèrent pour toucher leur argent, et furent très étonnés lorsqu'on leur diminua à chacun 19 $^{s.}$ 3 $^{d.}$ $\frac{1}{3}$ par jour, en raison de l'ouvrage qu'ils avaient fait de moins.

On demande combien les ouvriers auraient gagné, s'ils eussent travaillé comme ils le devaient ; combien ils ont fait de toises d'ouvrage de moins chacun, combien ils ont gagné par jour et combien chaque toise d'ouvrage a été payée.

P. 1016. — On veut diviser le nombre 391 en parties proportionnelles à 5, 7 et 11.

Quelles seront ces parties ?

P. 1017. — On propose de partager 126 en trois parties proportionnelles qui soient entre elles comme 4, 3 et 2.

Quelles seront ces parties ?

P. 1018. — Quatre personnes se sont partagé une certaine somme, en parties proportionnelles à 10, 11, 17 et 19.

On demande combien elles ont eu chacune, sachant que les deux dernières ont eu 75 fr. de plus que les deux premières.

P. 1019. — On veut partager 105 fr. entre 4 ouvriers proportionnellement aux journées de travail de chacun d'eux.

Le premier a travaillé 5 jours.

> Le deuxième . . . . 8 jours.
> Le troisième 9
> Le quatrième 13

Quelle sera la part de chacun ?

P. 1020. — Six nombres sont entre eux comme 16, 13, 11, 9, 5 et 3. La somme du premier et du dernier est $104\frac{1}{7}$.

On demande à connaître chacun de ces nombres.

P. 1021. — Quatre marchands ont fait une mise de fonds pour une entreprise : le premier a mis 600 fr., le deuxième 900 fr., le troisième 795 fr., et le quatrième 927 fr.

Quatre autres, pour une entreprise du même genre, mais moins considérable, ont fait quatre mises qui ont entre elles le même rapport que celles des premiers, et dont le total était de 1.074 fr.

Combien ont-ils mis chacun ?

P. 1022. — Cinq marchands ont fait une mise de fonds de 57.464 fr. Sur 11 fr., ils ont gagné 1 fr., et ils ont partagé leurs bénéfices, de manière que sur 28 fr. le premier a eu 11 fr., le deuxième 7 fr., le troisième 5 fr., le quatrième 3 fr. et le cinquième 2 fr.

Combien ont-ils eu chacun ?

P. 1023. — Cinq employés se sont réunis pour dîner en commun, et ils sont convenus de payer au prorata de leurs appointemens, qui sont en rapports comme 1, $\frac{2}{3}$, $\frac{5}{4}$, $1\frac{1}{3}$ et $1\frac{1}{2}$.

Les deux premiers n'ont fait aucune avance ; mais le troisième, le quatrième et le cinquième ont avancé respectivement $\frac{1}{3}$, $\frac{1}{4}$ et $\frac{1}{6}$ de la dépense totale. En réglant, il arrive que le quatrième est obligé d'ajouter 50 centimes à l'avance qu'il a faite, pour payer son écot.

D'après ces données, on demande de quelle manière on établira le compte de chacun.

P. 1024. — De trois nombres, le premier est quadruple du deuxième, leur somme est 66 ; en divisant la somme des deux premiers par le troisième, on a 10 au quotient.

Quels sont ces nombres ?

P. 1025. — Deux ouvriers ont fait, l'un 14 toises $\frac{6}{7}$, et l'autre 11 toises $\frac{1}{7}$ d'ouvrage dans le même temps.

Quel est le rapport de leurs forces, à la plus simple expression ?

P. 1026. — Un ouvrier peut faire, dans le même temps, 8 toises d'un premier ouvrage ou 6 toises d'un second.

Quel est le rapport des difficultés des deux ouvrages ?

P. 1027. — On a payé 7.236 fr. pour 12 toises d'un certain ouvrage, et 8.040 fr. pour 10 toises d'un autre ouvrage.

Quel est le rapport des difficultés de ces deux ouvrages ?

P. 1028. — En 12 heures, un ouvrier a fait 96 toises d'un premier ouvrage ; en 60 heures, il a fait 360 toises d'un autre ouvrage.

Quel est le rapport des difficultés de ces deux ouvrages ?

P. 1029. — Un premier ouvrier qui travaille dans un premier terrain, fait 288 toises en 36 heures.

Un second ouvrier fait, dans un second terrain, 96 toises en 24 heures.

Le rapport des duretés des terrains est comme 3 à 4.

On demande à connaître le rapport des forces des deux ouvriers.

P. 1030. — Deux ouvriers, dont la force est comme 3 à 2, travaillent dans deux terrains.

Le premier ferait 288 toises en 36 heures;

Le second en ferait 96 en 24 heures.

Quel est le rapport des duretés des deux terrains?

P. 1031. — 2.400 fr. sont l'intérêt d'un capital placé pendant 15 mois.

Un autre capital, placé au même intérêt, a rapporté, en 13 mois$\frac{1}{3}$, 6.400 fr.

Quel est le rapport existant entre ces deux capitaux?

P. 1032. — Deux troupes d'ouvriers ont touché, la première 180 fr., la deuxième 96 fr.

On demande quel est le rapport de la force de ces deux troupes, et combien chaque ouvrier a reçu, sachant qu'un ouvrier de la première troupe a touché moitié plus qu'un de la seconde, et que leur nombre est entre 50 et 55.

P. 1033. — Deux troupes d'ouvriers ont reçu, l'une 800 fr., et l'autre 560 fr. Chaque ouvrier a reçu la même somme.

On demande quel est le rapport de la force de chaque troupe, sachant qu'ils sont entre 30 et 35 en tout. On veut savoir en outre combien ils ont gagné chacun.

P. 1034. — Le rapport des difficultés de deux ouvrages est celui de 3 à 4. On a payé 7.236 fr. pour 12 toises du premier, combien devait-on payer pour 10 toises du second.

P. 1035. — La force de deux ouvriers est, dans le rapport, de 4 à 5. Tandis que le premier fera 10 toises d'ouvrage, combien en fera le second?

P. 1036. — Le rapport des difficultés de deux ouvrages est celui de 3 à 4.

Un ouvrier a fait 96 toises du premier ouvrage en 12 heures.

Combien en ferait-il de toises du second en 60 heures?

P. 1037. — Le rapport des difficultés de deux ouvrages est celui de 3 à 4.

En 12 heures, un ouvrier a fait 96 toises du premier ouvrage.

Combien lui faudrait-il d'heures pour faire 360 toises du second?

P. 1038. — Le rapport des difficultés de deux ouvrages est celui de 3 à 4. On a payé 7.236 fr. pour 12 toises du premier.

Combien devra-t-on faire de toises du second pour 8.040 fr.?

P. 1039. — Les difficultés des ouvrages dans deux terrains sont en rapport comme 3 à 4.

Un ouvrier qui travaille dans le premier terrain, fait, dans un certain temps, 8 toises du premier ouvrage.

Combien eût-il fait de toises du second, s'il eût travaillé dans le second terrain?

P. 1040. — Les forces de deux ouvriers sont en rapport comme 3 à 2, et les duretés des terrains comme 3 à 4.

Le premier ouvrier fait, dans le premier terrain, 288 toises en 36 heures.

Combien le second ouvrier ferait-il de toises, dans le second terrain, en 24 heures?

P. 1041. — Les droits pour le passage d'un bac sont établis ainsi qu'il suit :

Pour 1 voiturier, on doit payer 10 c. ; pour 1 cavalier, 5 c. ; pour 1 piéton, 3 c. La recette d'une quinzaine s'est élevée à 103 fr. 36 c.

On demande combien il est passé de voituriers, de cavaliers et de piétons, sachant que le nombre des voitures qui sont passées est au nombre des cavaliers comme 2 à 9, et que celui des piétons est à celui des cavaliers comme 31 à 7.

P. 1042. — Deux associés ont mis chacun une somme dans le commerce : celle du premier est à celle du second comme 17 à 13 ; et l'un a mis 1.284 fr. de plus que l'autre.

Quelle était la mise de chacun ?

P, 1043. — On veut partager une somme de 1.824 fr. en trois portions, de manière que la première soit à la deuxième comme 7 à 9, et la première à la troisième comme 3 à 4.

On demande de déterminer la valeur de chacune de ces portions.

P. 1044. — Quatre personnes se sont partagé une somme de 5.290 fr., de manière que la part de la première était à celle de la deuxième comme 3 à 4 ; celle de la deuxième à celle de la troisième comme 4 à 7, et celle de la troisième à celle de la quatrième comme 7 à 9.

Combien ont-elles eu chacune ?

P. 1045. — Six ouvriers qui travaillent ensemble ont fait un ouvrage en 4 jours : le rapport de la force de chacun des cinq derniers, comparée à celle du premier, est comme 2 à 3, comme 1 à 2, comme 1 à 3, comme 1 à 6, et comme 2 à 9.

On demande combien chacun des ouvriers serait de jours pour faire tout l'ouvrage.

P. 1046. — Trois fontaines coulant ensemble dans un bassin, l'empliraient en 16 heures : le rapport du temps qu'il faudrait à la première pour l'emplir seule est à celui qu'il faudrait à la deuxième comme 1 à $\frac{2}{3}$, et le rapport du temps qu'il faudrait à la deuxième est à celui qu'il faudrait à la troisième comme 1 à $\frac{3}{4}$.

Combien faudrait-il d'heures à chaque fontaine pour emplir la totalité?

P. 1047. — Six ouvriers travaillent ensemble : la force du premier est à celle du second comme 2 à 3 ; celle du deuxième à celle du troisième comme 3 à 4 ; celle du quatrième à celle du cinquième comme 1 à 2, et celle du deuxième à celle du sixième comme 4 à 3. Ils ont été payés en raison de leur force, et s'ils eussent reçu chacun une somme égale à celle qu'a reçue le troisième ouvrier, ils auraient reçu 315 fr. de plus entre eux tous.

Combien ont-ils reçu chacun ?

P. 1048. — Dans un atelier, il y a 4 compagnies d'ouvriers : la force de la première est à celle de la deuxième comme 6 à 5 ; celle de la deuxième à celle de la troisième comme 7 à 6, et celle de la première à celle de la quatrième comme 3 à 2.

On leur a payé, pour 15 jours de travail, 6.075 fr.

On demande combien chaque compagnie a reçu, combien chaque ouvrier gagne par jour, et combien il y en a dans chaque compagnie, sachant que dans la deuxième, il y a dix hommes de plus que dans la troisième.

P. 1049. — Deux personnes se sont partagé une somme, de manière que la part de la première était à celle de la seconde comme 5 à 3, et qu'elle surpassait de 50 les $\frac{5}{9}$ de la totalité.

Quelle était cette somme ? Combien chaque personne a-t-elle eu pour sa part ?

P. 1050. — Quatre personnes doivent se partager 2.205 fr. , de manière que quand la première aura 2 fr. , la deuxième en aura 3 ; quand la deuxième en aura 4, la troisième en aura 5, et quand la troisième en aura 6, la quatrième en aura 7.

Combien auront-elles chacune ?

P. 1051. — Un homme, en mourant, a laissé, par son testament, une somme de 10.800 fr. à partager entre 4 de ses parens. Les conditions sont telles, que lorsque le premier aura les $\frac{3}{4}$ d'un franc, le deuxième en aura $\frac{2}{3}$, le troisième la moitié, et le quatrième $\frac{1}{3}$.

On demande combien ils auront chacun.

P. 1052. — Quatre personnes se sont partagé une somme de 7.850 fr. , de manière que lorsque la première a eu 10 fr. , la deuxième en a eu 7.

Lorsque la deuxième a eu 14 fr. , la troisième en a eu 3.

Lorsque la troisième en a eu 12, la quatrième en a eu 9.

On demande combien elles ont eu chacune.

P. 1053. — Quatre individus se sont partagé 3.400 fr. qu'ils avaient gagnés. Lorsque le deuxième a pris 5 fr., le troisième en a pris 9.

Lorsque le troisième a pris 7 fr. , le quatrième en a pris 11.

Et lorsque le quatrième a pris 9 fr. , le premier en a pris 13.

Sachant que le premier avait versé 2.860 fr. pour sa mise, on demande à connaître la mise des deux autres et le bénéfice de chacun.

P. 1054. — Quelqu'un qui devait 4.680 fr. , en a fait le remboursement en 4 paiemens. Les deux premiers faisaient ensemble 3.100 fr. ; le troisième était égal à $\frac{1}{3}$ du premier, qui était au second comme 3 à 12, et le quatrième a complété le remboursement.

On veut connaître la somme de chaque paiement.

P. 1055.—Un oncle laisse, par testament, 360.000 fr. à cinq neveux, à condition que, moins ils auront d'âge, plus ils auront.

Le premier a 30 ans, le deuxième 20 ans, le troisième 18 ans, le quatrième 12 ans, et le cinquième 10 ans.

Combien devront-ils avoir chacun ?

P. 1056. — On a employé, pendant un certain temps, 65 ouvriers, dont la force de chacun des 40 derniers est à celle d'un des 25 premiers comme 3 à 4.

Ils ont fait 275 toises d'ouvrage.

Combien 100 ouvriers, dont la force d'un des 45 derniers serait à celle d'un des 55 premiers comme 3 à 5, feraient-ils de toises dans le même temps ?

P. 1057. — Les ouvriers de deux ateliers ont fait 39 toises d'ouvrage en un certain temps.

Le premier atelier était composé de 9 hommes et le second de 15 ; la force d'un ouvrier du premier atelier est à celle d'un du second comme 3 à 2.

On demande combien il faudra d'ouvriers du premier atelier pour faire 819 toises pendant le même temps.

P. 1058. — 5 ouvriers ont fait, en un certain temps, 33 toises d'ouvrage. La force de chacun des 3 derniers est à celle de chacun des 2 premiers comme 4 à 5.

Combien faudrait-il d'ouvriers de la première force pour faire 60 toises d'ouvrage dans le même temps ?

P. 1059. — Dans un atelier, les ouvriers sont divisés en deux classes: dans la première, il y en a 13, et la force de chacun des huit derniers est à celle d'un des premier comme $\frac{3}{4}$ à 1 ; dans la deuxième, il y en a 20, et la force des neuf derniers est à celle des onze premiers comme $\frac{3}{5}$ à 1.

Sachant que les premiers ouvriers de chaque classe travaillent dans les mêmes proportions, on demande combien les ouvriers de la deuxième classe font de toises d'ouvrage, tandis que ceux de la première en font 45.

P. 1060. — Quatre ouvriers travaillent ensemble ; la force du premier est à celle du deuxième comme 5 à 4 ; elle est à celle du troisième comme 9 à 5, et à celle du quatrième comme 7 à 3. En 7 jours de travail, ils ont gagné 175 fr. 40 c. , pour un certain nombre de toises qu'ils ont fait.

On demande combien ils ont gagné par jour, et combien ils ont fait de toises chacun, sachant que le premier en a fait 10 pour sa part.

P. 1061. — Trois personnes ont fait un fonds de 120.790 fr., pour le faire valoir, avec cette condition, que si l'un d'eux venait à mourir, les autres hériteraient de sa mise, proportionnellement à ce qu'ils auraient mis eux-mêmes.

Il arrive que la troisième personne meurt, et que les deux premières veulent se partager sa mise.

On demande combien il reviendra à chacun, sachant que la mise primitive était dans les proportions de $\frac{1}{3}$, $\frac{1}{4}$ et $\frac{1}{6}$.

P. 1062. — Un rentier dépense annuellement, pour l'entretien de sa maison, 1.560 fr. ; 18 fr. de sa dépense, comparés à 23 fr. de ses revenus, ont entre eux le même rapport que sa dépense totale avec ses revenus.

Combien a-t-il de revenu ?

P. 1063. — Les intérêts d'une somme sont tels, qu'après 18 mois, si on les joint au capital placé, on a un total en rapport avec ce capital, comme 21 à 20.

Quel est le taux des intérêts ?

P. 1064. — Avec 4.900 fr. de fonds, deux marchands ont fait un gain qui est à leur mise comme 1 à 7 ; la mise du premier est triple du gain.

Quel est le gain total, la mise et le profit de chacun ?

P. 1065. — On a placé une somme à raison de $3\frac{1}{7}$ p.% par an.

Après combien de temps le capital, plus les intérêts simples, seront-ils en rapport avec le capital placé, comme 21 à 20 ?

P. 1066. — Un particulier qui avait mis une somme dans le commerce, trouve, après un certain temps, que cette somme est épuisée, tant par les pertes qu'il a faites, que par les dépenses de sa maison. Ce qu'il a retiré pour la dépense de sa maison est aux pertes qu'il a faites comme 25 à 9.

Sachant qu'il a perdu 12.461 fr., on veut connaître quelle somme il avait mise.

P. 1067. — Quels sont les deux nombres dont la somme est la sixième partie du produit, et qui sont entre eux comme 3 à 2 ?

P. 1068. — On demande de partager une somme en deux parties telles, que la première soit à la seconde comme 5 à 3, et qu'elle surpasse de 50 fr. les $\frac{5}{9}$ de toute la somme.

Quelles seront ces deux parties ?

P. 1069. — On demande de diviser 44 en deux parties telles, que la plus grande augmentée de 5, soit à la plus petite augmentée de 7, comme 4 à 3.

Quels seront ces nombres ?

P. 1070. — On demande de partager 108 en trois

parties, telles que $\frac{1}{2}$ de la première, $\frac{1}{7}$ de la seconde et $\frac{1}{4}$ de la troisième soient égaux entre eux.

Quels seront ces nombres?

P. 1071. — On demande de trouver deux nombres qui soient entre eux comme 1 à 2, et tels qu'en les augmentant de 12 chaque, ils deviennent comme 5 à 7.

Quels seront ces nombres?

P. 1072. — Un nombre est tel, qu'en l'ajoutant à 100 et à 20, il donne deux nombres qui sont en rapport comme 3 à 1.

Quel est ce nombre?

P. 1073. — Deux nombres sont entre eux comme 1 à 5 et deviennent comme 1 à 3, en ajoutant 4 au plus petit et 6 au plus grand.

Quels sont ces nombres?

P. 1074. — 20 ouvriers, en travaillant pendant 15 jours, et 8 heures par jour, pour faire un fossé, ont enlevé 45 toises cubes de terre.

On demande combien 25 ouvriers en travaillant 10 heures par jour, pendant 40 jours, en enlèveraient d'un autre fossé, en supposant que la force de la première troupe d'ouvriers est à la deuxième comme 6 à 7, et que la dureté du premier terrain est à celle du deuxième comme 9 à 11.

P. 1075. — En travaillant pendant 15 jours, et 7 heures par jour, 80 ouvriers ont fait un fossé de 50 mètres de long sur 4 de large et 2 de profondeur.

On demande combien 45 hommes, en travaillant 6 heures par jour, seraient de jours pour en faire un de 39 mètres de long sur 7 de largeur et 3 de profondeur.

La force d'un des premiers ouvriers est à celle d'un des derniers comme 3 à 4, et la dureté du premier terrain est à celle du deuxième comme 5 à 6.

P. 1076. — En 24 jours de 9 heures, une troupe de 135 ouvriers a creusé un fossé qui avait 180 toises de longueur sur 4 de largeur et 3 de profondeur moyenne.

En 30 jours de 8 heures, une seconde troupe de 150 ouvriers a creusé, dans un terrain analogue, un autre fossé qui avait 200 mètres de longueur sur 4 de largeur et $2\frac{1}{2}$ de profondeur moyenne.

On demande quel doit être le rapport des prix de chaque journée pour un homme de chaque troupe.

P. 1077. — Cent quarante ouvriers ayant 9 degrés de force, ont travaillé 7 heures $\frac{1}{2}$ par jour, pendant 546 jours, dans un terrain de 7 degrés de dureté, pour construire une digue de 216 toises de longueur sur une toise 4 pieds de hauteur et 3 toises 2 pieds de largeur.

Quelle sera la longueur d'une digue construite par 192 ouvriers ayant 11 degrés de force, travaillant dans un terrain de 11 degrés de dureté, 8 heures $\frac{1}{2}$ par jour, en supposant que la hauteur de cette digue soit de 2 toises 3 pieds et la largeur 4 toises 1 pied ?

P. 1078. — Deux sections d'écrivains sont employés à copier des manuscrits : les premiers, au nombre de 24, écrivent en ronde, et, en travaillant 8 heures par jour, ils ont été 90 jours pour transcrire 8 exemplaires d'un ouvrage en 6 volumes, chaque volume contenant 480 pages, chaque page 54 lignes, et chaque ligne 56 lettres ; les seconds, au nombre de 30, écrivent en coulée, et travaillent 6 heures par nuit.

On demande combien il leur faudrait de nuits pour transcrire 9 exemplaires d'un ouvrage en 4 volumes, cha-

que volume contenant 800 pages, chaque page 84 lignes,
et chaque ligne 80 lettres.

La vitesse des premiers écrivains est à celle des seconds
comme 4 à 5 ; la difficulté d'écrire sur le premier papier à
celle d'écrire sur le deuxième, comme 7 à 6 ; celle de travailler le jour à celle de travailler la nuit, comme 5 à 6 ;
celle de la ronde à celle de la coulée, comme 6 à 5, et
celle de lire le premier manuscrit à celle de lire le second,
comme 8 à 7.

PROBLÈMES

DONT LES SOLUTIONS EXIGENT QU'ON RE-MONTE DES DERNIERS RÉSULTATS AUX PREMIERS.

P. 1079. — Quelques ouvriers en ribotte vont à la
Courtille, avec chacun une pièce de monnaie ; ils entrent
chez un marchand de vin, où ils dépensent 6 $^{\text{liv.}}$: chacun
donne en paiement sa pièce au marchand, qui lui en rend
une autre, et l'écot se trouve payé.

Un peu plus loin, ils font un nouvel écot de 42 $^{\text{s.}}$; chacun donne en paiement la pièce qu'il a reçue, on leur en
rend une autre, et ils s'en vont.

En revenant, ils aperçoivent un marchand d'eau-de-vie
chez lequel ils entrent ; ils en boivent pour 15 $^{\text{s.}}$: chacun
paie encore avec la pièce qu'on lui a rendue, et reçoit du
marchand un liard, qu'ils mettent en commun. Avec le
produit ils boivent pour 3 $^{\text{s.}}$ d'eau-de-vie, et il ne leur
reste plus rien.

Combien étaient-ils, et de quelle valeur était la première pièce ?

P. 1080. — Un ivrogne va dans un cabaret, avec une certaine somme, et après y avoir dépensé 8 fr., il va dans un autre, emprunte autant qu'il lui reste, et dépense encore 8 fr. ; il va dans un troisième et quatrième cabaret, fait le même emprunt et la même dépense, et il ne lui reste rien.

Combien avait-il d'abord ?

P. 1081. — On m'a triplé 3 fois la somme que j'avais ; à chaque fois, j'ai dépensé 3 fr., et il me reste 10 fr. 14 c.

Quelle somme avais-je ?

P. 1082. — Chaque fois qu'on doublera mon argent, disait un bonhomme, je donnerai 6 fr. aux pauvres : on lui double son argent trois fois, il donne trois fois 6 fr., et il ne lui reste rien.

Combien avait-il d'abord ?

P. 1083. — Un père dit à son fils : J'ai dans ma bourse une somme telle, que si tu me la doubles quatre fois, et qu'à chaque fois je te donne 6 $^{liv.}$, il me restera 38 $^{liv.}$; le fils lui répond : La somme que j'ai dans la mienne est telle, que si vous me la doublez aussi quatre fois, et qu'à chaque fois je vous donne 12 $^{liv.}$, il ne me restera rien, et cependant je ne changerais pas avec vous.

Combien avaient-ils chacun ?

P. 1084. — Un marchand forain a fait quatre voyages pour son commerce : dans le premier, il double ses fonds, et dépense 150 $^{liv.}$; dans le deuxième, il triple ce qui lui restait, et dépense 225 $^{liv.}$; dans le troisième, il gagne 2.925 $^{liv.}$, et dépense 386 $^{liv.}$; dans le quatrième et dernier, il double tout ce qu'il avait de fonds, et dépense 1.268 $^{liv.}$.

Malheureusement, en revenant, il est attaqué par des

voleurs qui lui prennent toutes ses marchandises, montant à 6.060 liv., qui provenaient de ses gains, et il ne réchappe de son avoir que 3.600 liv. en or, qu'il avait dans sa ceinture.

On veut savoir combien il avait à chaque voyage, et quel est son gain ou sa perte.

P. 1085. — Un petit marchand, qui a des fonds disponibles, fait trois spéculations. A la première, ses fonds sont augmentés de $\frac{2}{5}$; à la deuxième, ils le sont de $\frac{3}{4}$; à la troisième, ils sont diminués des $\frac{3}{7}$, et après ces trois spéculations, il se trouve avoir 440 fr.

Quelle somme avait-il ?

P. 1086. — Une marchande a acheté un panier de poires, qu'elle vend à trois personnes différentes. La première prend la moitié du panier, et en reçoit une par dessus le marché ; la deuxième prend la moitié du restant, et en reçoit aussi une par dessus le marché ; la troisième prend la moitié du nouveau reste, et en reçoit une et demie de surplus : après ces trois marchés, il en restait encore 4.

Combien y avait-il de poires dans le panier ?

P. 1087. — Une paysanne vient au marché, avec un panier d'œufs frais. Une cuisinière lui achète la moitié de son panier, et demande la moitié d'un œuf par dessus le marché, ce que la marchande lui accorde.

Un moment après, arrive une autre personne, qui lui achète la moitié de son reste, et reçoit aussi la moitié d'un œuf par dessus.

Enfin arrive une troisième personne, qui lui achète encore la moitié de son reste ; elle reçoit comme les autres la moitié d'un œuf par dessus, et il ne reste plus rien dans le panier.

Combien cette paysanne avait-elle d'œufs ?

18..

P. 1088. — Trois joueurs se mettent au jeu avec chacun une certaine somme : en quittant la partie, il se trouve qu'un seul a perdu, que les deux autres ont doublé leur argent, et qu'ils ont chacun 48 $^{\text{liv.}}$.

Combien avaient-ils chacun en se mettant au jeu ?

P. 1089. — Trois amis se mettent au jeu avec une certaine somme ; ils conviennent de ne jouer que trois parties, et que chacun sera banquier à son tour. Les conventions faites, et les parties terminées, il se trouve qu'à toutes les 3, le banquier a perdu avec ses deux adversaires autant d'argent qu'ils en avaient chacun avant de la commencer : alors ils font le compte de leur argent, et ils ont chacun 48 $^{\text{liv.}}$.

Combien avaient-ils chacun avant de se mettre au jeu ?

P. 1090. — Cinq joueurs conviennent que celui qui perdra doublera l'argent des quatre autres ; après cinq parties, le premier a 80 $^{\text{liv.}}$, le deuxième 40 $^{\text{liv.}}$, le troisième 20 $^{\text{liv.}}$, le quatrième 10 $^{\text{liv.}}$, et le cinquième 5 $^{\text{liv.}}$

On demande ce que chaque joueur avait en entrant au jeu ; le premier joueur a perdu la première partie, le deuxième la deuxième, le troisième la troisième, le quatrième la quatrième, le cinquième la cinquième.

P. 1091. — Un père qui a quatre enfans, ordonne, par son testament, que son bien soit partagé de la manière suivante :

Le premier doit avoir 15.000 fr., et la moitié de ce qui restera.

Le deuxième 20.000 fr. et $\frac{1}{3}$ de ce qui restera, après avoir prélevé la part du premier et les 20.000 fr.

Le troisième 25.000 fr. et $\frac{1}{4}$ de ce qui restera, après avoir prélevé la part des deux premiers, et les 25.000 fr.

Enfin le quatrième doit avoir 18.000 fr. qui resteront après les trois premiers paiemens effectués.

On veut connaître le bien du père et les parts des trois premiers enfans?

P. 1092. — Un père qui a neuf enfans, ordonne, par son testament, que son bien soit partagé de la manière suivante :

Le premier doit avoir 1.000 fr. et $\frac{1}{10}$ de ce qui restera.

Le deuxième 2.000 fr. et $\frac{1}{10}$ de ce qui restera, après avoir prélevé la part du premier, et les 2.000 fr., et ainsi de suite, en augmentant chaque fois la somme à prélever de 1.000 fr., jusqu'au dernier qui aura pour sa part 9.000 fr., qui forment le reste exact de la succession.

On demande à connaître le bien du père, et la part de chacun des huit premiers enfans.

P. 1093. — Un marchand a emprunté une certaine somme pour mettre dans son commerce. Au commencement de chaque année, il a payé 1.000 fr. pour les intérêts, et à la fin de la même année, le reste s'est trouvé doublé.

Sachant qu'à la fin de la troisième année le premier capital était triplé, on demande quelle était la somme empruntée.

P. 1094. — Un marchand retire tous les ans sur les fonds qu'il a dans son commerce, une somme de 1.000 fr. pour la dépense de sa maison : chaque année son fonds augmente du tiers de ce qui reste, et au bout de trois ans il se trouve que ses premiers fonds sont doublés.

Combien avait-il au commencement de la première année, et combien a-t-il gagné chaque année?

PROBLÈMES

INDÉTERMINÉS, OU AYANT PLUSIEURS SOLUTIONS.

P. 1095. — Un commissionnaire s'est chargé de porter des vases de deux grandeurs, à condition que pour chaque vase qu'il cassera on lui retiendra ce qu'il aurait reçu pour le port du même vase, dans le cas où il l'aurait rendu en état. On lui en donne 34 petits et 18 grands : il casse tous les grands, et reçoit 12 fr.

Combien a-t-il eu pour chaque vase?

P. 1096. — Un particulier étant sans argent dans une salle de jeu, emprunte une somme à un de ses amis, qui la lui prête à condition qu'il ne jouera que trois coups. Au premier coup il gagne le double de son emprunt, plus 18 fr. ; au deuxième, il perd la moitié de tout ce qu'il a ; au troisième, il perd le tiers de son reste, rend l'argent qu'on lui a prêté, et paie à dîner à son ami avec le gain qu'il a fait.

On demande à connaître le gain et la somme qui l'a produit.

P. 1097. — Un père a le quadruple de l'âge de son fils.

On demande dans combien d'années il n'en aura que le triple.

P. 1098. — On demande de trouver deux nombres tels, que les $\frac{1}{4}$ du premier soient égaux aux $\frac{5}{9}$ du second.

P. 1099. — Un payeur a dans sa caisse 40 pièces de 5 liv. et 65 de 3 liv. Plusieurs personnes se présentent avec des mandats de 79 $^{\text{liv.}}$; il les acquitte tous, et il ne lui reste rien.

Combien en a-t-il acquitté, et combien de pièces de chaque espèce a-t-il données à chaque personne, sachant qu'elles ont reçu chacune un nombre de pièces différent.

P. 1100. — Une paysanne a deux paniers d'œufs : trois fois le nombre contenu dans le premier surpasse de 7 le quintuple du nombre contenu dans le second.

Combien y en a-t-il dans chaque panier ?

P. 1101. — Les neuf Muses, portant chacune un nombre égal de couronnes de fleurs, sont rencontrées par les trois Grâces, et partagent leurs couronnes avec elles : ce partage fait, chacune des Muses et des Grâces a le même nombre de couronnes.

On demande combien les Muses en portaient chacune, et combien elles en ont donné.

P. 1102. — On demandait à un berger de combien de moutons son troupeau était composé; il répondit : Je ne sais pas au juste, mais lorsque je les compte par 6, il en reste 4 ; par 5, il en reste 1, et par 4 il n'en reste pas.

Combien en avait-il ?

P. 1103. — On demandait à un berger combien il avait de moutons; il répondit : En les comptant 15 à 15, il en reste 7 ; 14 à 14, il en reste 11 ; 13 à 13, il en reste 2 ; 11 à 11, il en reste 1, et leur nombre est au-dessous de 100.

Combien en avait-il ?

P. 1104. — Un berger à qui on demandait combien il avait de moutons, répondit : J'en ai moins de 400, et soit qu'on les compte par 8, par 7 ou par 6, il en reste 5 ; mais en les comptant par 11, il n'en reste point.

Combien en avait-il ?

P. 1105. — Quelqu'un à qui on devait 41$^{liv.}$ reçoit en paiement des pièces de 5$^{liv.}$, et rend des pièces de 6$^{liv.}$ pour le surplus qu'on lui donne.

On demande combien il a reçu de pièces, et combien il en a rendu.

P. 1106. — Une société composée d'hommes et de femmes, a dépensé dans une partie de plaisir une somme de 72 fr. ; au total, les hommes et les femmes ont dépensé autant les uns que les autres, et chaque homme a payé 3 fr. de plus qu'une femme.

On demande combien il y avait d'hommes, combien il y avait de femmes, et combien ils ont dépensé chacun.

P. 1107. — Une fermière a acheté des poules et des poulets ; elle paie les poules 36$^{s.}$, les poulets 30$^{s.}$, et il se trouve que pour solder son achat, elle donne 12$^{s.}$ de plus pour les poulets que pour les poules.

On demande combien elle en a acheté de chaque sorte.

P. 1108. — Quatre paysannes apportent au marché deux qualités de poires. La première en a 50, la deuxième 45, la troisième 40, la quatrième 30, et elles en ont entre elles 126 de la qualité inférieure.

On demande combien elles les ont vendues la pièce, sachant qu'en les vendant toutes les quatre au même prix, elles ont reçu chacune la même somme ; on veut connaître en outre combien elles en avaient de chaque qualité.

P. 1109. — Quatre paysannes viennent au marché, avec chacune un panier d'œufs. La première en a 24, la deuxième 25, la troisième 30, et la quatrième 35. Elles en vendent une partie à 3$^{s.}$, une partie à 2$^{s.}$, et il se trouve qu'elles s'en vont chacune avec la même somme.

On demande quelle est cette somme, et combien chaque paysanne a vendu d'œufs à 3 et à 2$^{s.}$.

P. 1110. — Deux personnes se sont partagé une somme, de manière que 5 fois la part de la première personne, plus 7 fois celle de la seconde, font 354 fr.

Combien ont-elles eu chacune en nombres entiers?

P. 1111. — Deux paysannes ont ensemble 100 œufs; l'une dit à l'autre : Quand je compte nos œufs par huitaine, il y a un surplus de 7 ; la seconde répond : Si je compte les miens par dizaines, je trouve le même surplus de 7.

On demande combien chacune avait d'œufs.

P. 1112. — Des hommes et des femmes ont dépensé 1.000 fr. : les hommes ont payé 19 fr. chacun, et les femmes 3 fr.

Combien y avait-il d'hommes et de femmes?

P. 1113. — On veut partager 25 en deux parties, dont l'une soit divisible par 3, et l'autre par 2.

Quelles seront chacune de ces parties ?

P. 1114. — Un fermier a acheté à la fois des chevaux et des bœufs, pour la somme de 1.770 écus; il paie 31 écus pour chaque cheval, et 21 écus pour chaque bœuf.

Combien a-t-il acheté de chevaux et de bœufs ?

P. 1115. — La somme de deux nombres est 100, et ils sont divisibles, l'un par 7, et l'autre par 11.

Quels sont ces nombres ?

P. 1116. — Après avoir multiplié un nombre par 99,

et l'avoir retranché de 75 fois un autre nombre, on a 33 pour reste.

Quels sont ces deux nombres ?

P. 1117. — En retranchant une somme multipliée par 39, d'une autre multipliée par 56, la différence égale 11.

Quelles sont ces deux sommes ?

P. 1118. — Une compagnie d'hommes et de femmes se trouve à un pique-nique ; chaque homme dépense 25 fr., chaque femme dépense 16 fr. , et il se trouve que toutes les femmes ensemble ont payé 1 fr. de plus que les hommes.

Combien y avait-il d'hommes et de femmes ?

P. 1119. — Quelqu'un achète des chevaux et des bœufs ; il paie 31 écus par cheval, 20 écus par chaque bœuf, et il se trouve que les bœufs lui ont coûté 7 écus de plus que ne lui ont coûté les chevaux.

Combien cet homme a-t-il acheté de bœufs et de chevaux ?

P. 1120. — On demande de partager 100 en deux parties, telles qu'en divisant l'une par 5 , il reste 2 ; et qu'en divisant l'autre par 7, il reste 4.

Quelles sont chacune de ces parties ?

P. 1121. — Un nombre est tel, qu'en en retranchant 16, il est divisible exactement par 39, et qu'en en retranchant 27, il est exactement divisible par 56.

Quel est ce nombre ?

P. 1122. — On cherche un nombre qui, divisé par 6, donne 2 de reste, et qui, divisé par 13, donne le reste 3.

Quel est ce nombre ?

P. 1123. — On cherche un nombre qui, étant divisé par 11, donne le résidu 3, et qui, étant divisé par 19, donne le résidu 5.

Quel est ce nombre ?

P. 1124. — Deux personnes sont parties le même jour de Paris et de Lyon ; lorsqu'elles se sont rencontrées, la première avait fait 60 lieues.

Sachant que la distance entre les deux villes est 108 lieues, on demande après combien de jours, en nombres entiers, cette rencontre a eu lieu.

P. 1125. — Deux personnes sont parties le même jour de Paris et de Lyon ; la distance entre les deux villes est 108 lieues, et elles se sont rencontrées après 6 jours.

Combien ont-elles fait de lieues chacune par jour, en nombres entiers ?

P. 1126. — Un officier se croyant trop faible pour attaquer l'ennemi, prie un autre officier de lui envoyer 10 hommes de son détachement ; mais alors le détachement du premier officier se trouve triple de celui du second.

On demande de combien d'hommes chaque détachement est composé.

P. 1127. — On demande deux nombres tels, que le triple du premier, moins 5 fois le second, soit égal à 9.

Quels sont ces nombres ?

P. 1128. — Quelqu'un a acheté du drap de deux qualités ; il en a autant de l'une que de l'autre, et il a dépensé 12.600 fr. pour le tout ?

Sachant que 5 mètres de la première qualité coûtent autant que 7 de la seconde, on demande combien il en a eu de mètres en tout.

P. 1129. — Trente personnes, hommes, femmes et enfans, dépensent 50 fr. dans une auberge : l'écot d'un homme est 3 fr. , celui d'une femme est 2 fr. , et celui d'un enfant 1 fr.

Combien y avait-il de personnes de chaque classe ?

P. 1130. — Un certain nombre de personnes, voyageant ensemble, doivent payer chacune une somme égale, pour les dépenses de la route.

Il arrive que 3 de ces personnes quittent sans s'acquitter, et, de cette manière, les autres paient chacune 2 fr. de plus.

On demande à connaître le nombre de personnes, la part que chacune aurait dû payer primitivement, et le total de la dépense.

P. 1131. — Le total du produit de deux nombres ajouté à leur somme est égal à 100.

Quels sont ces nombres ?

P. 1132. — Deux nombres sont tels, qu'en retranchant leur somme de leur produit, la différence est 23.

Quels sont ces nombres ?

P. 1133. — On demande de trouver deux nombres tels, que leur produit soit triple de leur somme.

Quels sont ces nombres ?

P. 1134. — Deux nombres entiers sont tels, qu'en ajoutant à leur produit deux fois le premier et trois fois le second, le total est 42.

Quels sont ces nombres ?

P. 1135. — Deux nombres sont tels, qu'en ajoutant 18 à deux fois le premier et à trois fois le second, on obtient 5 fois leur produit.

Quels sont ces nombres ?

P. 1136. — Le produit de deux nombres, divisé par la différence de ces nombres, est égal à 12.

Quels sont ces nombres?

P. 1137. — On demande deux nombres entiers et tels, que si on ajoute leur produit à leur somme, on obtienne 79.

Quels sont ces nombres?

PROBLÈMES

RELATIFS AUX INTÉRÊTS COMPOSÉS.

P. 1138. — Un particulier a emprunté une somme de 110.000 fr., à raison de 10 p. $\frac{0}{0}$; mais les circonstances font qu'il est 6 ans sans en payer les intérêts.

Après ce temps, il en fait le remboursement, et paie les intérêts des intérêts.

Combien devra-t-il rembourser?

P. 1139. — On demande combien on devra recevoir après 4 ans, pour le capital et les intérêts composés d'une somme de 24.000 fr., placée à raison de 5 p. $\frac{0}{0}$ par an.

P. 1140. — Combien devra-t-on recevoir, après 10 ans, pour le capital et les intérêts composés de 100 fr. placés à raison de 5 $\frac{1}{7}$ p. $\frac{0}{0}$?

P. 1141. — Un particulier a emprunté une somme à quelqu'un : il doit en rembourser le capital et payer les intérêts après 6 ans; mais il offre de rendre 194.871 fr. 71 c. pour ce capital, et les intérêts composés à 10 p. $\frac{1}{0}$ au bout de ce temps, ou de payer 12 $\frac{1}{7}$ p. $\frac{0}{0}$ d'intérêt simple par an.

On demande ce qui serait le plus avantageux, et le montant de la somme prêtée.

P. 1142. — Un particulier a mis dans le commerce une somme de 128 fr., qui lui a rapporté régulièrement 25 p. % par an, pendant 17 ans.

On demande combien il a dû retirer à la fin de la dernière année, sachant que, chaque année, il a laissé le produit des intérêts des années précédentes.

P. 1143. — Quelqu'un a placé 9.375 fr., pour 3 ans 8 mois, à raison de 10 p. %.

A l'époque du remboursement, combien recevra-t-il pour le capital et les intérêts des intérêts?

P. 1144. — Quelqu'un a placé 1.000 fr. à raison de 10 p. %.

Combien devra-t-il toucher, après 4 ans 2 mois 12 jours, pour le capital et les intérêts des intérêts?

P. 1145. — Quelqu'un a placé 52.500 fr. à ½ p. % par mois, à condition que, chaque mois, on joindra les intérêts au capital, et qu'il ne touchera son remboursement qu'après 28 mois.

Combien touchera-t-il à cette époque?

P. 1146. — Le taux des intérêts composés étant fixé à 6 p. % par an, combien devrait-on toucher, après 5 ans 4 mois, pour le produit de 15.000 fr.?

P. 1147. — Un capital de 50.000 fr., dont une partie rapportait 5 p. % et l'autre 10, a augmenté de 9.615 fr. en 3 ans.

On demande à connaître les sommes placées à 5 et à 10, en calculant les intérêts des intérêts.

P. 1148. — Quel est le taux annuel d'une somme placée à raison de $1\frac{1}{2}$ p. °⁄₀ par trimestre, intérêts composés?

P. 1149. — Quel est le taux annuel d'une somme placée à raison de $\frac{1}{2}$ p. °⁄₀ par mois, intérêts composés?

P. 1150. — On doit payer dans 4 ans 680 fr. 25 c., pour 25 aunes de drap à $\frac{5}{8}$ de largeur.

Combien devra-t-on payer dans 2 ans pour 45 aunes de drap de même qualité, qui aurait $\frac{7}{8}$ de largeur? On compte les intérêts composés sur le pied de 8 p. °⁄₀.

P. 1151. — Après combien d'années le bénéfice d'un capital, qui rapporte 20 p. °⁄₀ par an, sera-t-il égal à ce même capital, ayant égard aux intérêts des intérêts?

P. 1152. — Le taux étant fixé à $5\frac{1}{2}$ p. °⁄₀ par an, on demande de déterminer le capital acquis après 10 ans, par un versement d'un franc, effectué au premier jour de chaque année.

P. 1153. — Le taux étant fixé à 10 p. °⁄₀ par an, combien devra-t-on toucher, après 6 ans, pour 6 versemens de 1.200 fr., effectués au premier jour de chaque année?

P. 1154. — Quelle somme faudrait-il verser immédiatement, pour toucher 168 fr. 12 c. après 10 ans, l'intérêt progressif étant fixé à $5\frac{1}{2}$ p. °⁄₀ par an?

P. 1155. — Quelle somme devra-t-on placer à 6 p. °⁄₀, intérêts composés, pour avoir 33,955 fr. 65 c. après 5 ans?

P. 1156. — Le taux des intérêts composés étant déterminé à $\frac{1}{2}$ p. °⁄₀ par mois, combien faudrait-il verser immédiatement, pour avoir 60.368 fr. 83 c., après 28 mois?

P. 1157. — Quelqu'un a placé une certaine somme pour 3 ans 8 mois, à raison de 10 p. 0/0 ; à l'époque du remboursement, il reçoit 13.310 fr., pour le capital et les intérêts des intérêts.

Quelle somme avait-il placée?

P. 1158. — 29.172 fr. 15 c. sont le produit d'un capital et de 4 ans d'intérêts composés, d'une somme placée à raison de 5 p. 0/0.

Quelle était cette somme?

P. 1159. — Quelqu'un est convenu de s'acquitter d'une certaine somme en 5 paiemens de 500 fr., effectués au commencement de chaque année.

On demande à connaître la somme dont il s'est acquitté, et combien il devrait payer, s'il ne s'acquittait qu'à la fin de la cinquième année.

Le taux des intérêts composés est 5 ½ p. 0/0.

P. 1160. — Le taux des intérêts composés étant fixé à 6 p. 0/0 par an, combien devra-t-on verser immédiatement, pour toucher 20.474 fr. 85 c. après 5 ans 4 mois?

P. 1161. — Un banquier doit 343.000 fr. payables dans 3 ans.

Pour s'acquitter, il donne une lettre-de-change de 196.000 fr., payable dans deux ans.

Les intérêts composés étant à 40 p. 0/0, on demande ce qu'il doit remettre, ou ce qui doit lui être remis en argent comptant.

P. 1162. — Un banquier doit 343.000 fr. payables dans 3 ans.

Pour s'acquitter, il donne deux lettres-de-change : une de 196.000 fr., payable dans deux ans, et une, dont on ne connaît pas la valeur, payable dans quatre ans.

Sachant que les intérêts composés sont calculés à 40 p. $\frac{o}{o}$, on veut connaître la valeur de la deuxième lettre-de-change.

P. 1163. — Un banquier possède, en lettres-de-change, 345.025.251 f. payables dans 5 ans, et 397.953 f. payables dans 3 ans. Il doit acquitter 260.100 fr. payables dans 2 ans, et 338.260.050 fr. payables dans 4 ans.

Sachant que le taux des intérêts composés est calculé sur le pied de 2 p. $\frac{o}{o}$, on demande quel est l'état actuel de sa fortune.

P. 1164. — Combien faudrait-il verser au premier jour de chaque année, pour avoir 10.184 fr. 60 c. après 6 ans, les intérêts composés étant calculés à raison de 10 p. $\frac{o}{o}$?

P. 1165. — Le taux des intérêts composés étant fixé à 5 p. $\frac{o}{o}$, combien faudrait-il verser au premier jour de chaque année, pour avoir 39.620 fr. 36 c. après 10 ans?

P. 1166. — On a prêté à quelqu'un une somme de 3.804 fr., à cette condition que, s'il s'acquitte à la fin de la première année, il ne paiera aucun intérêt, mais que, pour chaque année de retard qu'il apportera dans le paiement, il paiera, savoir : pour la première 5 p. $\frac{o}{o}$, pour la deuxième 10, pour la troisième 20, pour la quatrième 25. Il arrive qu'il s'est acquitté en 5 paiemens égaux, effectués à la fin de chaque année.

De combien a été chaque paiement?

P. 1167. — Trois frères se mettent dans le commerce,

avec chacun une même somme : le premier renouvelle ses fonds tous les 3 mois et gagne $6\frac{1}{3}$ p. %, le deuxième les renouvelle tous les 4 mois et gagne 10 p. %, le troisième les renouvelle tous les 6 mois et gagne 15 p. %.

Après un an, le deuxième avait gagné 408 fr. de plus que le troisième.

On demande à connaître la somme égale mise dans le commerce, et le bénéfice de chacun.

PROBLÈMES

RELATIFS AUX ANNUITÉS.

P. 1168. — Quelle serait la valeur de dix annuités ou de dix versemens de 1.000 fr. effectués au dernier jour de chaque année, le taux des intérêts composés étant fixé à raison de $5\frac{1}{3}$ p. % ?

P. 1169. — Quelqu'un qui a emprunté 100,000 fr. à raison de 7 p. %, a donné 10.000 fr. chaque année pendant 20 ans.

Sachant que les intérêts composés des sommes qu'il a données à compte chaque année lui ont été comptés à raison de 5 p. %, on demande combien il devra encore à la fin de la vingtième année.

P. 1170. — Quelle serait la valeur de 28 versemens de 50 fr. effectués au dernier jour de chaque mois, l'intérêt composé état fixé à $\frac{1}{2}$ p. % par mois ?

P. 1171. — Quel serait le capital à recevoir immédiatement, et dont on s'acquitterait en 4 ans, en donnant

1.000 fr. par an, le taux des intérêts composés étant fixé
à 7 $\frac{1}{2}$ p. $\frac{o}{o}$?

P. 1172. — Quel serait le capital à recevoir immédiatement, et dont on s'acquitterait en donnant 1.000 fr. à
la fin de chaque année, pendant 10 ans, l'intérêt étant
fixé à 5 $\frac{1}{3}$ p. $\frac{o}{o}$ par an ?

P. 1173. — Le taux étant fixé à 5 p. $\frac{o}{o}$, quel serait le
capital à recevoir immédiatement, et dont on s'acquitterait en dix ans en donnant 1.500 fr. à la fin de chaque
année ?

P. 1174. — Le taux étant fixé à 10 p. $\frac{o}{o}$, quel serait le
capital à recevoir immédiatement, et dont on s'acquitterait en 4 ans, en donnant 15.773 fr. 54 c. à la fin de chaque année ?

P. 1175. — Quelqu'un qui doit 100.000 fr., dont il
paie les intérêts à 7 p. $\frac{o}{o}$, voudrait joindre, chaque année
au capital, une somme égale, et telle qu'après 20 ans il
se trouverait libéré.

On demande combien il devra verser chaque année
pour les intérêts et l'amortissement, sachant que les intérêts des à-compte annuels lui seront comptés à raison de
5 p. $\frac{o}{o}$.

P. 1176. — Un particulier qui doit une rente de
500 fr., au capital de 12.500 fr., voudrait s'acquitter en
4 paiemens égaux, effectués à la fin de chaque année.

Quelle serait la valeur de chaque paiement ?

P. 1177. — Quelqu'un qui a reçu 11.582 fr. 60 c.,
voudrait s'en acquitter en dix paiemens égaux effectués à
la fin de chaque année.

Sachant que le taux des intérêts est 5 p. %, on demande
à connaître le montant de chaque versement.

P. 1178. — Quelqu'un qui doit un capital de 50.000 fr.
dont il paie l'intérêt à raison de 10 p. %, voudrait s'acquitter en 4 ans, en payant une somme égale à la fin de chaque
année.

Ayant égard aux intérêts des intérêts, on demande de
combien sera chaque paiement.

P. 1179. — Quelqu'un qui doit un capital de
12.000 fr., dont il paie l'intérêt à raison de 10 p. %, voudrait s'acquitter en 2 ans, et en 2 paiemens à la fin de
chaque année.

On demande de combien sera chaque paiement, en
calculant les intérêts des intérêts.

P. 1180. — Quelqu'un a emprunté 12.000 fr., avec
la faculté de s'acquitter en douze ans, par divers à-compte
aux époques qui seront le plus à sa convenance, et sous
la condition que les intérêts réciproques et progressifs seront calculés à $6\frac{1}{4}$ p. % par an.

Sachant qu'après un an il a payé 5.000 fr.

Après deux ans . . . 2.000
Après cinq ans . . . 1.500
Après sept ans. . . . 1.000

on demande combien il a dû payer après cette dernière
époque, pour s'acquitter du reste en cinq paiemens égaux,
effectués à la fin de chaque année.

P. 1181. — A combien monteraient, après 25 ans,
le capital et les intérêts cumulés d'une somme de 1.000 fr.
placés à raison de $7\frac{1}{2}$ p. %?

P. 1182. — Combien faudrait-il verser immédiate-

ment, pour avoir 60.983 fr. dans 25 ans, en comptant les
intérêts cumulés à $7\frac{1}{2}$ p. %?

P. 1183. — L'intérêt composé étant $7\frac{1}{2}$ p. %, combien
aurait-on après 25 ans, en versant 100 fr. au commencement de chaque année?

P. 1184. — Combien faudrait-il verser au premier
jour de chaque année, pour avoir 7.307 fr. 56 c. après
25 ans, en calculant l'intérêt composé à $7\frac{1}{2}$ p. %?

P. 1185. — Quelle serait, après 25 ans, la valeur
d'une annuité de 100 fr., en calculant les intérêts composés à raison de $7\frac{1}{2}$ p. %?

P. 1186. — Quelqu'un a emprunté une somme telle,
qu'en payant l'intérêt sur le pied de $7\frac{1}{2}$ p. %, il s'en est
acquitté au moyen de 25 annuités de 100 fr.
Quelle était cette somme?

P. 1187. — Quelqu'un qui a emprunté 1.114 fr. 69 c.,
à raison de $7\frac{1}{2}$ p. %, veut s'en acquitter en 25 paiemens
égaux, effectués à la fin de chaque année.
De combien sera chaque paiement?

P. 1188. — Le taux étant fixé à $7\frac{1}{2}$ p. %, pendant
combien d'années 100 fr. devront-ils rester placés pour
produire 124 fr. 23 c. ?

—————

PROBLÈMES

RELATIFS AUX CARRÉS.

P. 1189. On a employé 1.800 ardoises de 18 pouces de
longueur sur 12 de largeur, pour couvrir un toit de 180
pieds de long sur 10 de large.

Combien en faudrait-il pour couvrir un toit de 15 toises de longueur sur 14 pieds de largeur, les ardoises n'ayant que 14 pouces sur 10?

P. 1190. — La tenture d'une salle de 25 pieds de longueur sur 15 de largeur et 10 de hauteur, a coûté 750 fr.

Combien devra-t-on payer pour une autre salle de 30 pieds de longueur sur 24 de largeur et 14 de hauteur?

P. 1191. — Une chambre a 180 pieds de superficie; si elle était aussi large que longue, elle en aurait 225.

Quelles sont sa longueur et sa largeur?

P. 1192. — Un châle de laine, parfaitement carré, ayant $\frac{5}{4}$, a coûté 37 fr. 75 c.; un autre de même qualité, mais qui a une aune $\frac{1}{2}$, a coûté 50 fr.

Lequel des deux a été payé meilleur marché, proportion gardée?

P. 1193. — Quatre nappes et 36 serviettes ont été adjugées, dans une vente, à un particulier, pour 103 fr. 9 c.; chaque nappe a 4 mètres 25 centimètres de longueur sur un mètre 30 centimètres de largeur; chaque serviette a 75 centimètres de longueur sur 65 de largeur.

La toile étant de même qualité, on demande combien ce particulier devra recevoir pour 1 nappe et 12 serviettes qu'il cède au prix coûtant à un de ses amis.

P. 1194. — Une pièce de terre a 90.000 perches de superficie, et elle est quatre fois plus longue qu'elle n'est large.

Quelles sont sa longueur et sa largeur.

P. 1195. — Un terrain a 545 toises de longueur sur 110 toises de largeur.

Combien contient-il de toises carrées?

P. 1196. — Un terrain contient 9.625 toises de superficie, et sa largeur est de 35 toises.

ᐟ Quelle est sa longueur?

P. 1197. — Un jardinier a planté une bordure autour d'un bassin dont le diamètre, en prenant la bordure pour limite du cercle, est de 63 pieds: chaque toise de bordure doit lui être payée 2 fr. 50 c.

Combien devra-t-il recevoir?

P. 1198. — Un jardinier a reçu 82 fr. 50 c., pour avoir planté une bordure autour d'un bassin, à raison de 2 fr. 50 c. par toise.

Combien ce bassin avait-il de toises de diamètre?

P. 1199. — Un bassin a 198 pieds de circonférence.
Combien sa surface contient-elle de pieds carrés?

P. 1200. — Un bassin a 63 pieds de diamètre.
Combien sa surface contient-elle de pieds carrés?

P. 1201. — Un terrain dont les quatre côtés ont 30 toises chaque, a été payé 1.500 fr.

Combien devra-t-on payer, à proportion, pour un carré du même jardin, dont chaque côté n'aurait que 15 toises.

P. 1202. — Quel est le nombre qui, étant divisé par 4, donne pour quotient le double de sa racine?

P. 1203. — Quel est le nombre qui, étant multiplié par 10, donne pour produit $\frac{1}{5}$ de son carré?

P. 1204. — Le carré d'un nombre est égal à 15 fois le même nombre.

Quel est ce nombre ?

P. 1205. — La différence de deux nombres est 7, et la différence de leurs carrés est 77.

Quels sont ces nombres ?

P. 1206. — La somme de deux nombres est 11, et la différence de leurs carrés est 77.

Quels sont ces nombres ?

P. 1207. — Quatre personnes se sont partagé une certaine somme, de manière que

La deuxième a eu dix fois autant que la première ;

La troisième a eu la somme de la première, élevée au carré ;

Et la quatrième a eu une somme telle, qu'elle est en même temps égale à la moitié de celle qu'a touchée la deuxième, et au sixième de celle qu'a touchée la troisième.

On demande à connaître la part de chaque personne.

P. 1208. — Un bassin a 110 pieds de circonférence, et un autre en a 220.

Quel est le rapport de leur superficie ?

P. 1209. — Une personne a quatre terrains : le premier contient 870 perches de superficie, le deuxième en contient 188, le troisième en contient 400, et le quatrième 355.

Elle les a échangés contre un seul terrain de même nature, parfaitement carré, dont l'un des côtés a 45 perches, et il a rendu 328 fr. 60 c.

A quel prix l'arpent de ce terrain est-il estimé ? (Un arpent vaut 100 perches.)

P. 1210. — Quel est le nombre dont les $\frac{2}{3}$ des $\frac{3}{4}$ de son carré divisés par la $\frac{1}{2}$ des $\frac{5}{6}$ de sa racine, font 12 ?

P. 1211. — De trois nombres, les deux derniers sont les $\frac{2}{3}$ et $\frac{1}{7}$ du premier, et en divisant le produit des deux premiers par le dernier, le résultat serait 196.

Quels sont ces nombres ?

P. 1212. — Un jardinier veut faire un carré de tulipes. A cet effet, il plante ses ognons à une distance égale les uns des autres, tant en longueur qu'en largeur.

La première fois, il lui en manque 12 pour compléter son carré.

La seconde fois, il en met un de moins en tous sens, et il lui en reste 27.

Combien avait-il d'ognons ?

P. 1213. — Un général voudrait disposer un corps de troupes en carré à centre plein ; mais, par son arrangement, il se trouve avoir 124 hommes de trop. Faisant une seconde disposition, il essaie de mettre un homme de plus sur chaque ligne, et il lui manque 129 hommes pour compléter son carré.

Quel est le nombre des troupes qu'il commande ?

P. 1214. — Quelqu'un veut établir un clos qui contienne 15.625 mètres carrés.

Quelle sera la longueur de chaque côté de la haie de clôture ?

P. 1215. — De deux sommes, la plus petite est 3, et la somme de leur carré est 130.

Quelle est la plus grande ?

P. 1216. — Quelqu'un veut faire clore de murs un terrain qui a 31.230 mètres de superficie.

On demande quelle sera la longueur de chaque côté du mur, sachant que la longueur du terrain est à la largeur comme 5 à 3.

P. 1217. — Avec 1.815 arbres, on veut établir une ligne telle, que les arbres étant espacés également, la longueur soit à la largeur comme 5 est à 3.

Combien y aura-t-il d'arbres sur chaque file ?

P. 1218. — Denis le Tyran s'empara du champ d'un pauvre homme : ce champ était carré, et contenait 80 perches de contour ; il lui en donna un autre qui avait aussi 80 perches de contour, et qui cependant ne contenait en surface que les $\frac{15}{16}$ du premier.

Quelles étaient les dimensions du dernier champ ?

P. 1219. — Quelqu'un a un terrain qu'il veut clore de murs ; il contient 33.750 mètres de superficie, et sa largeur est égale aux $\frac{2}{3}$ de sa longueur.

Sachant que les murs auront 2 mètres 8 décimètres de hauteur, et qu'à l'épaisseur convenue, on les paiera sur le pied de 15 fr. 40 c. le mètre, on demande à combien se montera la dépense de cette construction.

P. 1220. — Un terrain, exactement carré, a 125 toises sur chaque côté.

Combien les côtés d'un autre terrain 3 fois plus grand et parfaitement carré, ont-ils de toises ?

P. 1221. — Un terrain est tel, que sa longueur surpasse sa largeur de deux perches, et que sa superficie est de 20.163 perches.

Quelles sont ses dimensions ?

P. 1222. — Un terrain qui a 7.056 perches de superficie, et qui est parfaitement carré, est environné de trois rangées d'arbres, plantés à 4 toises de distance les uns des autres en tous sens.

Sachant que la perche est de 18 pieds, et que chaque rangée extérieure rentre de 4 toises dans le terrain, on demande combien il y a d'arbres.

P. 1223. — Un jardinier avait établi une pépinière dans un terrain où il avait mis 64 pieds d'arbres sur la longueur, et 36 sur la largeur.

Il transplante ces arbres dans un terrain qui a la même superficie que le premier, mais qui est parfaitement carré. On demande de combien d'arbres il devra augmenter ou diminuer chacune des premières dimensions.

P. 1224. — Un jardinier veut mettre 1.445 arbres dans une pépinière qui est cinq fois plus longue que large.

Les arbres étant espacés également, on demande combin il y en aura sur chaque dimension.

P. 1225. — Un colonel veut mettre son régiment, qui est composé de 1.200 hommes, en bataillon carré à centre vide, et de manière que le carré formé par le vide puisse contenir 42 hommes de front.

On demande combien il y aura d'hommes sur chaque face extérieure, et sur combien de hauteur ils seront.

P. 1226. — Deux nombres sont en proportion double, et en ajoutant leur somme à leur produit, on obtient 90.
Quels sont ces nombres?

P. 1227. — On demande de partager 100 en deux parties, et de manière que la première, multipliée par la seconde, soit au carré de la seconde, comme 10 à 1.

P. 1228. — On demande de trouver trois nombres en rapport, comme $\frac{1}{2}$, $\frac{1}{3}$, $\frac{1}{4}$, dont la somme des carrés soit 549.

P. 1229. — Deux nombres sont en rapport, comme 7 est à 5, et leur produit est égal à 1.715.

Quels sont ces nombres ?

P. 1230. — Trois nombres sont entre eux, comme 9, 12 et 16, et la somme de leur carré est 4.329.

Quels sont ces nombres ?

P. 1231. — On demande de partager 20 en deux parties telles, que 20 fois la plus petite soit égale au carré de la plus grande.

Quelles seront ces parties ?

P. 1232. — La différence de deux nombres est 23, et la somme de leur carré 1.369.

Quels sont ces nombres ?

P. 1233. — La somme de deux nombres est 8, et la somme de leur carré, jointe à leur produit, est égale à 49.

Quels sont ces nombres ?

P. 1234. — Le produit de deux nombres est 32, et la somme de leur carré est 80.

Quels sont ces nombres ?

P. 1235. — Deux frères ont ensemble 24 ans; le produit de leur âge est 135.

Quel est l'âge de chacun ?

P. 1236. — On a divisé le nombre 230 en deux parties telles, que le produit de *quatre* fois la plus grande, par *six* fois la plus petite, donne 144.000.

Quelles sont ces parties ?

P. 1237. — On demande de partager le nombre 24 en deux parties telles, que leur produit soit égal à 135.

Quelles seront ces parties ?

P. 1238. — De deux nombres l'un est triple de l'autre, et la somme de leur carré est 640.

Quels sont ces nombres?

P. 1239. — La somme de deux nombres est 12, et la somme de leur carré est 90.

Quels sont ces nombres?

P. 1240. — Quel est le nombre dont le triple du carré, divisé par 4, et diminué de 12, est égal à 180?

P. 1241. — Quatre personnes se sont partagé une certaine somme, de manière que la deuxième a eu $\frac{1}{3}$, la troisième $\frac{1}{4}$, et la quatrième $\frac{1}{5}$ de ce qu'a reçu la première.

Sachant que le produit de la multiplication des quatre parts, divisé successivement par la première et par la quatrième, donne un résultat égal à 243, on demande à connaître la part de chaque personne.

P. 1242. — Un nombre est tel, que si on multiplie sa moitié par son tiers, et qu'au produit on ajoute la moitié du même nombre, le résultat sera 30.

Quel est ce nombre?

P. 1243. — Cinq personnes se sont partagé une somme, de manière que la deuxième a eu $\frac{1}{2}$, la troisième $\frac{1}{4}$, la quatrième $\frac{1}{3}$, et la cinquième $\frac{1}{6}$ de ce qu'a eu la première.

Sachant qu'en divisant le produit de la multiplication des cinq parts par la première, le résultat est égal à 59.049, on demande à connaître chaque part.

P. 1244. — Quel est le nombre dont le carré, augmenté de 25, est égal à 74?

P. 1245. — Le carré d'un nombre, multiplié par la

cinquième partie de ce même carré, donne pour produit 10.125.

Quel est ce nombre?

P. 1246. — La somme des carrés de deux nombres est 100, et leur produit est 48.

Quels sont le total, la différence, et chacun de ces deux nombres?

P. 1247. — La somme que j'ai, étant multipliée par elle-même, surpasse 613 de 12.

Quelle est cette somme?

P. 1248. — En multipliant la moitié du nombre de louis que j'ai dans ma bourse par $\frac{1}{4}$ de ce même nombre, le produit est 18.

Quel est ce nombre?

P. 1249. — Les $\frac{2}{3}$ d'une somme multipliés par les $\frac{7}{8}$ de cette même somme, égalent 21 fr.

Quelle est cette somme?

P. 1250. — On demandait à quelqu'un quel âge il avait; il répondit : multipliez $\frac{1}{3}$ de mes années par $\frac{1}{6}$ du même nombre, vous aurez 72.

Quel était son âge?

P. 1251. — Quel est le nombre dont les $\frac{2}{3}$ des $\frac{1}{4}$, multipliés par la $\frac{1}{2}$ de son sixième, donne 6 pour produit?

P. 1252. — Un père dit à son fils : voici 54 fr. qui sont le produit des $\frac{2}{4}$ de $\frac{1}{6}$ de l'argent que j'ai dans ma bourse multiplié par $\frac{1}{4}$ des $\frac{3}{4}$ de cette même somme.

Trouve quelle somme la bourse contient, et je te la donne.

P. 1253. — Si le carré de la somme que j'ai était divisé par $\frac{1}{7}$ de cette même somme, j'aurais 98 fr.

Combien ai-je?

P. 1254. — $\frac{1}{15}$ du carré d'une certaine somme, divisé par cette même somme, égale 20 fr.

Quelle est cette somme?

P. 1255. — Quelle est la somme dont quatre fois le carré étant divisé par $\frac{1}{3}$ de cette même somme, donne un produit égal à 72 fr. ?

P. 1256. — Quel est le nombre dont $\frac{1}{4}$ du carré étant divisé par $\frac{1}{5}$ de sa racine, donne un quotient égal à 25?

P. 1257. — De deux frères, l'aîné a 6 ans de plus que le cadet, et l'âge de l'un multiplié par celui de l'autre est égal à 135.

Quel âge ont-ils chacun?

P. 1258. — On demandait à trois frères quels étaient leurs âges; l'aîné répondit : nous sommes à 18 mois de différence, et en multipliant mon âge par celui de mon plus jeune frère, on aura un produit égal à 180.

Quels sont les trois âges?

P. 1259. — Un certain nombre d'individus se sont partagé également 1.521 fr. : leur nombre est égal au neuvième de la somme qu'ils ont reçue chacun.

Combien y avait-il de personnes, et combien ont-elles reçu chacune?

P. 1260. — Six amis ont fait ensemble une mise de 150 fr. à la loterie.

Le deuxième et le troisième ont mis à eux deux une somme égale à celle qu'a mise le premier.

En multipliant successivement la mise du prémier par celle du deuxième et par celle du troisième, et en retranchant de la somme des deux produits la mise du quatrième, on a pour résultat 1.262 fr.

La mise du cinquième est double de celle du troisième, et celle du sixième, qui est égale aux deux tiers de celle du premier, est à la somme de leur gain comme 4 à 925.

On veut connaître la mise et le bénéfice de chacun?

P. 1261. — Trois personnes se sont partagé une somme de 5.300 fr.

En multipliant par elle-même la plus forte somme des trois, et en ajoutant au produit l'une des deux autres, on a pour résultat 4.001,500.

Combien ont-elles eu chacune?

P. 1262. — Trois personnes se sont partagé une somme de 5.300 fr.

En multipliant par elle-même la plus forte des trois sommes, et en retranchant du produit l'une des deux autres, on a pour résultat 3.998,500.

Combien ont-elles eu chacune?

P. 1263. — Deux bourses contiennent ensemble 14 pièces, et les deux carrés des sommes qu'elles contiennent donnent un total égal à 106.

Combien y a-t-il dans chaque bourse?

P. 1264. — Trouvez un nombre tel, qu'en ajoutant 7 fois ce nombre à son carré, la somme soit 144.

P. 1265. — Trouve combien j'ai de louis dans ma bourse, disait un père à son fils, et je t'en donnerai un.

Le carré de leur nombre, plus douze fois ce nombre, égale 133.

P. 1266. — Le carré d'un nombre moins deux fois ce même nombre, est égal à 24.

Quel est ce nombre?

P. 1267. — Un jeune homme à qui l'on demandait quel âge il avait, répondit : en retranchant quatre fois mon âge de son carré, on a pour reste 252.

Quel âge avait-il?

P. 1268. — Deux joueurs ont gagné chacun une certaine somme; le gain du premier est 20 fr., et le gain du second, multiplié par celui du premier, donne le quart du carré de ce même gain.

Combien le second joueur a-t-il gagné?

P. 1269. — Deux amis ont fait ensemble une mise de 20 fr. à la loterie, et ils ont gagné 4.000 fr.

On demande combien ils ont mis, et combien ils ont gagné chacun, sachant que le carré du gain du premier, divisé par le gain du second triplé, donne le gain du premier.

P. 1270. — Deux jeunes gens qui se sont mariés ont reçu, savoir : la femme, $\frac{1}{5}$ du bien de son père; le mari, $\frac{1}{5}$ du bien du sien, et ils ont reçu chacun la même somme.

On demande combien ils ont reçu chacun, sachant que le mari, ayant fait une acquisition pour laquelle il a employé les $\frac{2}{5}$ de sa dot, ce qui lui reste, multiplié par la dot de sa femme, égale 30.000 fr.

P. 1271. — Deux corbeilles contiennent chacune un certain nombre d'oranges; la moitié de l'un des deux nombres joint à la totalité de l'autre, rend l'un des nouveaux nombres 5 fois plus fort que l'autre, et sans opérer de changement, si on multiplie un nombre par l'autre, le produit est égal à 1.152.

Combien y a-t-il d'oranges dans chaque corbeille ?

P. 1272. — Quatre bourses contiennent 46 louis ; la deuxième et la troisième en contiennent autant l'une que l'autre ; la première et la quatrième en contiennent 34, et le total des deux premières, multiplié par celui des deux dernières qui contiennent la plus grande moitié, égale 520.

On demande de déterminer combien il y a de louis dans chaque bourse.

P. 1273. — Deux amis ont fait ensemble une mise à la loterie ; le premier a mis 6 fr., et on ne sait pas combien il a gagné ; le deuxième a gagné 144 fr., et on ne sait pas ce qu'il a mis ; mais on sait que, si au gain qu'ils ont fait on ajoutait le montant de leurs mises, on aurait au total 210 fr.

On demande à connaître la gain du premier et la mise du deuxième, sachant que le gain du premier est plus élevé que la mise du deuxième.

P. 1274. — Deux marchands ont retiré d'une association qu'ils ont faite, une somme de 3.000 fr., mise et bénéfice. La mise du premier, qui est la plus forte, est de 600 fr., et le gain du second est de 800 fr.

On veut connaître le gain du premier et la mise du second.

P. 1275. — Trois marchands ont fait une association ; le deuxième a mis 5.000 fr. de plus que le premier, qui en a mis 5.000 de plus que le troisième.

S'ils n'eussent mis chacun qu'autant de fr. qu'ils ont

mis de fois 1.000 fr., la mise du deuxième, multipliée par celle du troisième, donnerait un produit égal à 75 fr.

Quelle est la mise de chacun ?

P. 1276. — Deux amis vont au jeu avec une certaine somme pour la jouer en commun, et se la partagent également pour jouer chacun de son côté.

Les parties terminées, il se trouve que le premier a perdu les $\frac{2}{7}$ de la somme qu'il avait, que le second a quadruplé la sienne plus 8 fr., et que le produit des deux sommes est égal à 832 fr.

On demande avec quelle somme ils sont entrés au jeu.

P. 1277. — De deux frères, le plus jeune a 18 ans : l'âge de l'aîné, plus celui du jeune multiplié par l'âge de l'aîné, moins celui du jeune, donne un produit égal à 252.

Quel est l'âge de chacun ?

P. 1278. — Des hommes, des femmes et des enfans en société, ont fait une partie de plaisir dans laquelle chacun a payé son écot. Autant d'hommes il y avait dans la société, autant de francs chacun a payé : les femmes et les enfans ont payé dans les mêmes proportions.

On demande combien chacun a dépensé, à combien la dépense totale s'est élevée, et combien il y a d'hommes, de femmes et d'enfans, sachant qu'il y a 4 hommes de plus que de femmes, qu'il y a moitié moins de femmes que d'hommes et d'enfans réunis, et que le nombre des hommes, multiplié par celui des enfans, donne un produit égal à 48.

P. 1279. — Trois personnes ont reçu 42 fr., et se les sont partagés de manière que la part de la première, multipliée par celle de la deuxième, donne un produit égal à

224 fr., et que le produit des trois parts est égal à 2.688 fr.

On demande combien elles ont eu chacune, sachant que la première a eu la plus forte somme.

P. 1280. — Quatre amis ont fait une mise de 36 fr. à la loterie; ils ont gagné un lot qu'ils se sont partagé proportionnellement à leur mise.

On demande combien ils ont mis, et combien chacun a retiré de bénéfice, sachant que le troisième a mis 8 fr., que le quatrième en a gagné 18, que la mise du premier, multipliée par celle du deuxième, donne un produit égal à 120 fr., et que le produit général des mises est 5.760 fr.

P. 1281. — Deux ouvriers travaillent ensemble, et gagnent chacun un prix différent. Le premier, qui a travaillé six jours de plus que le second, a reçu 96 fr., et le second en a reçu 54 : si le premier eût travaillé six jours de moins, et le second six jours de plus, ils auraient reçu chacun une somme semblable.

On demande combien chaque ouvrier a travaillé de jours, et combien chaque journée lui a été payée.

P. 1282. — Deux ouvriers qui travaillent ensemble, gagnent chacun un prix différent : le premier, qui a travaillé 4 jours de plus que le deuxième, a reçu 100 fr., et le deuxième en a reçu 48. Si le premier eût travaillé 4 jours de moins, et le second 4 jours de plus, le premier aurait gagné $\frac{1}{3}$ de plus que n'a gagné le second.

On demande combien ils ont travaillé de jours chacun, et combien chaque journée a été payée.

P. 1283. — Trois joueurs qui ont fait une partie, se retirent du jeu : le premier, avec autant de fois 7 fr. que le deuxième a de fois 3 fr.; le deuxième, avec autant de fois 17 fr. que le troisième a de fois 5 fr. ; et, si on multiplie l'argent du premier par celui du deuxième, celui du deuxième par celui du troisième, et enfin celui du troisième par celui du premier, la somme de ces trois produits est 3.830 $\frac{2}{3}$.

Combien d'argent ont-ils chacun ?

P. 1284. — Quatre amis ont fait une mise à la loterie ; le premier a mis le double de ce qu'a mis le deuxième, qui a mis trois fois autant que le troisième, qui a mis moitié moins que le quatrième.

La mise du premier multipliée par celle du deuxième, celle du deuxième multipliée par celle du troisième, et celle du quatrième multipliée par celle du deuxième, donnent trois produits dont le total est 972. Le neuvième de leur gain multiplié par le total de leur mise, est égal à la moitié du carré de ce même total.

Combien avaient-ils mis chacun ? Combien ont-ils retiré du gain, proportionnellement à leur mise ?

P. 1285. — On demande de déterminer par quel nombre il faut diviser 12 pour que le quotient exact soit égal au diviseur augmenté d'un.

P. 1286. — De trois frères, l'aîné a 36 ans, qui font juste le produit de l'âge du cadet, par celui du jeune ; et le quotient de son âge divisé par l'âge du plus jeune, est égal à l'âge de ce dernier, augmenté de 5.

Quel est l'âge de chacun ?

P. 1287.—Quelqu'un a placé une somme à un taux tel, qu'elle lui rapporte p. $\frac{0}{0}$ par an, un intérêt égal à cette même somme. Après un an, il retire pour le capital et l'intérêt une somme de 1.064 fr.

Combien avait-il placé ?

P. 1288. — Deux nombres sont tels, que la somme et la différence de leurs carrés font 117 et 45.

Quels sont ces nombres?

P. 1289. — Quelle est la somme qui, étant multipliée par elle-même, surpasse 600 d'un nombre égal à cette même somme?

P. 1290. — Deux amis en jouant de société, ont gagné 60 fr. qu'ils se sont partagés, de manière que la part du premier, qui a la plus forte somme, multipliée par celle du deuxième, donne un produit égal à 864.

Combien ont-ils eu chacun?

P. 1291. — On demande de déterminer les valeurs de deux sommes inégales, sachant que, pour les rendre égales, il faudrait retirer 13 de l'une pour les joindre à l'autre, et que leur produit est 27.

P. 1292. — On a partagé 1.600 fr. entre un certain nombre d'individus, de manière que chacun d'eux a eu autant de francs qu'ils étaient de personnes.

Combien étaient-ils? Combien ont-ils eu chacun?

P. 1293. — On a partagé 180 fr. entre un certain nombre d'individus, de manière que chacun d'eux a eu autant de pièces de 5 francs qu'ils étaient de personnes.

On veut savoir combien ils étaient, et combien ils ont touché chacun?

P. 1294. — On demande un nombre tel, qu'en y ajoutant 5, et en en retranchant 5, le produit des nombres résultant soit 96.

Quel est ce nombre?

P. 1295. — Un nombre est tel, qu'en l'ajoutant

à 10, et en le retranchant de 10, on a deux nombres qui, multipliés l'un par l'autre donnent 51 au produit.

Quel est ce nombre?

P. 1296. — Plusieurs personnes dînant en société, demandent leur compte, qui s'élève à 175 fr. ; mais deux d'entre elles s'étant esquivées sans payer, il en résulte que les autres payant pour elles, sont obligées de donner chacune 10 fr. de plus.

Combien y avait-il de personnes, et combien ont-elles payé chacune?

P. 1297. — Plusieurs personnes voyagent ensemble, et elles doivent payer, par parties égales, 342 fr., pour les dépenses de la route.

Il arrive que trois de ces voyageurs s'échappent sans payer, et, de cette manière, celles qui restent paient chacune 19 fr. de plus.

On demande quel était le nombre des voyageurs?

P. 1298. — Un maquignon, qui a acheté un cheval pour un certain nombre d'écus, le revend pour 119 écus, et il gagne autant pour cent écus que le cheval lui a coûté.

On demande à connaître le prix du cheval.

P. 1299. — On demande de trouver un nombre tel, que si de son carré on retranche 9, il reste un autre nombre qui soit d'autant d'unités plus grand que 100, que le nombre demandé est plus petit que 23.

Quel est ce nombre?

P. 1300. — Une personne a acheté un certain nombre de bœufs pour 80 louis ; s'il en eût eu 4 de plus pour la même somme, chaque bœuf lui aurait coûté un louis de moins.

On demande combien elle a acheté de bœufs, et combien elle les a payés.

P. 1301. — Une personne a acheté plusieurs aunes de drap pour 180 écus ; si elle avait reçu pour la même somme 3 aunes de plus, elle eût payé 3 écus de moins sur chaque aune.

Combien a-t-elle acheté d'aunes ?

P. 1302. — Quatre jeunes gens se sont cotisés pour faire une partie de plaisir ; la somme qu'ils ont mise chacun est telle, que si on retranchait 2 de la mise du premier, si on ajoutait 2 à celle du deuxième, si on divisait par 2 celle du troisième, et si on multipliait par 2 celle du quatrième, on aurait quatre sommes égales, et le total de ces quatre sommes, multiplié par le total de celles qu'ils ont mises réellement, donnerait un produit égal à 648.

Combien chacun a-t-il mis ?

P. 1303. — On propose de diviser 60 en deux parties telles, que le carré de la plus grande, multiplié par la plus petite, plus le carré de la plus petite, multiplié par la plus grande, soit égal à 51.840.

Quelles seront ces parties ?

P. 1304. — Trois joueurs qui ont fait une partie, se retirent : le premier, avec autant de fois 7 écus que le second a de fois 3 écus, et le second, avec autant de fois 17 écus que le troisième a de fois 5 écus ; et si on multiplie l'argent du premier par l'argent du second, et l'argent du second par l'argent du troisième, et enfin l'argent du troisième par celui du premier, la somme de ces trois produits est $3.830\frac{2}{3}$.

Combien ont-ils d'argent chacun ?

P. 13o5. — Quelques négocians établissent un facteur à Archangel : chacun d'eux fournit, pour le commerce qu'ils ont en vue, dix fois autant d'écus qu'ils sont d'associés. Le profit du facteur est fixé à deux fois autant d'écus qu'il y a d'associés pour 100 écus, et si l'on multiplie la centième partie de son gain total par $2\frac{2}{9}$, on trouve le nombre des associés.

On demande quel est ce nombre.

P. 13o6. — Quelqu'un a placé 2.400 fr. qui, après 4 ans, lui ont rapporté 29.172 fr. 15 c., en calculant les intérêts des intérêts.

On demande à quel taux cette somme était placée.

P. 13o7. — A quel taux faudrait-il placer un capital, à intérêts composés, pour qu'il fût augmenté de ses $\frac{3}{5}$ après 8 ans?

PROBLÈMES

RELATIFS AUX CUBES.

P. 13o8.— On veut faire construire un bûcher qui contienne 42 cordes de bois.

On demande quelle doit être la longueur de ce bûcher, sachant que sa hauteur sera de 14 pieds et sa largeur de 16 pieds. (Une corde comporte 8 pieds de longueur, 4 de hauteur, et les bûches ont 4 pieds.)

P. 13o9. — Un bassin a 198 pieds de circonférence et 4 pieds de profondeur.

Combien contient-il de muids d'eau, lorsqu'il est plein?
(Un muid vaut 288 pintes et une pinte équivaut à 48
pouces cubes.)

P. 1310. — Un propriétaire veut faire construire une
pièce d'eau qui puisse contenir 5.062 muids $\frac{1}{2}$; il ne veut
lui donner que 5 pieds de profondeur.

On demande quelles seront les dimensions de ce bassin,
dont la forme sera carrée, sachant que le muid vaut 288
pintes, et qu'une pinte équivaut à 48 pouces cubes.

P. 1311. — En divisant le cube d'un certain nombre
par les $\frac{2}{3}$ du carré du même nombre, on a 13 $\frac{1}{2}$ au quotient.

Quel est ce nombre?

P. 1312. — Un bassin, de forme circulaire, a 44
pieds de circonférence et 4 pieds de profondeur.

Combien faudrait-il que chaque dimension d'un autre
bassin parfaitement carré, et qui serait aussi profond que
large, eût de pieds pour contenir la même quantité d'eau?

P. 1313. — On demande un nombre tel, que son carré,
multiplié par son quart, produise 432.

Quel est ce nombre?

P. 1314. — Un nombre est tel, qu'en divisant sa quatrième puissance par sa moitié, et en ajoutant 14 $\frac{1}{4}$ au produit, on a 100 pour résultat.

Quel est ce nombre?

P. 1315. — Un nombre est tel, qu'en multipliant
son carré par la neuvième partie de ce même carré, il devient 1.029 fois plus fort.

Quel est ce nombre ?

P. 1316. — Un propriétaire a un terrain qu'il veut faire entourer d'un fossé; il convient avec un entrepreneur, à raison de 3 fr. par toise cube, pour creuser son fossé et répandre les terres également sur un autre terrain qui a 351 pieds de long sur 100 pieds de large.

Sachant que le premier terrain contient 6 arpens 76 perches, et que le fossé aura 6 pieds de largeur par le haut, 3 pieds pa. le bas et 5 pieds de profondeur, on demande à connaître,

10. Les dimensions du premier terrain;

20. Combien le propriétaire devra payer;

30. De combien sera rehaussé le deuxième terrain;

40. Quelle hauteur aurait une terrasse parfaitement carrée, et qu'on aurait faite avec la terre retirée du fossé. (Un arpent vaut 100 perches, une perche vaut 18 pieds, une toise vaut 6 pieds.)

P. 1317. — On a fait environner un terrain de fossés qui ont 15 pieds de large par le haut, 9 pieds par le bas, 10 pieds de profondeur, et dont la longueur totale est de 648 toises; avec les terres qu'on a retirées, on a fait construire une terrasse dont la longueur contient 18 fois $\frac{9}{16}$ la largeur, et qui est 4 fois plus large que haute.

On demande les dimensions de cette terrasse, sachant en outre que les terres remuées occupent $\frac{1}{10}$ de place en sus.

P. 1318. — Un réservoir contient 768 toises cubes d'eau.

La largeur est égale aux $\frac{2}{7}$ de la longueur, et la profondeur est égale à la huitième partie de la largeur.

Quelles sont les dimensions de ce réservoir?

P. 1319. — Un réservoir contient 99.840 pieds cubes d'eau.

Sa longueur est à sa largeur comme 13 à 5, et à sa profondeur comme 13 à 3.

Quelles sont les dimensions de ce réservoir?

P. 1320. — Quelqu'un a placé 10.000 fr. qui, après douze ans, lui ont rapporté 9.559 fr. 86 c. d'intérêt composés.

A quel taux avait-il placé?

FIN DES PROBLÈMES.

TABLE

DES RÉPONSES AUX QUESTIONS.

Numéros des Questions.	Réponses.
1.	17.
2.	27.
3.	57.330.
4.	7.398 fr.
5.	41.100.
6.	5.000 fr.
7.	2.825
8.	en 1840.
9.	2.186.
10.	65 ans.
11.	64.
12.	576 fr.
13.	31 ans.
14.	150.
15.	à 81 ans.
16.	4.000 fr.
17. Il a travaillé 73 jours; il a fait 154 toises d'ouvrage, et il a gagné 674 fr.	
18. 1.412 le plus grand nombre; 2.770 la somme.	
19.	1.468.
20. Les parts sont 4.358, 4.898 et 9.310; le total est 18.593.	
21. Les nombres sont 2.456, 2.983, 3.122 et 8.561; le total est 17.122.	
22. Les nombres sont 247, 281, 316, 352 et 389; la somme est 1.585.	
23. Les parts sont 2.458, 3.958, 4.758, 1.500, 6.258 et 800; le total est 19.732.	

Numéros des Questions.	Réponses.
24.	9.
25.	19.
26.	542 fr.
27.	2.102 fr.
28.	544 fr.
29.	2.458.
30.	6.544.
31.	à 85 ans.
32.	3.000.
33.	3.000.
34.	22 lieues.
35.	708 ans.
36.	820 ans.
37.	44 ans.
38.	37 ans.
39.	53 ans.
40.	81 ans.
41.	7.898 boisseaux.
42.	2.300
43.	17.
44.	à 801 fr.
45.	208 fr.
46.	de 100 fr.
47. Les deux parts sont 28.717 et 16.530; la différence est 12.187 f.	
48.	554 fr.
49.	638.
50.	2.000 fr.
51.	719 fr.
52. Le petit nombre est 204; la somme 462.	
53.	2.614.

Numéros des Questions.   Réponses.

54. Le père a 46 ans, la mère 41 ans, le fils 19 ans, et la fille 15 ans; conséquemment le père a 5 ans de plus que la mère, qui a 22 ans de plus que le fils, qui a 4 ans de plus que la fille, et le total des 4 âges est 121 ans.

55. Les parts sont 3.748, 1.203, 2.545, 2.406 et 639.

56. Les nombres sont 2.456, 2.000, 456, 1.544, 912, 1.088, et le total 8.456.

57. . . . . 9 et 4.

58. . . . . 6.682

59. . . . . 120 lieues.

60. . . . . 845 fr.

61. . . . . 40.

62. . . . . 30.979.920.

63. . . . . 156.914.

64. . . . . 88.371.

65. . . . . 3.000 fr.

66. . . . . 600 fr.

67. . . . . 6.158.273.200.

68. . . . . 11.750 fr.

69. . . . . 795 fr.

70. . . . . à 202.395 fr.

71. . . . . 1.178.064.

72. . . . . 59.730.

73. . . . . 220.903.200.

74. . . . . 957.773.160.

75. L'effectif est de 144.806 hommes.

76. . . . . 225 fr.

77. . . . . 108 lieues.

78. La première devra être augmentée de 1.620 fr., la deuxième de 2.400 fr., et la troisième de 7.200 fr.

79. . . . . 16 fr.

80. . . . . à 666.293 fr.

81. . . . . de 11.080 fr.

82. . . . . 2.652 fr.

Numéros des Questions.   Réponses.

83. . . . . 6.000 fr.

84. . . . . 3.240.

85. . . . . 12.830.

86. Le carré du produit est 1.707.920.929.

87. . . . . 4.375.

88. . . . . . Il faut retrancher 2.807.

89. . . . . . On aurait 161.243.136.

90. Les deux nombres sont 1.665 et 1.589, leur différence est 76, la somme est 3.254, et leur produit est 2.645.685.

91. . . . . 2.854.

92. . . . . 7.

93. . . . . par 185.

94. . . . . 112 fr.

95. . . . . 24 jours.

96. . . . . 5 lieues.

97. . . . . 7 lieues.

98. . . . . 258.

99. 27 liv. 1 marc 7 onces 6 gros.

100. 29 toises, 0 pieds 9 pouces 3 lignes.

101. . . . . 248 liv. 17 s. 8 d.

102. . . . . 2.863 lieues et 938 toises.

103. Elle a augmenté de 463.680 fois en une semaine, de 66.240 fois en un jour, de 2.760 fois en une heure, et de 46 fois en une minute.

104. . . . . 120 fr.

105. . . . . 1.486 fr.

106. . . . . 15.

107. . . . . 875.

108 . . . . 35 sous.

109. . . . . 125.

110. . . . . 9.

111. . . . . 17.

112. . . . . 17.

113. . . . . 27.

114. Chaque personne a mis 28 fr. et gagné 3.430 fr.

Numéros des Questions. — Réponses.

115. 1re. classe, 20; 2e., 15; 3e., 12.
116. Chaque joueur a perdu 300 fr.
117. . . . . après 30 mois.
118. Les recettes étaient de 600 fr. (Corriger, sur l'énoncé, *année* au lieu de MOIS.)
119. . . . . 5 fr.
120. . . . . 12 mètres.
121. . . . . 3 fr.
122. . . . . 75 mètres.
123. . . . . 180 mètres.
124. . . . . 25 fr.
125. . . . . 9 fr.
126. . . . . 66.
127. . . . . 15.
128. . . . . 8 fr.
129. . . . . 1.782 fr.
130. . . . . 24 onces.
131. . . . . 450.
132. . . . . pour 4 jours.
133. . . . . 80.
134. . . . . . . de 18.000 hommes.
135. . . . . Un pain pèse 3 livres.
136. . . . . 3 fr.
137. . . . . 10 fr.
138. . . . . 150.
139. . . . . 430.
140. . . . . 24.
141. . . . . 67.500 livres.
142. . . . . de 20 onces.
143. . . . . 60 bottes.
144. . . . . 1.200.
145. . . . . pour 60 jours.
146. . . . . 34.
147. . . . . après 6 jours.
148. La rencontre a eu lieu à 60 lieues de Paris, et la deuxième personne fait 10 lieues par jour.
149. . . . . 60 et 48 lieues.
150. . . . . 2.964.
151. . . . . 2 fr.

152. . . . . 22 jours.
153. Les premiers ont gagné 6 fr., les seconds 4 fr.
154. . . . . 4 fr. et 3 fr.
155. . . . . 47 sous.
156. . . . . 2.625 fr.
157. . . . . 58.
158. . . . . 357 et 17.
159. . . . . 570.
160. . . . . 88.371.
161. . . . . 2.458.
162. . . . . 18 et 8.
163. . . . . 21 fr.
164. . . . . 7 louis.
165. . . . . 150 fr.
166. . . . . 24 fr.
167. . . . Il faudrait ajouter 240.
168. . . . . 12.600.
169. Les prix sont 42 fr. et 30 fr., et il y a 350 mètres.
170. . . . . 2.751 fr. 16 c.
171. . . . . 1 fr. 80 c.
172. . . . . 14 fr. 25 c.
173. . . . . 1.836 fr. 01 c.
174. . . . . 604 fr. 06 c.
175. . . . . 1.492 fr. 50 c.
176. . . . . 4.125 fr.
177. . . . . 36 mètres 5 décimètres.
178. . . . . 3 fr. 52 c.
179. . . . . 28.
180. 10 mètres et 12 mètr. 50 cent.
181. . . . . 2 fr. 25 c.
182. . . . . 29 mètres 4 décimètres.
183. . . . . 65 centimes.
184. . . . . 72.
185. . . . . 6.
186. Chaque litre a été payé 45 c., et on en a distribué 6.000.
187. Il y avait 18.000 hommes; chaque ration a été payée 15 centimes.
188. . . . . . . de 15.500 hommes.

Numéros des Questions.	Réponses.
241.	90 lieues à faire ; 5 lieues par jour.
242.	33 jours 4 heures 35 minutes 37 secondes 1/2.
243.	3 heures 45 minutes.
244.	15 jours.
245.	15 1/10.
246.	4 fr. 80 c.
247.	Il reste 9 arpens au premier vendeur, et les autres en ont 24 et 12.
248.	2.800 hommes.
249.	10 centimes 10/13.
250.	53 fr. 40 c.
251.	15 deniers par pain, et 5 den. 173 par livre.
252.	9 jours 9/19.
253.	11 jours 67/223.
254.	175.
255.	40 jours ; 2/3 de boisseau.
256.	54.
257.	17108, 27108.
258.	4755 et 375.
259.	3.437.
260.	20 fr.
261.	273 pieds et 117 pieds.
262.	33 aunes 3/4.
263.	18 aunes 18/23.
264.	10.800.
265.	16 1/17.
266.	108.
267.	840.
268.	48 pieds.
269.	11 1/3.
270.	72 louis.
271.	257 fr. 1/7.
272.	Les parts sont 80 fr., 60 fr., 48 fr., et 52 fr. ; on a partagé 240 fr.
273.	Les paiemens ont été 2.000 fr., 1.500 fr., 1.200 fr., et il reste 1.300 fr.

Numéros des Questions.	Réponses.
274.	120.000 fr., 40.000 fr. et 48.000 fr.
275.	49 pieds 7/11.
276.	36.
277.	60.000 hommes.
278.	60.
279.	de 72 hommes.
280	84 ans.
281.	Il avait 82 ans 1 mois 2 jours ; 1re époque, 30 ans 9 mois 12 jours ; 2e ép., 30 ans 9 mois 12 jours ; 3e ép., 10 ans 3 mois 4 jours ; 4e ép, 10 ans 3 mois 4 jours.
282.	180.
283.	100.
284.	24 fr.
285.	204 fr.
286.	200 liv.
287.	100.
288.	6 fr.
289.	240 fr.
290.	60 centimes.
291.	20 fr.
292.	109.143.
293.	5.600 fr.
294.	1 heure 44 minutes 8/23.
295.	3 heures 9/17.
296.	20 heures.
297.	en 6 heures.
298.	en 45 heures.
299.	2 heures 2/9.
300.	130 fr.
301.	600 fr.
302.	1.866 fr. 2/3.
303.	500 fr.
304.	27.200 fr.
305.	10 heures 2/7.
306.	8 heures du soir.
307.	92 ans.
308.	75 ans.
309.	16 ans.

Numéros des Questions.	Réponses.	Numéros des Questions.	Réponses.
374.	60 fr. 37 c. 1/2.	415.	à 91 , 66 2/3.
375.	500 fr.	416.	Il serait plus avantageux de prendre des actions, on y gagnerait 1,32 32/49 p. %.
376.	4 fr. 20 c.		
377.	2 fr. 25 c. 15/17.		
378.	33 1/3.	417.	4.000 fr. — 43.125 fr.
379.	35.353 fr. 15 c.	418.	457 fr. de revenu. — 324 fr. 44 c. 4/9.
380.	2.450 fr.		
381.	à 72 fr. 15 c.	419.	6.791. , 3.739 3/23.
382.	1.485 fr.	420.	3 fr. 66 c. 1 exemp. — 12 fr. 4/13 p. 100.
383.	1.378.		
384.	8.	421.	3.364 fr. 8/13. — 3.115 5/13.
385.	de 2.415.	422.	200.000 fr. réalisés; 44.444 fr. 44 c. 4/9; prix de la maison; 55.555 fr. 55 c. 5/9 placés en viager; 90.000 francs chez le banquier; 12.400 f. revenu total.
386.	Le 2e. marché.		
387.	pour 15.200 fr.		
388.	1.470 fr. 78 c.		
389.	10.000 fr.		
390.	50.000 fr.	423.	5 fr. 50 c. — 42 c. — 95 c. — 1 fr. 80 c. Dépenses; 34.290 fr. 40 c.; recette, 39.050 fr.
391.	6 ans.		
392.	à 9 p. %.		
393.	38.500.		
394.	26.666 2/3.	424.	1er. marché, 11 fr. 95 c. 15/23; 2e., 12 fr.; 3e., 33 fr. 92 c. 6/7; 4e., 44 f. 62 c. 98/121.
395.	Pour 9 ans, 10 mois, 15 jours.		
396.	76.106 fr. 25 c.		
397.	742 fr. 65 c. 4/9.		
398.	7.850 liv.	425.	1er. drap, 21 fr. 50 c. 1/2; 2e., 46 fr. 17 c. 1/4; toile, 3 fr. 16 c. 1/4; casimir, 15 fr. 18 c.
399.	12 fr. 32, 40/119.		
400.	à 7 p. %.	426.	5.505 fr.
401.	7.187 fr. 50 c.	427.	1re. somme, 85.000 fr.; 2e., 25.000 fr.; intérêt de la 2e., 6.000 fr. — 9 p. %, intérêt de la 2e. somme.
402.	à 5 p. %.		
403.	3.600 fr. — 2 1/3 p. %.		
404.	6.240 fr.	428.	Mises: 500 fr., 300 fr. et 200 fr. Le placement à 5 p. %.
405.	28.776 francs 97 cent. 117/139. 1.294 fr. 96 c. 56/139.	429.	à 32 fr. 49 c. 1/2.
406.	à 50 fr.	430.	à 5 p. %.
407.	52.400 fr.	431.	41.359 fr. 50 c.
408.	41.666 2/3.	432.	430.000 fr. — 99.515 fr.
409.	36.458 fr. — 46.025 fr. 65 c.	433.	à 13 1/3.
410.	à 4 2/7.	434.	Après 20 ans.
411.	Il y aurait .07 c. p. % d'avantage à acheter du 5 p. %.	435.	12.000 fr.
		436.	à 15 p. %.
412.	à 105.	437.	à 6 2/3.
413.	57 fr.	438.	17 ans 9 mois 10 jours.
414.	1.500 fr.	439.	2.500. — 4 p. %.

Numéros des Questions.	Réponses.
513.	27 jours; 1er moulin 81 sacs, 2e 135; 3e 189; 4e 243.
514.	. . . . 34 litres.
515.	Il gagne 543 liv. par semaine, et il gagnerait 12 sous 0 den. 4/5 par jour et par ouvrier, si tous étaient payés également.
516.	. . . . 1 fr. 8 c. 3/5.
517.	105 lit. à 15 sous; 175 lit. à 19 sous; le mélange reviendra à 13 sous 55/83.
518.	. . . . 13 jours 1/3.
519.	. . . . 50 livres.
520.	. . . . 21 hommes et 4 femmes.
521.	180 bout. à 3 fr.; 270 à 2 fr.
522.	. . . . 300 sold.
523.	45 capitaines, 32 lieutenans.
524.	80 lit. à 75 c.; 120 lit. à 50 c.
525.	15.000 fr. à 7; 10.000 fr. à 5.
526.	. . . moitié de chaque lingot.
527.	. . . . 1/4 à 18 kar., 3/4 à 22.
528.	. . . . 96 liv. et 6 liv.
529.	30 kil. à 14 fr., 70 kil. à 18 fr.
530.	La 1re une minute, la 2e 15 minutes.
531.	70 pauvres; 4 liv. 7 s. 6 d.; 4 liv. 10 sous.
532.	. . . . 6 sous; 7 liv. 19 sous.
533.	280 poires à 1 c. 1/4; 15 jeunes personnes.
534.	4 hommes, 7 femmes, 6 enf.
535.	6 hommes, 8 femmes, 4 enf.
536.	. . . . 120 lit. et 180.
537.	Ce problème est indéterminé; il n'est pas ici à son ordre de numéro.
538.	. . . . 3/11 de la totalité.
539.	1/3 à 25 sous, 2/3 à 19 sous.
540.	. . . . 360 mout.; 232 fr. 20 c.
541.	9 hommes qui ont dépensé chacun 9 fr. 50 c., 9 femmes qui ont dépensé chacune 5 fr.
542.	. . . . 135 bout. et 45.
543.	58 pièces de 24 s., 145 de 3 liv.
544.	. . . . : 3 fr. 94 c. 1/3.
545.	. . . . 87 c. 1/2.
546.	. . . . 150.
547.	18 liv. salp., 3 liv. soufre; 3 liv. charbon.
548.	1re pipe, 2 veltes 9/11 à 30, 28 velt. 2/11 à 19. 2e, 2 velt. 10/11 à 30, 29 velt. 1/11 à 19; 3e, 4 velt. 6/11 à 30, 45 velt. 5/11 à 19; 4e, 4 velt. 10/11 à 30, 49 velt. 1/11 à 19.
549.	Il faudra mettre les 4/11 de l'esprit, c'est-à-dire que sur 11 velt. à 33 degrés, il faudra mettre 4 velt. d'eau en place de 4 velt. d'esprit.
550.	La 1re 20 muids, la 2e 6 muids.
551.	. . . . 85 et 35.
552.	. . . . 56 jours.
553.	. . . . 5 jours.
554.	. . . Le père 5 fr., le fils 3 fr.
555.	5 lièvres, 4 perdrix, 21 cailles.
556.	30.000 fr., 40.000 fr., 45.000 f., 4, 5 et 6 p. 0/0.
557.	. . . . 5 et 6 p. 0/0.
558.	. . . . 12 et 8.
559.	. . . . 50 et 10.
560.	. . . . 35 et 12.
561.	. . . . 75 et 25.
562.	. . . . 5 et 4.
563.	. . . . 77 fr. 1/3 et 58 fr.
564.	689 Saxons, 583 Souabes, 265 Suisses.
565.	. . . . 12, 15, 14 et 18 ans.
566.	. . . . . 8, 18 et 16 louis.
567.	. . . . 7 neveux et 4 nièces.
568.	. . . . 6 fr. et 4 fr.
569.	. . . . 4 et 3 fr.
570.	. . . . 5 fr. et 3 fr.
571.	. . . . 5 fr. et 3
572.	. . . . . 3 fr., 4 fr. et 5 fr.

Numéros des Questions.	Réponses.
646.	30.000 fr., 24.000 fr.
647.	900 fr.; 600 fr.
648.	45.000 fr. et 29.500 fr.
649.	1.152 et 1.306.
650.	20 et 13.
651.	38 ans, 16 ans.
652.	19 pieds 1/2 et 15 pieds 1/2.
653.	1.050 et 1.200.
654.	5.
655.	1.383 et 1.205.
656.	43.
657.	27 fr. et 19 fr.
658.	5 et 15.
659.	28.
660.	3.536 et 909.
661.	10 fr. et 20 fr.
662.	12 et 4.
663.	4 1/5 et 5/6.
664.	99 et 9.
665.	5.483 et 456.
666.	5 1/3 et 1 1/3.
667.	3.456 et 2.304.
668.	Drap noir, 12 fr.; drap blanc, 6 fr.
669.	10.000.
670.	126 litres.
671.	25
672.	150 fr.
673.	27.
674.	8.
675.	10.
676.	7.
677.	2.
678.	7.
679.	1.715.
680.	165 et 15.
681.	12 et 9.
682.	36 et 12.
683.	76 et 24.
684.	245 et 147.
685.	132 1/2 et 17 1/2.
686.	12 et 5.
687.	30 et 20.

Numéros des Questions.	Réponses.
688.	35 et 15.
689.	12 et 10.
690.	18 et 8.
691.	Il en avait 24; il en a gagné 16.
692.	8 fr., 7 fr. et 6 fr.
693.	1.400 fr., 2.260 fr. et 2.620 fr.
694.	4 fr., 6 fr. et 5 fr.
695.	8, 10 et 6.
696.	9 fr., 8 fr., 7 fr., 8 fr. et 6 fr.
697.	15 fr., 12 fr., 13 fr., 19 fr., 14 fr. et 26 fr.
698.	4 fr., 6 fr. et 8 fr.
699.	20, 16 et 12.
700.	44 s., 36 s. et 28 s.
701.	12 fr., 18 fr., 12 fr. et 6 fr.
702.	650 fr. et 475 fr.
703.	54 fr., 108 fr., 189 fr. et 243 fr.
704.	120 fr., 16 fr., 24 fr., 32 fr. et 48 fr.
705.	30.000 fr., 40.000 fr., 42.500 fr.
706.	77 fr. 1/3 et 58 fr.
707.	35 oranges, 10, 80, 60, 40, 15.
708.	1re. part., 16; 2e., 25; 3e., 7; 4e., 42.
709.	25, 100, 35, 150, 61 et 10.
710.	22 fr. 50 c. et 7 fr. 50 c.
711.	12 fr., 4 fr., 6 fr. et 8 fr.
712.	8.
713.	1.050 fr.
714.	6 louis; 30.
715.	8 louis; 24.
716.	12 fr.
717.	126.
718.	27.
719.	10.
720.	7 louis.
721.	112.
722.	Ce nombre est 6.
723.	24.
724.	13.
725.	24.
726.	14.
727.	35.

<table>
<tr><td>Numéros
des Questions.</td><td>Réponses.</td><td>Numéros
des Questions.</td><td>Réponses.</td></tr>
</table>

794. . . . . 78 ans et 13 ans.
795. . . . . 50 et 30 ans.
796. . . . . 50 et 30 ans.
797. . . . . 38 et 19.
798. . . . . 49 ans et 21 ans.
799. . . . . 24 ans et 8 ans.
800. . . . . dans 11 ans.
801. . . . . 30 et 18 ans.
802. . . . . . 24 ans, 8 ans, 6 ans.
803. . . . . 48 et 12 ans.
804. . . . . 24 ans, 21 ans, 15 ans.
805. . . . La fille, 15 ans; le fils 25.
806. . . . . 24 et 20 ans.
807. . . . . 18 et 14 ans.
808. . . . . 36 et 20.
809. . . . . 9 ans.
810. 1 heure 40 minut. après midi.
811. . . . . . 2 heures après midi.
812. 13 du mois; 9 heures du soir.
813. On lui a offert 130 fr. de la pièce; il en voulait 150 fr.; il lui serait resté 1.500 fr.
814. . . . . 21 fr. 24 c. 1/5.
815. La masse de la succession est 89.600 fr.; le rapport de la 1re ligne 15.360 fr., celui de la 2e 2.560 fr.; il y avait 7 héritiers de la 1re ligne; 10 de la 2e; chacun des premiers a rapporté 2.194 fr. 2/7, et chacun des derniers 256 fr.
816.
817.
818.   } Voir 815.
819.
820. Sophie en a 6, Emilie 12, Victoire 24, Louise 14.
821. . . . . . . 9, 18, 36, 45.
822. 1re classe, 4; 2e, 10; 3e, 12; 4e, 14.
823. . . . . . . 18 louis, 54 et 72.
824. . . . 1.300, 2.600 et 3.900 fr.
825. . . . 3.000, 6.000 et 18.000 fr.

826. 15.638 fr., 8.936 fr., 25.132 fr. 50 c. et 47.807 fr. 60 c.
827. 9.000, 10.500, 7.800, et 8.700.
828. 29.268 fr. 12 7/41, 21.073 7 7/41 et 93.658 fr. 22 7/41.
829. . . . . 400, 600 et 200.
830. . . . . 3.600, 5.400 et 1.800 fr.
831. 1 sergent-major, 4 sergens, 8 caporaux et 87 soldats; ces derniers ont reçu 55 c. chacun.
832. Première troupe, 212 arp. 4/5; seconde, 243 1/5.
833. 1 capitaine a payé 60 fr. 80 c., 1 lieutenant 45 fr. 60 c., et 1 sous-lieutenant 30 fr. 40 c.
834. Le troisième doit rendre à chacun des deux autres 15 tonneaux.
835. . . . . 60, 30, 15, 36 et 39 fr.
836. 1.963 fr. 40 c., 4.688 fr. 60 c., 24.000 fr. 20 c., 9.052 fr. 20 c.
837. 300 fr., 9.600, 3.200, 2.400.
838. Mises: 600 fr., 400 fr.; gain: 1.950 fr., 1.300 fr.
839. 480 fr., 320 fr.; 90 fr. et 60 fr.
840. . . . . 43.686 fr., 24.786 fr.
841. . . . . 29.124 fr., 16.524 fr.
842. . . . . 12.600 fr.
843. 5.128 fr., 4.480 fr.; 20 p. %.
844. . . . . . 38.400; 9 1/4 p. %.
845. . . . . 22.140 fr.
846. Les deux aînés auront chacun 3.500 fr., et le plus jeune 2.000 fr.
847. Les deux aînés auront chacun 21.600 fr., et le jeune 14.400 fr.
848. Même réponse qu'au no 847.
849. La mère aura 9.351 fr., les trois fils 14.026 fr. 50 c., et les deux filles 3.117 fr.
850. . . . . . . 1.818 fr. 1.200 fr.

Numéros des Questions.	Réponses.	Numéros des Questions.	Réponses.
	618 fr. 75 c. ; les sommes retirées sont 13.500 francs, 1.000 fr., 18.200 fr., 6.000 fr., 8.200 fr. et 1.100 fr.	917.	9 jours.
		918.	9 lieues.
		919.	pour 2.400 fr.
		920.	554 fr.
894.	325 fr., 180 fr., 95 fr.	921.	1.260 fr.
895.	25, 35, 82, 261.	922.	51 mètres.
896.	24.000 fr., 36.000 fr.	923.	250.
897.	52.500 f., 45.000 f., 49.350 fr., 38.250 francs, et le commis 22.260 fr.	924.	237 fr. 50 c.
		925.	100 fr.
		926.	232 pieds.
898.	1.933 1/3.	927.	en 21 jours.
899.	22, 24 et 50 ans.	928.	9 heures.
900.	24 ans 8 mois, 20 ans 8 mois, 14 ans 8 mois.	929.	2.880 fr.
		930.	74 fr. 75 c.
901.	36.000 fr., 9.000 fr., 3.600 fr. et 900 fr.	931.	23.
		932.	244 liv. 19 s. 3 d. 32327/43495.
902.	60 ducats, 50 ducats, 50 ducats.	933.	1.315 liv. 5 s. 5 d. 16373/95.
903.	10.908 fr., 8.181 fr., 6.544 fr. 80 c., 5.454 fr., 318 fr. 10 c. et 318 fr. 10 c.	934.	le second marchand.
		935.	680 fr., 2 fr. par jour.
		936.	10.
904.	8,474 f. 54/59, 6.355 f. 55/59, 10.169 fr. 29/59. La fortune de Jean 25.423 f. 43/59.	937.	2 jours 2/3.
		938.	1.712 fr. 75 c.
		939.	39.
905.	Il avait mis 150.000 fr.; il s'est retiré au pair.	940.	23 centimes.
		941.	29 onces 17/32.
906.	22.770 fr., 11.385 fr., 8.538 fr. 75 c., 25.616 fr. 25 c.	942.	32.
		943.	27.
907.	15.000 fr. et 12.000 fr.	944.	Les boulangers perdront 6 den. par livre.
908.	2.235 fr., 13.410 fr., 6.705 fr.		
909.	Ils ont mis 1.662 fr. 11 c. 1/4, et gagné 5.000 fr. chacun.	945.	à 33 liv. 15 s.
		946.	après 27 mois.
910.	38 fr. 2/5, 153 fr. 3/5 et 448 fr.	947.	30 jours.
911.	320 fr. 8/11, 213 fr. 9/11 et 305 fr. 5/11.	948.	30.
		949.	102.
912.	La mère, 24.000 francs ; le fils, 36.000 fr., et la fille 16.000 fr.	950.	2.550 toises.
		951.	Chacun des deux derniers a fait une toise de plus par jour.
913.	Le fils devra avoir les 9/17 de l'héritage, la mère les 6/17, et la fille les 2/17.	952.	50 jours.
		953.	97.
914.	6 enfans, qui ont eu chacun 6.000 fr.	954.	402 toises.
		955.	2.584 mètres.
915.	9 enfans, qui ont eu chacun 9.000 f.	956.	10 jours.
916.	207 fr.	957.	190 fr.

Numéros des Questions. — Réponses.

1029. . . . . 3 à 2.
1030. . . . . 3 à 4.
1031. . . . . 1 à 3.
1032. Le rapport est de 5 à 4; les ouvriers de la première troupe ont eu 6 fr., ceux de la seconde 4 fr.
1033. Le rapport est 10 à 7; chaque ouvrier a eu 40 fr.
1034. . . . . 8.040 fr.
1035. . . . . 12 toises 1/2
1036. . . . . 360.
1037. 60
1038. . . . . 10.
1039. . . . . 6.
1040. . . . . 96.
1041. 112 voitures, 504 cavaliers, 2.232 piétons.
1042. . . . . . 5.457 fr. et 4.173 fr.
1043. . . . 504 fr., 648 fr. et 672 fr.
1044. 690 fr., 920 fr., 1.610 fr. et 2.070 fr.
1045. 72 jours, 48 jours, 36 jours, 24 jours, 12 jours et 16 jours.
1046. 72 heures, 48 heures et 36 heures.
1047. 72 fr., 108 fr., 144 fr., 48 fr., 96 fr. et 81 fr.
1048. 1re. compagnie, 84 hommes; 2e., 70; 3e., 60; 4e., 56; chaque homme a reçu 1 fr. 50 c.
1049. Somme 144 fr.; les parts sont 54 fr. et 90 fr.
1050. 336 fr., 504 f., 630 f. et 735 f.
1051. 3 600, 3.200, 2.400 et 1.600 f.
1052. 4,000, 2.800, 600 et 450 fr.
1053. Les bénéfices sont 1.430 fr., 350 fr., 630 fr. et 990 fr.
1054. Chacun a fait une mise double de son bénéfice.
1055. 620 fr., 2.480 fr., 124 fr. et 1.456 fr.
1056. 37.224 fr. 11/29, 55.862 fr. 2/29, 62.068 28/29 93.103 f. 13/29, 111.724 fr. 4/29.

Numéros des Questions. — Réponses.

1057. . . . . 902 toises.
1058. . . . . 21 ouvriers.
1059. . . . . 8.
1060. Gaius : 9 fr., 7 fr. 20 c., 5 fr. et 3 fr. 85 c. 5/7. Ils ont fait 10 t., 8 t., 5 t. 5/9 et 4 t. 2/9.
1061. 17.620 fr. 6/7 et 13.217 c. 1/7.
1062. . . . . . 1.993 fr. 33 c. 1/3.
1063. . . . . 3 1/3 p. 0/0.
1064. Le gain est 700 fr.; les mises sont 2.100 fr. et 2.800 fr.; et les gains 300 fr. et 400.
1065. . . . . après 18 ans.
1066. . . . . . 47.074 fr. 88 c. 8/9.
1067. . . . . 15 et 10.
1068. . . . . 450 et 270.
1069. . . . . 27 et 17
1070. . . . . 24, 36 et 48.
1071. . . . . 8 et 16.
1072. . . . . 20.
1073. . . . . 3 et 15.
1074. . . . . . . 178 toises 43/44.
1075. . . . . . 57 jours 33/100.
1076. . . . . 4 à 3.
1077. . . . . 243 toises 221/273.
1078. . . . . 160 nuits.
1079. 12 ouvr. qui avaient d'abord une pièce de 15 sous chacun.
1080. . . . . 15 fr.
1081. . . . . 1 fr. 82 c.
1082. . . . . 5 f. 1/4.
1083. Le père avait 8 liv., le fils 11 liv. 5 sous.
1084. Il avait, pour commencer, 600 fr.; après son 1er. voyage il avait 1.050 fr.; après son 2e. 2.925 fr.; après son 3e. 5.464 f.; après son 4e. 3.600 f., et il a gagné 3,000 fr.
1085. . . . . 400 fr.
1086. . . . . 50.

Numéros des Questions. — Réponses.

1189. . . . . 1.944.
1190. . . . . 1.417 fr. 50 c.
1191. 15 pieds de long, 12 de large.
1192. Le second a coûté 4 fr. 36 c. de moins.
1193. . . . . . . 29 fr. 57 c. 1/2.
1194. Largeur 150 per.; long. 600.
1195. . . . . 59.950.
1196. . . . . 275 toises.
1197. . . . . 82 fr. 50 c.
1198. . . . . 63.
1199. . . . . . . 3.118 p. 1/2.
1200. . . . . . . 3.118 p. 1/2.
1201. . . . . 375 fr.
1202. . . . . 64.
1203. . . . . 30.
1204. . . . . 15.
1205. . . . . 9 et 2.
1206. . . . . , 9 et 2.
1207. 30 fr., 300 fr., 900 fr., et 150 fr.
1208. . . . . 4 à 1.
1209. . . . . à 155 fr.
1210. . . . . 10.
1211. . . . . . . 42, 28 et 6.
1212. . . . . 388.
1213. . . . . 16.000.
1214. . . . . 125 mètres.
1215. . . . . 11.
1216. . . . . 228, 15 et 136, 89.
1217. . . . . 33 et 55.
1218. . . . . 35 et 5.
1219. . . . . . . à 32.340 fr.
1220. . . . . 375.
1221. . . . . 141 et 143 perches.
1222. . . . . 708.
1223. La longueur diminuée de 16, la largeur augmentée de 12.
1224. . . . . 17 et 85.
1225. 54 sur chaque face, 6 de hauteur, et il restera 48 hommes.
1226. . . . . 12 et 6.

Numéros des Questions. — Réponses.

1227. Les parties seront 90 10/11 et 9 1/11.
1228. Ces trois nombres sont 18, 12 et 9.
1229. . . . . 49 et 35.
1230. . . . . . . 27, 36 et 48.
1231. . . . . 12, 36 et 7, 64.
1232. . . . . 35 et 12.
1233. . . . . 5 et 3.
1234. . . . . 8 et 4.
1235. . . . . . . 15 ans et 9 ans.
1236. . . . . 200 et 30.
1237. . . . . 15 et 9.
1238. . . . . 24 et 8.
1239. . . . . 9 et 3.
1240. . . . . 16.
1241. . . 54, 18, 13, 50 et 10, 80.
1242. . . . . 12.
1243. . . . 54, 27, 13, 50, 18 et 9.
1244. . . . . 7.
1245. . . . . 15.
1246. Total 14, différence 2, nombres 8 et 6.
1247. . . . . 25 fr.
1248. . . . . 12.
1249. . . . . 6.
1250. . . . . 36 ans.
1251. . . . . 12.
1252. . . . La bourse contient 48 fr.
1253. . . . . 14 fr.
1254. . . . . 500 fr.
1255. . . . . 6 fr.
1256. . . . . 20.
1257. . . . . 15 et 9 ans.
1258. . . . . 12 ans, 13 ans 1/2 et 15 ans.
1259. 13 personnes qui ont reçu chacune 117 fr.
1260. Les mises ont été 36, 26, 10, 34, 20 et 24 fr.
Les bénéfices 1.332, 962, 370, 1.258, 740 et 888 fr.
1261. . . . 2.000, 1.500 et 1.800 fr.

Numéros des Questions.	Réponses.
1262.	. . . 2.000, 1.500 et 1.800 fr.
1263.	. . . . 9 et 5 pièces.
1864.	. . . . Ce nombre est 9.
1265.	La bourse contenait sept louis.
1266.	. . . . 6.
1267.	. . . . 18 ans.
1268.	. . . . 80 fr.
1269.	Les mises sont 5 et 15 francs ; les gains sont 1.000 francs et 3.000 fr.
1270.	. . . . 300 fr.
1271.	. . . . 48 et 24.
1272.	. . . . 14, 6, 6 et 20.
1273.	Le 1er. a gagné 36 fr. et le 2e. a mis 24 fr.
1274.	Le 1er. a mis 1.200 fr.; le 2e. a mis 400 fr.
1275.	10.000 fr., 15.000 fr., 5.000 fr.
1276.	. . . . avec 48 fr.
1277.	. . . . 24 et 18 ans.
1278.	12 hommes, 8 femmes, 4 enfans ; les paiemens ont été 144 fr., 64 fr. et 16 fr.
1279.	. . . . 16 et 14 f.
1280.	Mises : 12, 10, 8 et 18 francs. Bénéfices : 36, 30, 24 et 36 fr.
1281.	24 et 18 jours; 4 fr. et 3 fr.
1282.	20 et 16 jours; 5 fr. et 3 fr.
1283.	. . 79 fr. 1/3, 34 fr. et 10 fr.
1284.	Mises: 36, 18, 6 et 12 francs. Gains : 162, 81, 27 et 54 fr.
1285.	. . . . par 3.
1286.	. . . . 36, 9 et 4 ans.
1287.	. . . . 280 fr.
1288.	. . . . 9 et 6.
1289.	. . . . 25.
1290.	. . . . 36 et 24 f.
1291.	. . . . 27 et 1.
1292.	. . . . . 40 personnes; 40 fr.

Numéros des Questions.	Réponses.
1293.	. . . . . . 6 personnes , 30 fr.
1294.	. . . . 11.
1295.	. . . . 7.
1296.	Il y avait d'abord 7 personnes, qui, réduites à 5, ont payé chacune 35 fr.
1297.	9 voyageurs réduits à 6 qui ont payé chacun 57 fr.
1298.	. . . . Il coûte 70 écus.
1299.	. . . . 11.
1300.	. . . . . 16 bœufs à 4 louis.
1301.	. . . . 12.
1302.	. . . . 8, 4, 12 et 3 fr.
1303.	. . . . 36 et 24.
1304.	. . . 79 fr. 1/3, 34 fr. et 10 fr.
1305.	. . . . 15.
1306.	. . . . à 5 p. °/o.
1307.	. . . . 6, 05 p. °/o.
1308.	. . . . 24 pieds.
1309.	. . . . 1.559 muids 1/2.
1310.	. . . . 15 toises.
1311.	. . . . 9.
1312.	. . . . . . à 8 pieds, 51, etc.
1313.	. . . . 12.
1314.	. . . . 3 1/2.
1315.	. . . . 21.
1316.	Le 1er. terrain a 13 perches de largeur et 52 perches de longueur; le propriétaire devra payer 731 liv. 5 s. Le 2e. terrain sera haussé de 1 pied 6 pouces. Une terrasse parfaitement carrée aurait 37 pieds 12/25.
1317.	Hauteur 2 toises, largeur 8 toises , longueur 148 toises 1/2.
1318.	. . . . . . 24, 16 et 2 toises.
1319.	. . . . . 104, 40 et 24 pieds.
1320.	. . . . 5 3/4 p. °/o.

FIN DE LA TABLE DES RÉPONSES AUX QUESTIONS.

TABLE DES MATIERES

DANS LA PREMIÈRE PARTIE.

PROBLÈMES.

FIN DE LA PREMIÈRE PARTIE.